NCS(국가직무능력표준)기반

전공자를 위한 네일 미용 I

민방경 · 반재희 · 방효진 · 이주미 · 설현진
최인희 · 김수민 · 최미나 · 최은미 · 김옥인

Gadam PLUS BOOK & DESIGN

머리말

이전까지의 네일인은 미용인이라는 통합된 틀 아래서 독립되지 못하고 있었으나 국가자격제도의 '미용사(네일)'과 NCS 세 분류의 '네일미용'을 통하여 하나의 독립된 학문분야로 자리잡아가고 있습니다. 현재 많은 변화와 발전이 이루어지고 있어 추후 네일미용 분야는 명실공히 전망 있는 분야 중 하나로 발돋움 할 것이라 예상됩니다.

국가직무능력표준(NCS)에서 네일미용의 정의는 "네일에 관한 이론과 기술을 바탕으로 건강하고 아름다운 네일을 유지, 보호하고 다양한 기능과 아트기법을 수행하여 고객에게 서비스를 제공하고 네일숍을 관리 · 운영하는 일이다."라고 제시하고 있습니다.

국가직무능력 표준이 제시되었고 이런 상황에서 필자는 업계 최고의 집필위원들과 네일의 전반적인 기술과 이론을 쉽고 정확하게 파악할 수 있는 전공서의 필요성을 느끼고 이 책을 기획하게 되었습니다.

네일 분야는 미용분야에서 비록 후발 주자로 성장하였지만 기술적인 부분에서는 많은 성장세를 이어왔습니다. 하지만 구체적인 이론과 기술에 바탕이 되는 지식적인 부분이 아직 많이 부족한 실정이었으나, 최근 여러 대학에서 드디어 미용분야에 한 과목으로 네일을 공부하는 것이 아닌 네일학과들이 신설되고 있습니다.

네일 작업 시 우리가 하는 모든 작업에는 이론적인 배경아래 기본 지식을 습득하고 다양한 기술들을 연마하여야만 진정한 기술력이 향상되며 실무와도 연계되는 교육과정이 절실히 필요합니다. 네일분야는 이제 기술에서 학문으로 전환하는 시기이며 앞으로는 NCS를 기반으로 네일분야의 학문도 정착될 것입니다.

이 책에 사용되는 모든 용어들은 국립국어원 외래어 표기법에 근거하여 명명하였으며, 부디 이 책이 네일미용을 전공하는 학생들에게 꼭 필요한 전공서가 되길 바라며 출판을 위해 도움을 주신 도서출판 가담플러스에 감사의 뜻을 전합니다.

누구나 할 수 있지만 아무나 될 수 없다!

네일 전공인의 입문을 축하드리며, 진정으로 가치있고 멋진 네일 미용인이 되길 바랍니다.

2016년 3월

저자 일동

국가직무표준 NCS

(제2조제2호) "국가직무능력표준"이란 산업현장에서 직무를 수행하기 위하여 요구되는 지식 · 기술 · 소양 등의 내용을 국가가 산업부문별 · 수준별로 체계화한 것을 말한다.

• 국가직무능력표준 분류체계

대 분 류	중 분 류	소 분 류	세 분 류
12. 이용 · 숙박 · 여행 · 오락 · 스포츠	1. 이 · 미용	1. 이 · 미용서비스	01 헤어미용 02 피부미용 03 메이크업 04. 네일미용 05 이용

• 네일 미용의 직무 정의

"네일미용은 네일에 관한 이론과 기술을 바탕으로 건강하고 아름다운 네일을 유지, 보호하고 다양한 기능과 아트기법을 수행하여 고객에게 서비스를 제공하고 네일숍을 관리 · 운영하는 일이다."

• 네일 미용의 능력단위

순번	능력단위	수준
1	네일숍 위생서비스	2
2	네일 화장물 제거	3
3	네일 기본관리	3
4	팁 네일	4
5	랩 네일	4
6	젤 네일	4
7	아크릴 네일	4
8	평면 네일아트	5
9	융합 네일아트	6
10	네일숍 운영관리	6

● 네일 미용의 능력단위요소와 수준 I편

능력단위	능력단위요소	수준
1. 네일숍 위생서비스	네일숍 청결 작업하기	2
	네일 미용기구 소독하기	2
	고객 상담하기	2
	손・발 소독하기	2
2. 네일 화장품 제거	네일 파일 사용하기	3
	제거제 사용하기	2
	제거 마무리하기	3
3. 네일 기본관리	프리에지 형태 조형하기	3
	큐티클 정리하기	3
	컬러링하기	3
	보습제 도포하기	2
	네일 기본관리 마무리하기	3
4. 팁 네일	팁 네일 전 처리하기	3
	네일 팁 접착하기	4
	네일 팁 표면 다듬기	4
	오버레이하기	4
	팁 네일 마무리하기	4
5. 랩 네일	랩 네일 전 처리하기	3
	네일 랩 접착하기	4
	네일 랩 연장하기	4
	랩 네일 마무리하기	4

• **네일 미용의 능력단위요소와 수준 II편**

능력단위	능력단위요소	수준
6. 젤 네일	젤 네일 전 처리하기	3
	네일 폼 적용하기	4
	젤 적용하기	4
	젤 네일 마무리하기	3
7. 아크릴 네일	아크릴 네일 전 처리하기	3
	네일 폼 적용하기	4
	아크릴 적용하기	4
	아크릴 네일 마무리하기	4
8. 평면 네일아트	평면 액세서리 활용하기	3
	네일 폴리시 아트하기	4
	핸드페인팅하기	5
9. 융합 네일아트	입체 액세서리 활용하기	3
	2D 네일아트	4
	3D 네일아트	5
	융합 네일아트	6
10. 네일숍 운영관리	직원 관리하기	6
	고객 관리하기	6
	제품 관리하기	5
	재무 관리하기	6
	홍보하기	5

Table of Contents

PART 2. 네일 화장물 제거 / 65

Table of Contents

Table of Contents

PART 1.

네일숍 위생서비스

능력단위요소	수 행 준 거
네일숍 청결 작업하기	1.1 환기방법에 따라 실내공기를 환기시킬 수 있다. 1.2 청소도구를 이용하여 네일숍 실내를 청소할 수 있다. 1.3 정리요령에 따라 네일숍 집기류를 정리할 수 있다. 1.4 청소점검표에 따라 네일숍의 청결상태를 점검할 수 있다.
네일 미용기구 소독하기	2.1 기구유형에 따라 효율적인 소독 방법을 결정할 수 있다. 2.2 소독방법에 따라 네일 미용기기를 소독할 수 있다. 2.3 소독방법에 따라 네일 작업용 도구를 소독할 수 있다. 2.4 소독방법에 따라 네일 미용용품을 소독할 수 있다. 2.5 위생 점검표에 따라 소독상태를 점검할 수 있다. 2.6 위생 점검표에 따라 기기를 정리정돈할 수 있다.
고객 상담하기	3.1 접객 매뉴얼에 따라 전화상담 고객을 상담할 수 있다. 3.2 예약관리대장에 따라 고객의 작업 유형을 파악할 수 있다. 3.3 방문고객과의 상담을 통해 작업유형을 파악할 수 있다. 3.4 파악된 작업유형에 따라 작업방법을 설명할 수 있다. 3.5 작업 방법에 따라 사용할 재료를 설명할 수 있다. 3.6 상담내용에 따라 고객관리대장을 작성할 수 있다. 3.7 작업유형에 따라 작업 장소로 안내할 수 있다.
손・발 소독하기	4.1 위생지침에 따라 소독 절차를 파악할 수 있다. 4.2 소독제품의 특성에 따라 소독방법을 선정할 수 있다. 4.3 소독방법에 따라 작업자의 손・발을 소독할 수 있다. 4.4 소독방법에 따라 고객의 손・발을 소독할 수 있다.

Chapter 01.

네일 미용의 위생 · 소독 및 안전

네일 미용업은 다수인을 대상으로 위생관리 서비스를 제공하는 영업으로 공중이용시설이다. 네일 미용인은 공중위생관리법을 숙지하고 그에 따른 위생과 소독을 이행해야하며, 네일 미용인과 고객의 안전 관리의 유념해야한다.

본 챕터에서는 네일 미용의 전공자로서 숙지해야 할 위생 및 소독 방법, 안전 관리에 대해 알아본다.

01 공중위생관리학

1. 목적(제1조)

공중위생관리법의 목적

공중이 이용하는 영업과 시설의 위생관리 등에 관한 사항을 규정함으로써 위생수준을 향상시켜 국민의 건강 증진에 기여함을 목적으로 한다.

2. 정의(제2조)

공중위생영업의 정의	다수인을 대상으로 위생관리 서비스를 제공하는 영업으로서 숙박업 · 목욕장업 · 이용업 · 미용업 · 세탁업 · 위생관리용역업을 말한다.
공중이용시설의 정의	다수인이 이용함으로써 이용자의 건강 및 공중위생에 영향을 미칠 수 있는 건축물 또는 시설로서 대통령령이 정하는 것을 말한다.
미용업의 정의	손님의 얼굴 · 머리 · 피부 등을 손질하여 손님의 외모를 아름답게 꾸미는 영업을 말한다.
네일 미용업의 정의	손님의 손톱과 발톱을 손질하고 화장하여 건강하고 아름답게 꾸미는 영업을 말한다.

3. 미용업의 시설 및 설비기준

1) 미용업(종합)

① 피부미용업무에 필요한 베드(온열장치 포함), 미용기구, 화장품, 수건, 온장고, 사물함들을 갖추어야 한다.

② 미용기구는 소독을 한 기구와 소독을 하지 아니한 기구를 구분하여 보관할 수 있는 용기를 비치하여야 한다.

③ 소독기, 자외선 소독기 등 미용기구를 소독하는 장비를 갖추어야한다.

④ 작업 장소, 응접장소, 상담실 등을 분리하기 위해 칸막이를 설치할 수 있으나 설치된 칸막이에 출입문이 있는 경우 출입문의 3분의 1이상을 투명하게 하여야한다. 다만, 탈의실의 경우에는 출입문을 투명하게 하여서는 아니 된다.

⑤ 작업 장소 내 베드와 베드사이에 칸막이를 설치할 수 있으나 설치된 칸막이에 출입문이 있는 경우 출입문의 3분의 1이상을 투명하게 하여야한다.

2) 네일 미용업(손톱 · 발톱)

① 미용기구는 소독을 한 기구와 소독을 하지 아니한 기구를 구분하여 보관할 수 있는 용기를 비치하여야 한다.

② 소독기 자외선 소독기 등 미용기구를 소독하는 장비를 갖추어야한다.

③ 작업 장소, 응접장소, 상담실 등을 분리하기 위해 칸막이를 설치할 수 있으나 설치된 칸막이에 출입문이 있는 경우 출입문의 3분의 1이상을 투명하게 하여야한다.

4. 위생관리의 의무(제4조)

공중위생영업자는 그 이용자에게 건강상 위해요인이 발생하지 아니하도록 영업 관련 시설 및 설비를 안전하고 위생적으로 관리해야 한다.

① 의료기구나 의약품을 사용하지 않고 순수한 화장 또는 피부미용을 할 것
② 미용기구는 소독을 한 기구와 소독을 하지 않은 기구로 분리하여 보관하고 면도기는 1회용 면도날만을 고객 1인에 한하여 사용 할 것
③ 미용사 면허증을 영업소 안에 게시할 것

5. 공중이용시설의 위생관리(제5조)

공중이용시설의 소유자는 시설 이용자의 건강에 해가 없도록 다음 각 호의 사항을 지켜야한다.

1) (별표3) 시행규칙 - 미용기구의 소독기준 및 방법

① 개별기준
미용기구의 종류, 재질 및 용도에 따른 구체적인 소독기준 및 방법은 보건복지부 장관이 정하여 고시한다.
② 일반기준

자외선소독	1㎠당 85㎼ 이상의 자외선을 20분 이상 쬐어준다.
건열멸균소독	섭씨 100℃ 이상 건조한 열에 20분 이상 쬐어준다.
증기소독	섭씨 100℃ 이상 습한 열에 20분 이상 쬐어준다.
열탕소독	섭씨 100℃ 이상 물 속에 10분 이상 끓여준다.
석탄산수소독	석탄산수3% 물 97%의 수용액에 10분 이상 담가둔다.
크레졸소독	크레졸 수3% 물 97%의 수용액에 10분 이상 담가둔다.
에탄올소독	에탄올 수용액 70%에 10분 이상 담가두거나 에탄올수용액을 머금은 면이나 거즈에 적셔서 기구의 표면을 닦아준다.

2) (별표4) 시행규칙 - 미용업자 위생관리기준

① 점 빼기, 귓불 뚫기, 쌍꺼풀 수술, 문신, 박피술 그 밖에 이와 유사한 의료행위를 하여서는 아니 된다.
② 피부미용을 약사법에 따른 의약품 또는 의료기기법에 따른 의료기기를 사용하여서는 아니 된다.
③ 미용기구 중 소독을 한 기구와 소독을 하지 아니한 기구는 각각 다른 용기에 넣어 보관하

여야 한다.

④ 1회용 면도날은 고객 1인에 한하여 사용하여야 한다.

⑤ 영업장 안의 조명도를 75룩스 이상이 되도록 유지하여야 한다.

⑥ 영업소 내에 미용업 신고증, 개설자의 면허증 원본을 게시하여야 한다.

⑦ 영업소 내부에 최종지불요금표를 게시 또는 부착하여야 한다.

⑧ 위에 내용에도 불구하고 신고한 영업장 면적이 66제곱미터 이상인 영업소의 경우 영업소 외부에도 고객이 보기 쉬운 곳에 「옥외광고물 등 관리법」에 적합하게 최종지불요금표를 게시 또는 부착하여야 한다. 이 경우 최종지불요금표에는 일부 항목(5개 이상)만을 표시할 수 있다.

3) (별표5) 위생관리기준 - 공중이용시설의 위생관리기준

24시간 평균 실내 미세먼지의 양이 150㎍/㎥초과 시 실내 공기 정화시설(덕트) 및 설비를 교체 또는 청소하여야 한다.

제1호의 규정에 따라 청소하여야 하는 실내공기 정화시설 및 설비는 다음과 같다.

① 공기정화기와 이에 연결된 급 · 배기관

② 중앙집중식 냉 · 난방시설의 급 · 배기관

③ 실내공기의 단순 배기관

④ 화장실용 배기관

⑤ 조리실용 배기관

4) (별표6) 오염의기준 - 공중이용시설 안에서 발생되지 아니하여야 할 오염물질의 종류와 허용되는 오염의 기준

미세먼지(PM-10)	24시간 평균치 150㎍/㎥ 이하
일산화탄소(CO)	1시간 평균치 25ppm 이하
이산화탄소(CO_2)	1시간 평균치 1,000ppm 이하
포름알데히드(HCHO)	1시간 평균치 120㎍/㎥ 이하

6. 네일 미용의 위생 · 소독

① 네일 기구를 항상 청결하게 유지하고 사용 전, 후에는 기구소독제로 소독한다.

② 네일 클리퍼, 큐티클 니퍼 등의 철제도구는 에탄올수용액 70%에 10분 이상 담가두거나 에탄올수용액을 머금은 면이나 거즈에 적셔서 기구의 표면을 닦아준다.

③ 오렌지 우드스틱, 콘 커터의 면도날은 일회용으로 사용한다.

④ 소독 처리된 네일 도구들은 자외선 소독기에 넣어 보관한다.

⑤ 수건은 자비소독한 후 일광에 건조한다.

⑥ 위생 점검표에 따라 소독상태를 점검한다.

소독법의 예시

[에탄올 소독법]

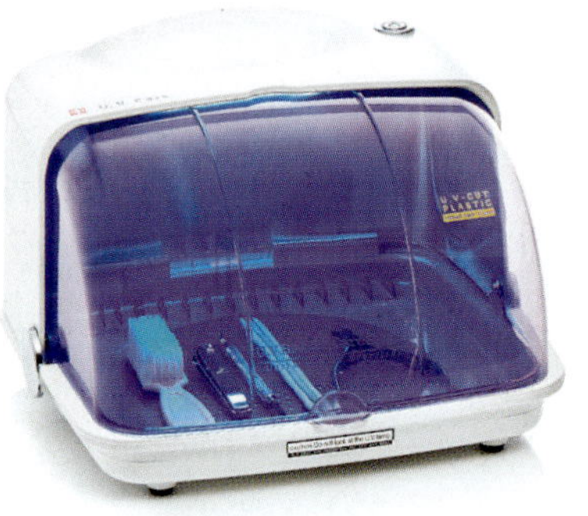

[자외선 소독법]

02 소독학

1. 소독의 정의 및 분류

소독은 병원미생물의 활동력을 파괴하여 감염력을 없애는 것이다. 소독에 영향을 미치는 인자는 온도, 수분, 시간, 농도가 있다.

[소독의 분류]

효과	분류	내용
크다 ↑ ↓ 작다	멸균	병원성, 비병원성 미생물 및 아포를 가진 것을 전부 사멸 시킨 무균상태
	살균	물리적, 화학적 처리로 미생물을 급속 사멸 시키는 것
	소독	물리적, 화학적 방법으로 병원성 미생물을 가능한 제거하여 사람에게 감염의 위험이 없도록 하는 것
	방부	증식과 성장을 억제하여 미생물의 부패나 발효를 방지하는 것
	희석	용품이나 기구 등을 일차적으로 청결하게 세척하는 것

2. 소독약

소독약은 온도, 농도가 높고 접촉시간이 길수록 소독 효과가 크다.

1) 소독약의 구비조건

① 인체에는 독성이 없고 자극성이 없어야 한다.
② 살균력이 있고 소독의 효력은 즉시 나타나야한다.
③ 부식성, 표백성, 소독 물품에 손상이 없어야 한다.
④ 안정성 및 용해성이 높고 냄새가 없는 것이 좋다.
⑤ 취급방법이 간단하고 경제적이어야 한다.

2) 소독약의 사용 및 보존상의 주의사항

① 소독 대상물의 성질, 병원체의 아포형성 유무와 저항력을 고려하여 선택하다.
② 병원 미생물의 종류와 소독의 목적, 소독법, 시간을 고려하여 선택한다.
③ 약제에 따라 사전에 조금 조제해 두고 사용해도 되는 것과 새로 만들어 사용하는 것을 구별하여 사용해야한다.
④ 희석시킨 소독약은 장기간 보관하지 않는다.
⑤ 일반적으로 소독약은 밀폐시켜 일광이 직사되지 않는 곳에 보존해야 한다.

3. 소독 방법

소독법에는 열이나 수분, 자외선, 여과 등의 물리적인 방법을 이용하는 물리적 소독법과 소독력이 있는 약제를 사용하여 화학적인 방법을 이용하는 화학적 소독법이 있다.

[소독법의 분류]

물리적 소독법		화학적 소독법
자외선 소독법(일광소독)		석탄산, 승홍수, 크레졸, 알코올, 과산화수소, 머큐로크롬, 역성비누, 포름알데히드, 포르말린, 훈증소독법, 생석회, 가스멸균법, 염소, 요오드, 표백분, 오존
비열법	여과멸균법, 초음파멸균법, 방사선멸균법	
건열법	건열멸균법, 화염멸균법, 소각법	
습열법	자비소독법, 고압증기멸균법, 유통증기멸균법, 간헐증기멸균법, 초고온순간멸균법, 고온살균법, 저온살균법	

• 물리적 소독법

1) 자외선 소독법(일광소독)

태양광선 중 가장 강한 살균작용을 하며 파장은 2,900~3,200Å 정도이다.
대상물: 수건, 의류, 철제도구 소독에 사용
① 비타민D 합성을 하나 피부의 색소 침착을 유발할 수 있다.
② 1㎠당 85μW 이상의 자외선을 20분 이상 조사해야 한다.
③ 소독물품이 자외선에 직접 노출될 수 있도록 해야 한다.
④ 아포는 사멸되지 않는다.

2) 비열 처리법

처리법	내용
건열멸균법	170℃에서 1~2시간 가열하고 멸균 후 서서히 냉각시킴 대상물: 유리 제품, 도자기, 주사침, 바셀린, 분말제품
화염멸균법	170℃에서 20초 이상 화염 속에서 가열 대상물: 내열성이 강한 재질
소각법	불에 태워 없애는 것 대상물: 병원균에 오염된 휴지, 환자복, 환자의 객담

3) 건열에 의한 처리법

처리법	내용
자비소독법	100℃에서 끓는 물에 15~20분 가열 금속제품은 물이 끓은 후에 넣고 완전히 잠기도록 함 살균력 상승과 금속의 손상 방지를 위해 첨가하는 물질(탄산나트륨1~2%, 붕소 2%, 크레졸 2%, 석탄산 5% 대상물: 수건, 의류, 금속성 기구(철제도구), 도자기 부적합: 고무, 가죽 플라스틱제품

<table>
<tr><td>고압증기멸균법</td><td>100℃ 이상 고온의 수증기를 고압상태에서 기본 15파운드에서 20분 가열 (미생물과 아포까지 전부 사멸)
대상물: 의류, 금속성 기구(철제도구), 약액, 거즈
부적합: 가죽제품, 분말제품, 바세린 등<table><tr><td>20Lbs</td><td>115.5℃</td><td>15분</td></tr><tr><td>15Lbs</td><td>121.5℃</td><td>20분</td></tr><tr><td>10Lbs</td><td>126.5℃</td><td>30분</td></tr></table></td></tr>
<tr><td>유통증기멸균법</td><td>100℃ 유통증기 30~60분 가열
코흐증기솥, 아놀드증기솥을 사용
대상물: 도자기, 의류</td></tr>
<tr><td>간헐증기멸균법</td><td>100℃ 유통증기에서 30~60분간 하루에 30~60분간 한번씩 3일간 간헐적으로 가열하며, 가열 사이에 20℃ 이상의 온도를 유지해야 함
고압증기멸균의 고압에 의해 손상될 위험이 있는 경우 이용
대상물: 도자기, 금속류</td></tr>
<tr><td>초고온순간살균법</td><td>130~140℃에서 1~3초간 가열 후 급 냉동시킴
대상물: 유제품</td></tr>
<tr><td>고온살균법</td><td>70~75℃에서 15초 가열 후 급 냉동시킴
대상물: 유제품</td></tr>
<tr><td>저온살균법</td><td>62~~63℃ 30분간 살균처리
대상물: 유제품</td></tr>
</table>

• 화학적 소독법

1) 석탄산(Phenol) - 페놀

농도: 1~3%(손 소독: 2%), 대상물: 기구, 의료용기, 방역용 소독에 사용

$$\text{석탄산계수} = \frac{\text{소독약의 희석배수}}{\text{석탄산의 희석배수}}$$

① 소독제의 살균력 지표이며 석탄산(Phenol)의 계수가 높을수록 살균력이 강함
② 세균의 단백질 변성작용, 세포의 용해작용으로 살균
③ 미생물에 효과가 있으나 포자, 바이러스는 작용력이 없음
④ 소금(염화나트륨) 첨가 시 소독력이 높아짐
⑤ 금속류는 부식성이 있어 부적합함
⑥ 피부점막에 자극을 주며 인체에 유해하므로 주의 취급
⑦ 유기물에도 소독력은 약화되지 않음
⑧ 사전에 소독제를 조제하여 두었다가 소독 시 사용하여도 무방함

2) 승홍수

농도 : 0.1% (1,000배로 희석), 아포살균 농도 : 0.1~0.5%

① 살균력과 독성이 매우 강함
② 피부점막에 자극이 강해 창상용 소독, 음료수 소독에는 부적합 함
③ 금속을 부식시키며 물에 잘 녹지 않음
④ 승홍에 식염(소금) 첨가 시 용액이 중성으로 변화되고 자극성이 완화됨
⑤ 착색을 하여 잘 보관해야 하며 인체에 유해하므로 주의 취급

3) 크레졸 비누액 (cresol)

농도 : 1~3%(손 소독 : 1%), 대상물 : 손, 바닥, 배설물 소독에 사용

① 단백질 변성작용, 물에 잘 녹지 않음
② 석탄산보다 2~3배 정도의 높은 살균력을 가짐
③ 바이러스에는 소독효과가 없으나 세균, 포자에 효과가 있음

4) 알코올(Alcohol)

농도 : 70%, 대상물 : 손 · 발, 유리 제품, 네일 클리퍼, 큐티클 니퍼 등 의 철제도구 소독에 사용

① 미생물 세포에 대한 단백질 변성작용을 가짐
② 사용법이 간단하고 독성이 적음
③ 고무, 플라스틱 용품에는 부적합 함

5) 과산화수소(Hydrogen Peroxide)

농도 : 2.5~3.5% 대상물 : 구강소독, 피부상처 소독에 사용

① 상처의 표면을 소독하며 발생기 산소가 강력한 산화력으로 미생물을 살균

6) 머큐로크롬(Mercurochrome)

농도 : 2%, 대상물: 점막, 피부상처 소독에 사용

① 살균력이 약하고 자극성이 없음
② 물에 용해성이 강하고 세균발육의 억제작용을 함

7) 역성비누 (양이온계면활성제)

농도 : 0.01~0.1%, 대상물 : 손, 식기 소독에 사용

① 물에 잘 녹고 무자극과 무독성으로 세정력은 약하지만 살균력이 강함

8) 포름알데히드(Formaldehyde)

대상물 : 공간소독, 간염 바이러스에 소독에 사용

① 메틸알코올을 산화시켜 얻은 자극성 냄새를 갖는 가연성 무색 기체
② 인체에 대한 독성이 매우 강하여 노출되면 질병이 발생
③ 물에 잘 녹아 37% 전후 농도의 수용액으로 만든 포르말린용액으로 사용

9) 포르말린(Formalin)

농도 : 1~1.5%, 대상물 : 훈증소독에 약제로 사용

① 포름알데히드를 37% 전후 농도의 수용액으로 만든 자극성이 강한 액체
② 소독, 방부제로 사용하며 수증기를 동시에 혼합하여 사용할 수 있음
③ 강한 살균력으로 아포까지 사멸하며 온도가 높을수록 소독력이 강함
④ 배설물이나 객담에는 침투력이 없어 소독에 부적합 함

10) 훈증소독법

대상물 : 위생해충, 동식물의 구제, 선박 소독에 사용

① 취화메틸, 포르말린 등의 약품을 사용하는 가스, 증기 소독법
② 분말이나 모래, 부식되기 쉬운 재질 등은 멸균할 수 없음
③ 약제의 투입작업에서 유해가스가 누설될 수 있으므로 안전담당자의 감독 하에 실시하도록 법규에 규정되어 있음

11) 생석회(칼슘 옥사이드 Calcium Oxide)

농도 : 생석회분말(2) +물(8) = 혼합액, 대상물 : 화장실, 분변, 하수도, 쓰레기통 소독에 사용

① 저렴한 가격으로 넓은 장소에 주로 사용
② 물과 만나면 열이 발생하고 단백질을 알칼리성으로 변성시켜 살균작용을 함

12) 가스멸균법 (E.O 가스멸균기)

대상물: 고무제품, 플라스틱제품 소독에 사용

① 에틸렌옥사이드 가스(Ethylene Oxide Gas)에 의해 멸균하는 방법
② 가연성, 폭발성 액체로 이산화탄소, 프레온과 섞어 폭발 위험성을 감소함
③ 가열에 변질되기 쉬운 물품을 50~60℃의 저온에서 아포까지 멸균함
④ 고압증기멸균법에 비해 멸균 후 장기보존이 가능하나 멸균시간이 길
⑤ 비용이 비교적 저렴하나 고압증기멸균법에 비해서는 고가임

13) 염소(Clorine)

대상물: 음용수, 상수도, 하수도 소독에 사용

① 세균, 아포 등에 강한 살균력을 가지나 자극성과 부식성이 강함

② 조작이 간단하나 염소자체에 냄새가 있음

14) 요오드(Iodine)

① 산화력이 강해 세균, 아포 등에 강한 살균력을 지님
② 자극성과 독성이 적음

15) 표백분(차아염소산 Hypochlorous Acid)

대상물: 음료수, 수영장 소독에 사용

① 물에 분해 될 때 염소가스가 발생되어 살균 작용을 가짐

16) 오존(Ozone)

대상물: 물에 살균제로 사용

① 반응성이 풍부하고 산화작용이 강함

4. 위생 점검표

네일 미용기기 유형에 따라 소독 방법을 결정하고 네일 미용기기와 도구, 제품을 소독한다. 위생 점검표에 따라 소독상태를 점검한다.

[위생 점검표의 예시]

위생점검표							
분류	네일 미용기기				네일 미용도구		
용품	작업대	족욕기	파라핀 기기	젤 램프 기기	큐티클 니퍼	큐티클 푸셔	네일 클리퍼
일자							
점검자							

03 네일숍의 위생 및 안전관리

1. 네일숍의 안전관리

1) 물질안전보건자료(MSDS : Material Safety Data Sheet)

중요화학물질을 안전하게 사용하고 관리하기 위하여 필요한 정보를 기재한 안전데이터 시트이다. 화학제품에 대한 정의, 위험한 첨가물에 대한 정보, 제조자명, 제품명, 성분과 성질, 취급상의 주의, 적용법규, 신체 적합성의 유무, 가연성이나 폭발 한계, 건강재해 데이터 등이 기입되어 있으며 보호와 예방조치에 대한 정보가 모두 포함되어 있다.

2) 일반 안전관리

① 응급처치용품을 구비하고 응급상황 시 연락할 안전사고 대책기관의 연락망을 확보한다.
② 네일숍 내에 소화기를 배치하고 인화성이 강한 제품은 화재의 위험이 있는 곳에 두지 않는다.
③ 냉 · 온수기 등은 정기적으로 위생 점검을 받고 냉 · 난방기는 통풍구의 필터를 자주 청소하고 교체한다.
④ 네일숍 내에서는 금연하고 음식물의 섭취를 피한다.

3) 전기사용 시 주의사항

① 전기장치의 주된 사용법과 전류의 종류, 특성 등 안전수칙을 숙지해야 한다.
② 전기장치는 젖은 손으로 만지지 않으며 습기가 많은 곳을 피해서 보관한다.
③ 마모되거나 닳은 전기 코드는 교체해야 하며 수시로 전기 코드를 점검한다.
④ 하나의 콘센트 플러그에 너무 많은 전기장치를 사용하여 과부하를 주지 말아야 한다.
⑤ 사용하지 않는 전기장치는 스위치를 먼저 끄고 플러그를 뽑아서 전원을 차단한다.

2. 화학물질의 안전관리

네일 미용사가 사용하는 화학물질	→	과다 노출 시 부작용 증상
네일 폴리시, 시너, 아세톤, 아크릴 리퀴드, 네일 프라이머, 네일 접착제, 건조 활성제 등		두통, 불면증, 콧물과 눈물, 목 아픔, 피로감, 충혈, 피부발진 및 염증, 호흡장애 등

① 스프레이 형태보다 스포이트나 솔로 바르는 것을 선택한다.
② 콘택트렌즈의 사용을 피하고 보호안경과 마스크를 사용한다.
③ 뚜껑이 있는 용기를 사용해야 하고 사용 후에는 뚜껑을 닫아야 한다.
④ 보관 시에는 빛을 차단하는 용기에 뚜껑을 닫아 밀봉하고 서늘한 곳에 보관한다.
⑤ 피부에 닿을 시 화상과 트러블을 일으킬 수 있으므로 피부에 닿지 않게 주의한다.

⑥ 작업대에 바로 쏟아지지 않게 재료 정리 정리함에 보관하는 것이 적절하다.
⑦ 사용한 키친타월이나 탈지면 등은 뚜껑이 있는 쓰레기통에 폐기한다.
⑧ 네일 재료의 유효기간을 확인하고 유효기간이 지나면 반드시 폐기한다.
⑨ 네일 재료를 덜어서 사용할 때에는 스패출러를 사용하며 액체인 경우에는 스포이트를 사용한다.
⑩ 한 번 덜어 사용한 네일 제품은 재사용하지 말아야 하며 반드시 폐기한다.
⑪ 작업대에는 통풍구나 필터를 갖추도록 하고 먼지, 냄새를 흡입하는 흡진기의 사용을 권장한다.
⑫ 환풍기를 사용하거나 창문을 열어 수시로 환기시켜야 한다.

3. 네일 미용인의 안전관리

① 눈의 피로를 덜어주기 위해 밝은 불빛을 작업대에 설치하고 자주 녹색을 보면서 눈 운동을 하거나 먼 곳을 응시함으로써 눈의 피로를 덜어준다.
② 계속적인 작업으로 인하여 골격과 근육에 불편감과 통증이 발생할 수 있으므로 정기적인 휴식을 취하도록 한다.
③ 간단한 스트레칭을 규칙적으로 하여 피로회복에 도움을 주도록 한다.
④ 바르게 앉는 습관은 허리에 무리를 주지 않으며 피로를 완화할 수 있다.
② 발과 무릎은 가볍게 모으며 발과 발 사이는 무릎보다 약간 넓게 벌린다.
③ 의자 밑으로 발을 넣지 않도록 하며 발바닥이 바닥에 평면으로 닿도록 한다.
④ 허리에 부담을 주지 않게 의자의 높낮이를 조절하여 작업한다.

4. 고객의 안전관리

① 고객에게 개인 사물함을 제공하고 귀중품은 따로 보관하여 분실이나 도난사고가 일어나지 않도록 고객의 소지품을 안전하게 관리한다.
② 네일 제품과 네일 도구의 사용 시 부작용으로 인한 고객피부에 과민반응이 일어날 경우 즉시 작업을 중지하고 전문의에게 의뢰하도록 한다.
③ 작업 도중에 피가 날 경우에는 지혈제를 사용하여 지혈하며 과도한 출혈이 발생한 경우 이후 작업은 수행할 수 없다.
④ 고객의 사용이 끝난 네일 도구는 반드시 소독한 후 자외선 소독기에 보관한다.
⑤ 일회용품은 사용 후 반드시 폐기하고 다음 고객에게 재사용하지 않는다.

Chapter 02.

네일 미용 제품의 이해

네일 미용인은 네일 관리에 필요한 제품의 종류와 특성을 숙지하고 있어야 한다. 네일 제품에 사용방법뿐만 아니라 제품의 성분, 화학적 반응에 대한 지식도 요구된다.

본 챕터에서는 네일 제품의 특성과 사용방법에 대해 전체적으로 살펴본다. 자세한 사용방법은 활용하는 파트에서 다시 거론하기로 한다.

01 네일 기기의 종류와 특성

작업대

용도 : 고객을 손을 관리하는 작업 테이블이다.
고려사항 : 각도 조정이 가능하고 형광등으로 조명용 램프(40W)가 부착되어 있는지 흡진기 등의 설치 여부를 고려하여 선택한다. 화학물질로 변색이 일어나지 않고 부식되지 않는 재질과 서랍 부착 여부 등을 고려하여 선택한다.

페디큐어 스파

용도 : 고객에 발을 관리하는 의자와 족욕기가 세트로 구성된 기기이다.
고려사항 : 배수시설 관리와 사용의 편리성, 색상 등을 고려하여 선택한다.

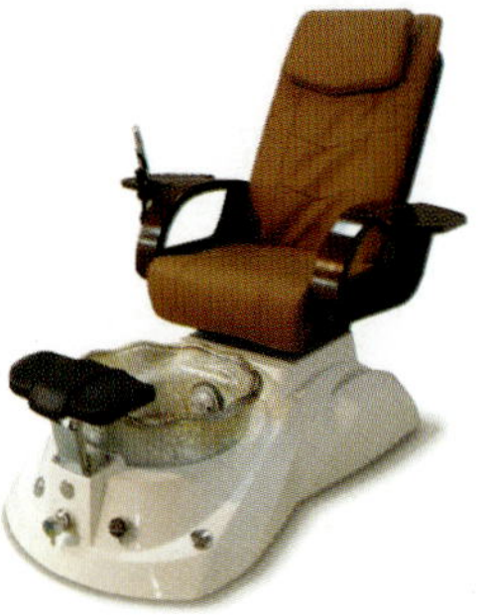

족욕기

용도 : 고객의 발을 담가 발을 세척하고 발의 각질을 불려주는 기기이다.
사용방법 : 족욕기의 온도는 약 40~43℃가 적당하며 살균비누를 넣어 사용한다. 피로회복 시에는 20분 정도, 각질을 불릴 때는 5~10분 정도가 적당하다.

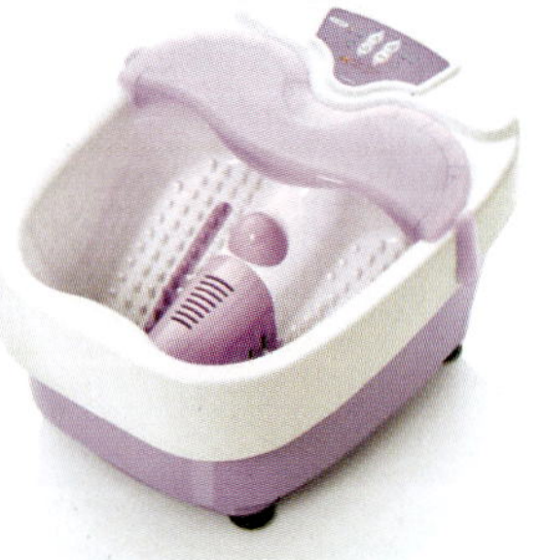

냉 · 온장고

용도 : 수건을 물에 적셔 적정 온도를 유지하여 보관하는 기기이다.
사용방법 : 고객의 손 · 발을 닦아준다.

자외선 소독기

용도 : 자외선(UV)을 이용하여 네일 도구를 소독하는 기기이다.
사용방법 : 깨끗하게 세척한 네일 도구를 넣어 보관한다.

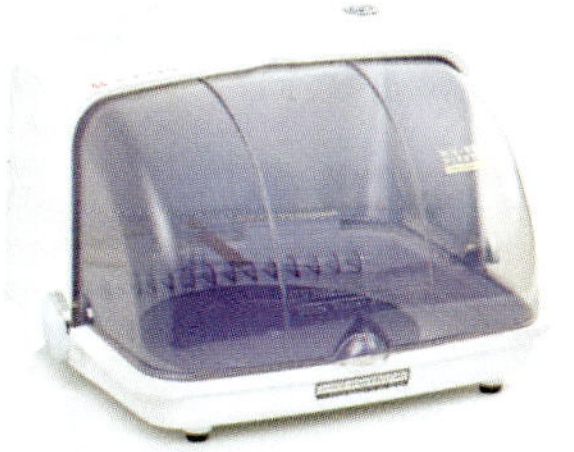

네일 폴리시 건조기

용도 : 윗면에 선풍기와 같은 팬의 회전으로 네일 폴리시의 건조를 도와주는 기기이다.
사용방법 : 고객의 양쪽 엄지가 닿지 않게 조심히 넣어주고 약 20분 정도 건조한다.

파라핀 왁스 워머기

용도 : 파라핀 왁스를 녹이는 기기이다.
사용방법 : 파라핀 용액이 녹은 후 약 52~55℃(127~137℉)의 적정 온도를 유지하고 고객의 손을 담가서 파라핀 용액을 2~3회 묻혀 사용한다.

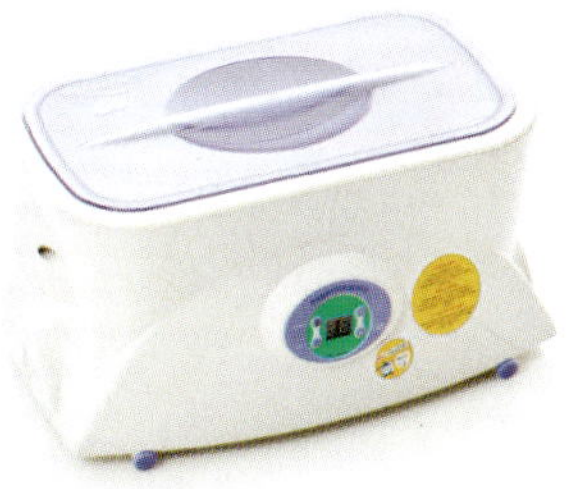

젤 램프기기

- 용도 : 젤 네일 작업 시 젤을 경화시키는 UV, LED 전구가 들어 있는 기기이다. 젤 네일에 사용되는 광선은 자외선과 가시광선이다.
- 사용방법 : 고객에 손을 젤 램프기기 입구에 닿지 않게 넣고 젤의 특성에 따라 적절하게 경화시간을 지켜야 한다.

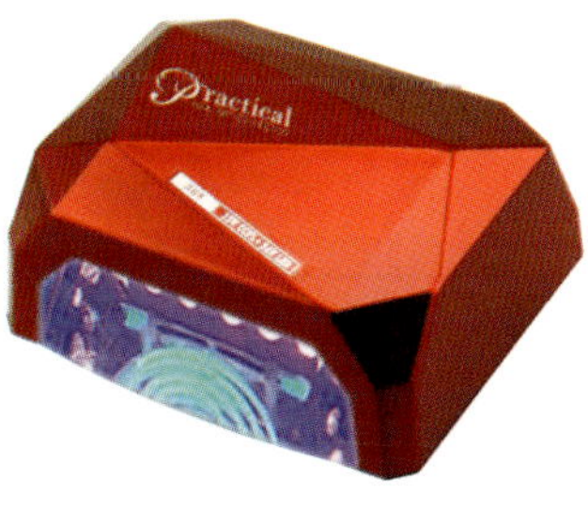

흡진기

- 용도 : 네일 파일링과 드릴 사용 시 분진을 흡진하는 기기이다.
- 사용방법 : 흡진기 위에 고객에 손목을 받쳐 사용한다.

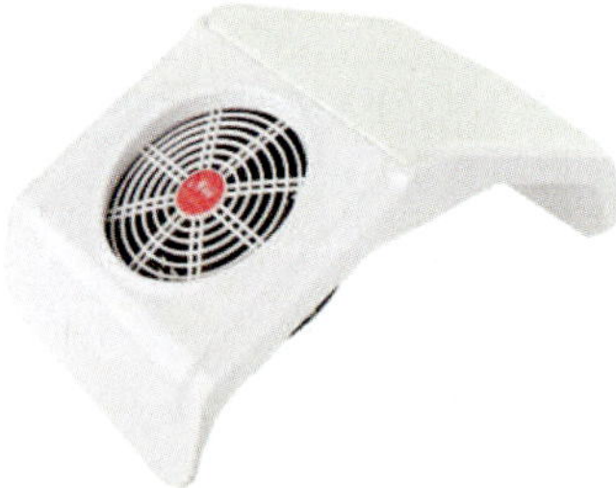

핸드 드릴머신 & 비트

- 용도 : 네일 작업 시 네일 파일링과 네일 케어를 도와주는 기기이다.
- 사용방법 : 드릴머신 본체에 핸드피스를 연결하고 작업에 따른 비트를 장착하여 사용한다.

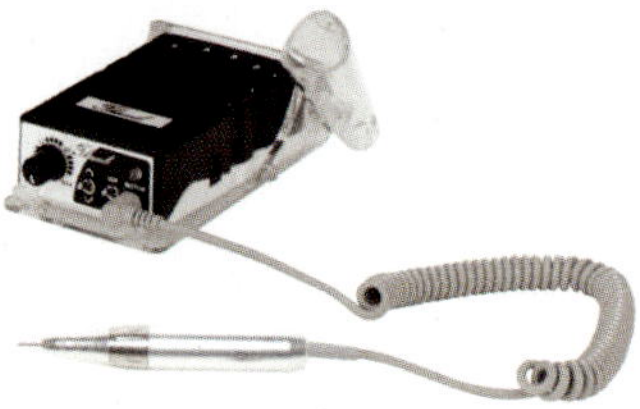

에어브러시

- 용도 : 네일에 컬러를 부여하거나 네일아트를 표현할 때 사용하는 기기이다.
- 사용방법 : 고압을 이용한 컴프레서와 에어브러시 건을 연결하고 에어브러시 건에 물감 또는 컬러 젤을 넣은 다음 네일 위에 스텐실을 올려놓고 분사하여 사용한다.

02 네일 도구의 종류와 특성

재료정리함

- 용도 : 네일 작업에 사용되는 재료를 담아 정리는 도구이다. 플라스틱의 재질을 사용하여도 무방하나 장기간 사용 시 화학물질의 의해 손상될 수 있고 소독이 용이하지 않으므로 스테인리스 스틸의 재질이 적합하다.
- 사용방법 : 네일 재료를 넣어 보관한다.

용기

- 용도 : 탈지면이나 멸균거즈를 담는 뚜껑이 있는 용기이다.
- 사용방법 : 이물질이 들어가지 않게 뚜껑을 덮어 사용한다.

소독용기

- 용도 : 철제 도구들을 담가서 소독할 때 사용하는 유리용기이다.
- 사용방법 : 바닥에 탈지면을 깔고 에탄올(ethanol) 수용액 70%에 10분 이상 담가둔다.

손목 받침대

- 용도 : 고객의 손목을 받쳐 작업의 편리성을 제공해 주는 도구이다.
- 사용방법 : 작업이 용이하도록 고객의 손목을 받쳐서 사용한다.

핑거볼(Finger Bowl)

- 용도 : 고객의 손끝을 담가서 네일 주위 각질을 불려주는 용기이다.
- 사용방법 : 미온수를 넣고 고객의 손끝을 담가 사용한다.

디스펜서(Dispenser)

- 용도 : 화학물질에도 녹지 않는 재질로 네일 폴리시 리무버, 아세톤 등의 용액을 담는 용기이다.
- 사용방법 : 용액을 담가서 펌프식으로 편리하게 사용한다.

디펜디시(Dappen Dish)

- 용도 : 화학물질에도 녹지 않는 재질로 뚜껑이 있는 작은 용기이다.
- 사용방법 : 아크릴 리퀴드(Acrylic Liquid), 브러시 클리너 등을 덜어서 사용하고 작업 중간에는 뚜껑을 닫아둔다.

네일 더스트 브러시(Nail Dust Brush)

- 용도 : 손과 네일의 분진을 제거할 때 사용하는 도구이다.
- 사용방법 : 소독이 가능한 제품을 사용해야 한다.

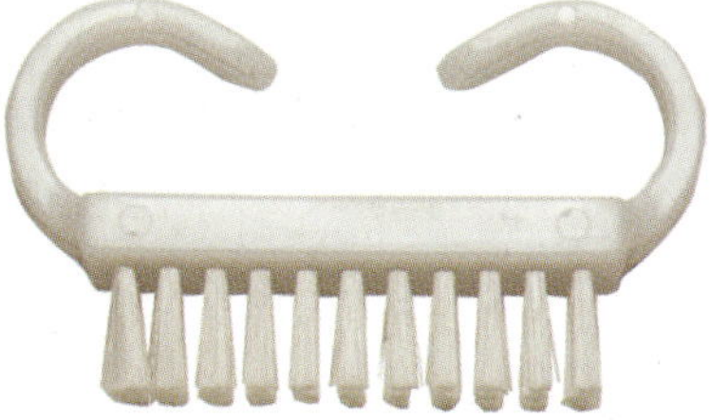

오렌지 우드스틱(Orange Wood Stick)

- 용도 : 큐티클을 밀어 올릴 때나 네일의 이물질 제거 또는 컬러링의 수정 등에 다양하게 사용하는 도구이다.
- 사용방법 : 상황에 맞게 사용하고 일회용이므로 사용 후에는 폐기해야 한다.

팁 커터(Tip Cutter)

- 용도 : 네일 팁의 길이를 줄일 때 사용하는 철제도구이다.
- 사용방법 : 네일 팁과 팁 커터의 각도가 90° 가 되도록 프리에지의 길이를 재단한다.

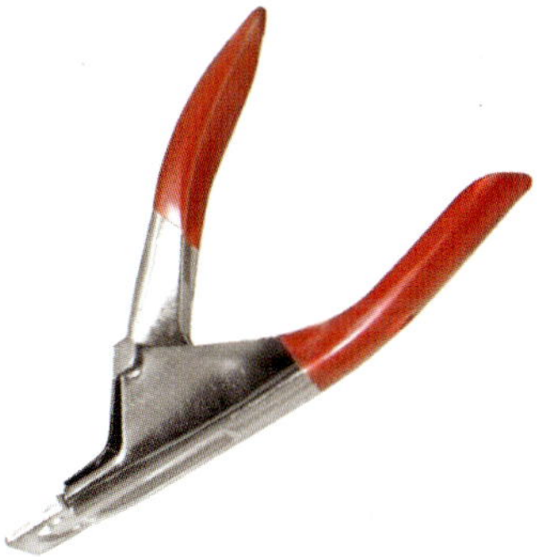

네일 클리퍼(Nail Clipper)

- 용도 : 손・발톱의 길이를 줄일 때 사용하는 철제도구이다.
- 사용방법 : 손・발톱의 형태에 맞게 조금씩 충격이 가하지 않도록 자른다.

큐티클 니퍼(Cuticle Nipper)

- 용도 : 큐티클과 네일 주위의 거스러미를 제거할 때 사용하는 철제도구이다.
- 사용방법 : 지저분한 큐티클을 거스러미가 일어나지 않도록 니퍼를 들어 올리지 않고 피부의 결대로 뒤로 빼듯이 사용한다. 네일 도구 중 감염의 우려가 가장 높은 제품이므로 철저한 소독이 필요하고 니퍼는 최소한 2개 이상을 가지고 사용해야 한다.

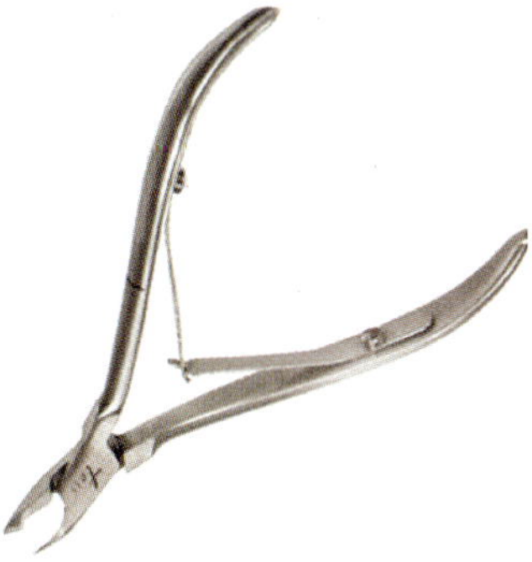

큐티클 푸셔(Cuticle Pusher)

- 용도 : 큐티클을 밀어 올릴 때 사용하는 철제도구이다.
- 사용방법 : 연필을 쥐듯이 잡고 부드럽게 밀어 올리며 각도는 45°를 유지해야 한다. 큐티클 푸셔의 끝이 날카로우면 네일에 무리를 줄 수 있으므로 너무 날카롭지 않아야 하며 강한 압력으로 큐티클 푸셔를 사용하면 네일에 굴곡이 생길 수 있으므로 주의해서 사용해야 한다.

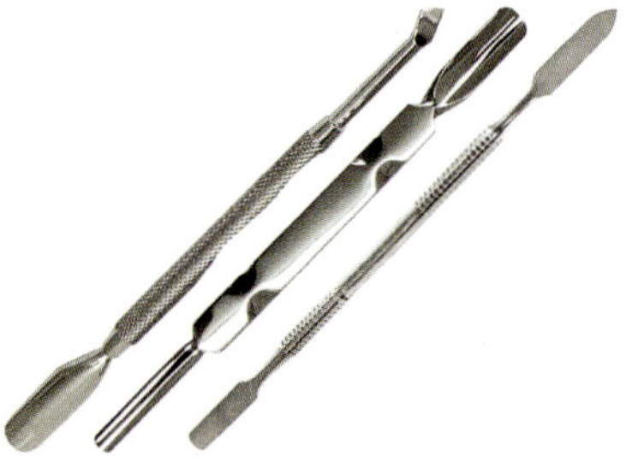

가위(Scissors)

- 용도 : 네일 작업 시 필요한 재료를 재단하는데 사용하는 철제도구이다.
- 사용방법 : 네일 랩, 데칼, 네일 폼 등을 잘라 사용한다.

콘 커터(Corn Cutter)

- 용도 : 발바닥의 굳은 각질을 제거할 때 사용하는 도구이다.
- 사용방법 : 콘 커터의 날(면도날)을 부착한 후 피부결(족문) 방향으로 안쪽에서 바깥쪽으로 사용해야 한다. 일회용으로 사용한 후에는 폐기해야 한다.

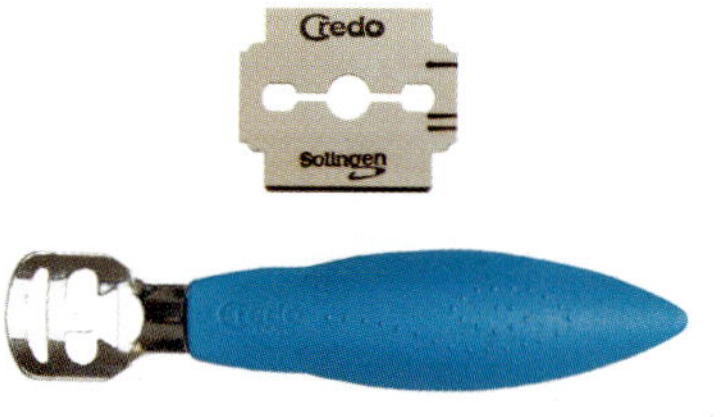

토 세퍼레이터(Toe Separators)

- 용도 : 발가락 사이에 끼워 발가락을 분리해주는 제품이다.
- 사용방법 : 네일 폴리시나 젤 등을 바를 때 필요한 공간을 확보하기 위해 일회용으로 사용한다. 일회용 키친타월 등으로 대신할 수 있다.

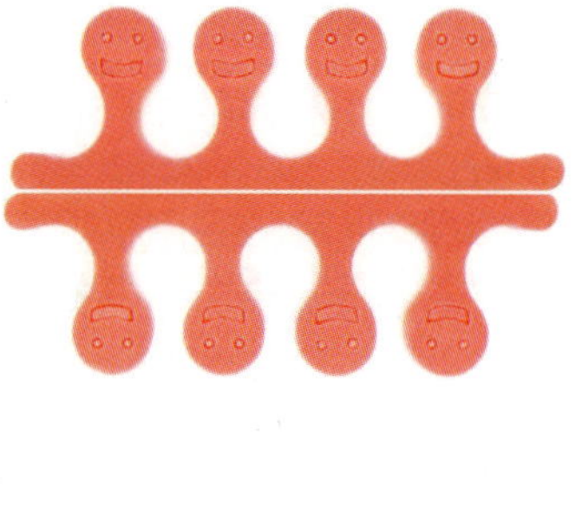

페디 파일(Pedi File)

- 용도 : 콘 커터의 사용 후나 발바닥의 각질을 부드럽게 밀어줄 때 사용하는 도구이다.
- 사용방법 : 피부결(족문) 방향으로 안쪽에서 바깥쪽으로 사용한다.

네일 파일(Nail File)

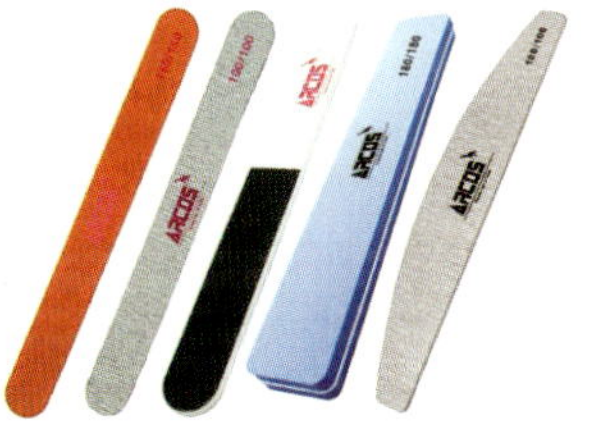

- 용도 : 네일 파일은 자연 네일과 인조 네일 작업 시 필요한 모든 네일 파일류를 총칭한다.
- 사용방법
  - 자연 네일 : 180그릿 이상의 부드러운 우드파일을 사용하여 한쪽 방향으로 네일 파일링한다.
  - 인조 네일 : 그릿숫자에 따른 적절한 네일 파일을 선택하여 네일 주변 피부에 주의하며 네일 파일링한다.

03 네일 재료의 종류와 특성

세니타이저, 안티셉틱(Sanitizer, Antiseptic)

- 특성 : 모든 작업 전에 가장 먼저 사용하며 작업자와 고객의 손 · 발을 소독하는 제품으로 살균과 소독을 돕는다.
- 사용방법 : 손등과 손바닥, 손가락 사이를 꼼꼼하게 소독한다.
- 주요성분 : 에탄올(Ethanol), 이소프로판올(Isopropanol)

퓨어아세톤(Pure-Acetone)

- 특성 : 네일 팁, 아크릴, 젤 등의 인조 네일을 제거할 때 사용하는 제품이다.
- 사용방법 : 탈지면에 용액을 적셔 네일 위에 올려놓고 알루미늄 포일을 사용하여 감싸주고 약 10~20분 정도 후에 제거한다.
- 주요성분 : 아세톤(Acetone)

네일 폴리시 리무버(Nail Polish Remover)

- 특성 : 네일 폴리시를 제거할 때 사용하는 제품이다.
- 사용방법 : 탈지면에 용액을 적셔 네일 위에 올려놓고 돌려주면서 제거한다.
- 주요성분 : 아세톤(Acetone), 에틸아세테이트(Ethyl Acetate), 오일(Oil), 글리세롤(Glycerol)

젤 네일 폴리시 리무버(Gel Nail Polish Remover)

- 특성 : 젤 네일 폴리시를 제거할 때 사용하는 제품이다.
- 사용방법 : 알루미늄 포일을 사용하여 제거하는 방법과 네일 주변에 도포하는 방법 등 제조 회사에 따라 사용방법이 다르다.
- 주요성분 : 아세톤(Acetone), 에틸아세테이트(Ethyl Acetate), 오일(Oil), 글리세롤(Glycerol)

파라핀(Paraffin)

- 특성 : 거친 피부에 유・수분을 공급하고 혈액순환을 촉진시켜 손・발의 피로회복에 도움을 주는 제품이다.
- 사용방법 : 파라핀 용액을 워머기에 녹여 손・발 담근 후 약10~20 후 제거한다.
- 주요성분 : 파라핀 왁스(Paraffin Wax), 베지터블 오일(Vegetable Oil), 콜라겐(Collagen), 유칼립투스(Eucalyptus), 멘톨(Menthol), 비타민 E(Vitamin-E)

손・발 로션 & 크림(Hand・Foot Lotion & Cream)

- 특성 : 피부에 유・수분을 공급하여 건조를 예방하는 제품이다.
- 사용방법 : 손・발에 전체에 골고루 도포한다.
- 주요성분 : 정제수(Water), 라놀린(Ranolin), 베지터블 오일(Vegetable Oil), 글리세린(Glycerin), 미네랄 오일(Mineral Oil), 향료

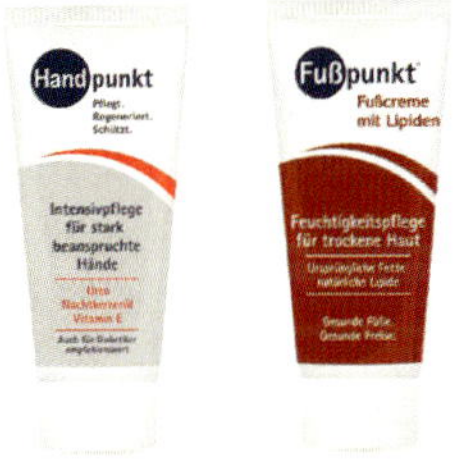

큐티클 오일(Cuticle Oil)

- 특성 : 큐티클 주변 피부를 보호하거나 부드럽게 해주기 위해 사용하는 제품이다.
- 사용방법 : 큐티클 부분에 떨어트려 부드럽게 문질러서 사용한다.
- 주요성분 : 라놀린(Lanolin), 글리세린(Glycerin) 베지터블 오일(Vegetable Oil), 비타민(Vitamin) A, 비타민(Vitamin) E

큐티클 리무버(Cuticle Remover)

- 특성 : 큐티클을 부드럽게 해주기 위해 사용하는 제품이다
- 사용방법 : 큐티클 부분에 바르고 부드럽게 문질러서 사용한다.
- 주요성분 : 수산화칼륨(Potassium Hydroxide), 글리세롤(Glycerol), 소듐 하이드록사이드(Sodium Hydroxide), 올레산(Oleic Acid), 정제수(Aqua)

네일 강화제(Nail Hardner, Strengthener)

- 특성 : 네일이 약하게 되는 것을 예방하기 위해 사용하는 제품이다.
- 사용방법 : 네일에 1~2회 도포한다.
- 주요성분 : 니트로셀룰로오스(Nitrocellulose), 부틸아세테이트(Butyl Acetate), 에틸아세테이트(Ethyl Acetate), 이소프로필알코올(Isopropyl Alcohol), 토실아마이드(Tosylamide), 비타민(Vitamin), 칼슘판토테네이트(Calcium Pantotenate)

베이스코트(Base Coat)

- 특성 : 네일 폴리시의 밀착력을 높이고 네일에 색소가 침착되거나 변색되는 것을 방지하기 위해 바르는 제품이다.
- 사용방법 : 네일 폴리시를 바르기 전에 얇게 1회 바른다.
- 주요성분 : 니트로셀룰로오스(Nitrocellulose), 부틸아세테이트(Butyl Acetate), 에틸아세테이트(Ethyl Acetate), 이소프로필알코올(Isopropyl Alcohol), 토실아마이드(Tosylamide), 톨루엔(Toluene)

톱코트(Top Coat)

- 특성 : 네일 폴리시를 보호하고 광택을 부여하기 위해 바르는 제품이다.
- 사용방법 : 네일 폴리시를 바른 후 작업 마지막 단계에서 1회 바른다.
- 주요성분 : 니트로셀룰로오스(Nitrocellulose), 부틸아세테이트(Butyl Acetate), 에틸아세테이트(Ethyl Acetate), 이소프로필알코올(Isopropyl Alcohol), 토실아마이드(Tosylamide), 톨루엔(Toluene)

네일 폴리시(Nail Polish)

- 특성 : 네일의 컬러를 부여하기 위해 사용하는 제품이다.
- 사용방법 : 네일의 45° 각도로 2회 바른다.
- 주요성분 : 니트로셀룰로오스(Nitrocellulose), 부틸아세테이트(Butyl Acetate), 에틸아세테이트(Ethyl Acetate), 이소프로필알코올(Isopropyl Alcohol), 토실아마이드(Tosylamide), 톨루엔(Toluene), 트리메틸올프로판(Trimethylolpropane), 벤조페논(Benzophenone), 안료(Pigment)

지혈제(Styptic Liquid, Styptic Powder)

- 특성 : 작업 시 발생할 수 있는 가벼운 출혈을 지혈해주기 위해 사용하는 제품이다.
- 사용방법 : 출혈 부위에 떨어트리거나 탈지면을 이용하여 가볍게 눌러준다. 출혈 부위를 문질러 사용하면 안 된다.
- 주요성분 : 칼슘(Calcium), 트롬빈(Thrombin), 비타민(vitamin) K, 트롬보플라스틴(Thromboplastin)

네일 폴리시 퀵 드라이(Nail Polish Quick Dry)

- 특성 : 네일 폴리시의 건조를 빠르게 해주기 위해 사용하는 제품이다.
- 사용방법 : 스프레이타입은 모든 작업이 끝난 후에 약 10~15cm 거리에서 분사해야 하고 스포이트 타입은 네일 위에 떨어트려 사용한다.
- 주요성분 : 미네랄오일(Mineral Oil), 올레산(Oleic Acid), 실리콘(Silicone)

네일 폴리시 시너(Nail Polish Thinner)

- 특성 : 네일 폴리시의 점성도를 낮추기 위하여 사용하는 혼합 용제로 굳은 네일 폴리시를 묽게 만들어 사용하기 위해 사용하는 제품이다.
- 사용방법 : 네일 폴리시 병에 1~2방울 넣어서 사용한다.
- 주요성분 : 톨루엔(Toluene), 부틸아세테이트(Butyl Acetate), 에틸아세테이트(Ethyl Acetate)

네일 표백제, 네일 화이트너((Nail Bleach, Nail Whitener)

- 특성 : 네일에 컬러가 착색되거나 변색되었을 때 하얗게 보이도록 표백시키는 제품이다.
- 사용방법 : 분말타입은 용기에 네일 표백제를 넣고 약 5~10분 정도 네일을 담가준다. 네일 폴리시타입은 제품 자체를 사용하여 도포한다.
- 주요성분 : 과산화수소(Hydrogen Peroxide) 6%(20볼륨), 레몬(Lemon), 티타늄(Titanium), 티타늄디옥사이드(Titanium Dioxide)

손 · 발 스크럽 제품 (Hand · Foot Scrub)

- 특성 : 손 · 발에 각질을 부드럽게 제거해주는 제품이다.
- 사용방법 : 미세한 알갱이를 이용해 피부를 가볍게 문질러 준다.
- 주요성분 : 정제수(Water), 호두껍질가루(Walnut Shell Powder), 소듐라우릴설페이트(Sodium Lauryl Sulfate), 글리세린(Glycerin)

발 굳은살 연화제(Foot hardened Skin Softener)

- 특성 : 발에 있는 굳은살을 부드럽게 해주는 제품이다.
- 사용방법 : 스패출러를 사용하여 굳은 각질 부위에 도포한다.
- 주요성분 : 염화나트륨(Sodium Chloride), 푸마이스 스톤(Pumice Stone), 리퀴드 파라핀(Liquid Paraffin), 글리세린(Glycerin)

페디 솔트, 항균 비누 (Pedi Salt, Antibacterial Soap)

- 특성 : 페디큐어 시 발의 박테리아를 살균하기 위해 사용하는 제품이다.
- 사용방법 : 족욕기에 안에 넣어 사용하고 한 사람의 고객에게만 사용해야 한다.
- 주요성분 : 소듐바이카보네이트 (Sodium Bicarbonate), 염화나트륨(Sodium Chloride), 티트리(Teetree), 글리세린(Glycerin), 살리실릭애시드(Salicylic Acid)

• 젤 네일 제품

클리어 젤(Clear Gel)

- 특성 : 점성을 가지고 있으며 네일의 보강과 길이를 연장하는 등의 다양한 인조 네일을 할 수 있는 제품이다. 점성에 따라 소프트 젤과 하드 젤로 구분된다.
- 주요성분 : 에틸아세테이트(Ethyl Acetate), 메틸아크릴레이트(Methyl Acrylate)

컬러 젤(Color Gel)

- 특성 : 안료를 포함하고 있는 컬러 젤로 일반적으로 젤 네일 폴리시라고 부른다. 클리어 젤에 비해 경화속도가 느리며 네일 폴리시와 비슷한 느낌이지만 광택이 뛰어나며 유지기간이 오래 지속된다.
- 주요성분 : 에틸아세테이트(Ethyl Acetate), 메틸아크릴레이트(Methyl Acrylate), 안료(Pigment)

베이스 젤(Base Gel)

- 특성 : 네일과 젤이 잘 밀착되고 젤이 균일하게 도포될 수 있도록 처음에 발라주는 제품이다.
- 주요성분 : 에틸아세테이트(Ethyl Acetate), 메틸아크릴레이트(Methyl Acrylate)

톱 젤(Top Gel)

- 특성 : 젤을 보호하고 표면에 광택을 부여하기 위해 마지막에 사용하는 제품이다. 무광타입과 유광타입이 있고 미 경화 젤의 여부에 따라서 젤 클렌저로 닦는 타입과 닦지 않고 마무리하는 타입이 있다.
- 주요성분 : 에틸아세테이트(Ethyl Acetate), 메틸아크릴레이트(Methyl Acrylate)

젤 클렌저(Gel Cleanser)

- 특성 : 젤 와이퍼에 적셔 미 경화 젤을 닦을 때 사용하는 제품이다.
- 주요성분 : 에탄올(Ethanol), 아세톤(Acetone)

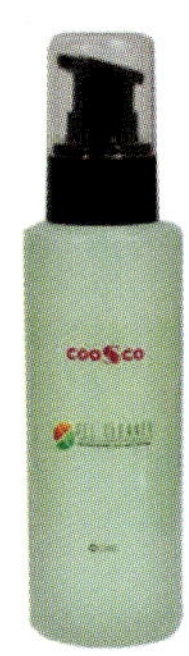

젤 브러시(Gel Brush)

- 특성 : 젤을 네일에 도포할 때 사용하거나 그림을 그릴 때 사용하는 브러시이다. 젤 브러시의 크기와 형태에 따라 스컬프처용과 아트용으로 나누어 사용한다.

팁 네일 제품

네일 팁(Nail Tip)

- 특성 : 네일 팁은 플라스틱(Plastic), 나일론(Nylon), 아세테이트(Acetate) 등의 재질로 이미 모양이 만들어진 인조 손톱으로 네일의 길이를 연장하기 위해 사용한다.

네일 접착제(Nail Glue)

- 특성 : 네일 접착제는 네일 글루(Nail Glue)라고 하며, 네일 팁을 접착하거나 네일 랩 등을 고정 할 때 사용한다.
- 주요성분 : 시아노 아크릴레이트(Cyano Acrylate)

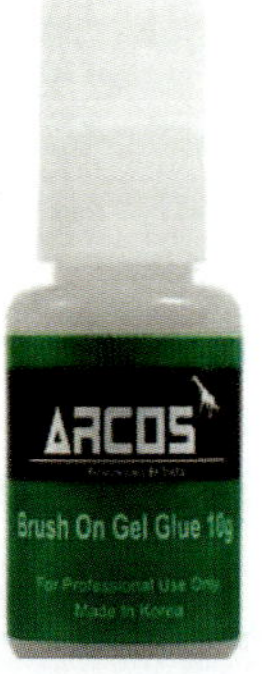

네일 랩(Wraps)

- 특성 : 약한 네일의 보강이나 찢어진 네일을 덮어 단단하게 하며 인조 네일 위에 덮어씌움으로써 튼튼하게 유지시켜주고 길이를 연장하기도 한다. 실크, 리넨, 파이버글라스 등이 있다.

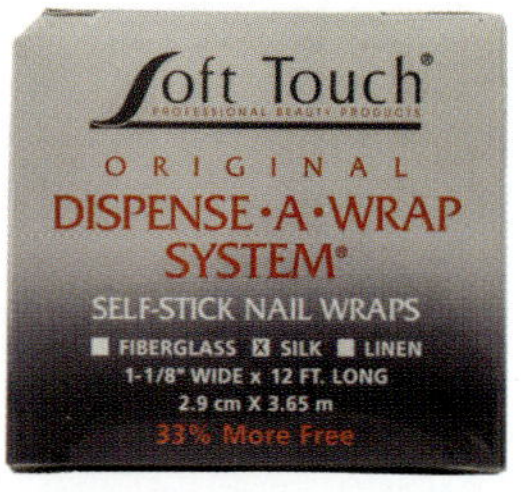

필러 파우더(Filler Powder)

- 특성 : 네일 접착제와 함께 사용하는 분말타입의 제품으로 네일의 보강과 두께 조절을 위해 네일 접착제와 함께 사용한다.

건조 활성제(Dry Activator, Glue Dry)

- 특성 : 건조 활성제는 네일 접착제를 좀 더 빠르게 건조하는 역할을 하며 일반적으로 글루 드라이라고 한다.
- 주요성분 : 부탄(LPG), 프레온(Freon) 에탄올(Ethanol), 아세톤(Acetone)

아크릴 네일 제품

아크릴 파우더(Acrylic Powder)(Acrylic Powder)

- 특성 : 아크릴 리퀴드(Acrylic Liquid)와 혼합하여 사용하는 분말타입의 제품이다. 다양한 컬러의 파우더가 있다.
- 주요성분 : 에틸메타크릴레이트(Ethyl Methacrylate), 메틸메타크릴레이트(MthylMethacrylate)

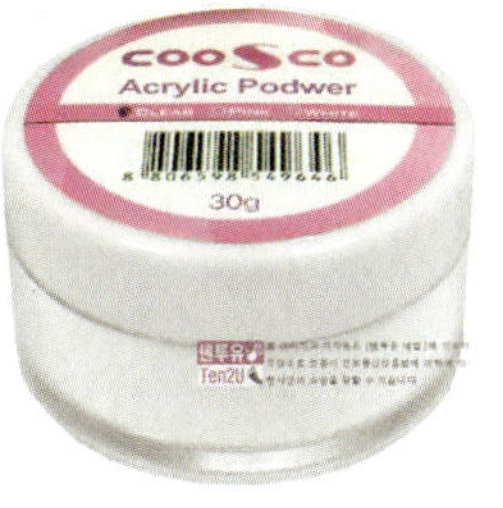

아크릴 브러시(Acrylic Brush)

- 특성 : 아크릴 파우더와 아크릴 리퀴드를 혼합하여 네일 위에 올릴 때 사용하는 브러시이다.

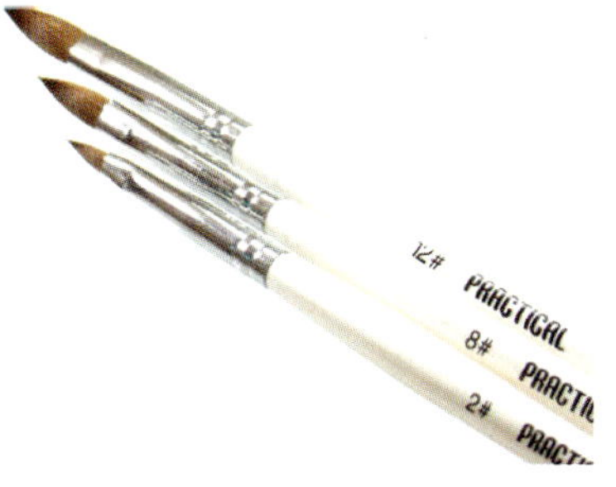

네일 폼(Nail Form)

- 특성 : 네일 팁을 사용하지 않고 길이를 연장하거나 인조 네일의 형태를 만들기 위해 사용하는 받침대이며 스컬프처 작업 시 사용한다.

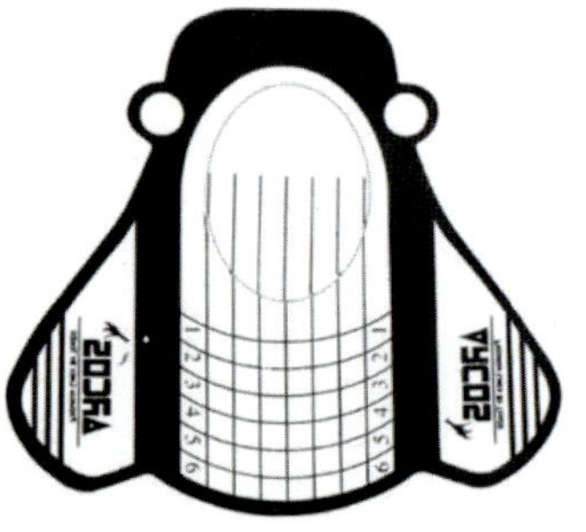

네일 프라이머(Nail Primer)

- 특성 : 케라틴 단백질을 화학작용으로 녹임으로써 인조 네일의 접착효과를 높여주는 제품이다. 네일 표면의 유·수분을 제거하고 네일 표면의 pH(4.5~5.5) 밸런스를 맞춰주어 박테리아 성장을 억제하는 방부제 역할을 한다.
- 주요성분 : 메타크릴산(Methacrylic Acid), 아크릴레이트(Acrylate), 부틸아세테이트(Butyl Acetate)

Chapter 03.

고객 상담하기

네일 미용인은 바른 자세와 마음가짐으로 고객을 응대하여야 하며 고객과 상담을 할 때에는 어떤 관리가 고객에게 가장 적합한지를 정하기에 앞서 고객이 관리를 받을 수 있는 네일인지 감염에 위험이 있는 네일이나 피부상태를 가지고 있지는 않은지를 판단해야 한다. 고객과의 상담 후 네일 미용인이 관리할 수 없는 네일은 전문의에게 진료 받을 것을 권해야 한다.

네일 미용은 건강하고 아름다운 네일을 유지, 보호하고 다양한 기능과 아트기법을 수행하여 고객에게 서비스를 제공하는 사람이다. 따라서 네일 미용인은 의료법과 관련된 시술, 치료 등의 단어는 사용할 수 없으며 작업, 관리 등의 단어로 대체하여야 한다.

본 챕터에서는 네일 미용인이 갖추어야 할 자세와 고객 응대 및 상담 방법과 네일의 병변에 대하여 알아본다.

01 네일 미용인의 자세

1. 네일 미용인의 자세

1) 전문가로서의 자세

① 청결하고 다리미질한 단정한 복장을 착용한다.
② 단정한 헤어스타일과 청결한 용모를 유지하도록 한다.
③ 깨끗하고 적당한 높이의 신발과 양말을 착용하는 것이 좋다.
④ 화려한 액세서리를 피하고 껌이나 사탕을 먹지 않는다.
⑤ 자기계발을 위해 새로운 기술을 끊임없이 연구하고 기술 향상을 위해 노력하며 전문인으로서 자부심과 자신감을 갖는다.

2) 고객에 대한 자세

① 하루일의 계획과 일정 체크는 고객관리의 시작이므로 항시 스케줄을 점검한다.
② 작업 준비는 고객이 작업 테이블에 앉기 전에 마쳐야 한다.
③ 전문가적인 용모와 복장으로 고객을 응대하며 최선의 서비스를 제공하기 위해 작업 전 충분한 상담을 한다.
④ 고객의 네일 상태를 파악하고 선택 가능한 작업방법과 관리방법을 설명한다.
⑤ 예의 바르고 친절하게 고객을 맞이하며 고객과의 시간약속을 반드시 지키며 예약시간을 엄수한다.
⑥ 신뢰를 형성하기 위해 숙련된 기술과 능숙한 서비스를 제공하여야 한다.
⑦ 고객에게 금전관계나 사적인 문제는 이야기하지 않는다.
⑧ 작업 중에는 개인 휴대폰 사용을 하지 않도록 한다.

3) 고용주와 동료에 대한 자세

① 동료의 장점과 생각을 인정하고 칭찬한다.
② 고용주와 동료의 충고와 조언을 받아들이고 존중한다.
③ 성실하게 솔선수범하는 자세를 갖추어야 한다.
④ 정직하고 말보다는 실천하는 모습으로 신뢰를 형성한다.
⑤ 새로운 기술과 지식을 수용하는 자세로 받아들이고 습득하려고 노력한다.
⑥ 금전관계나 사적인 문제를 의논하지 않는다.
⑦ 네일숍 내에서 일어나는 문제점과 고충은 고용주와 상의한다.

2. 네일 미용사의 윤리

1) 네일 미용사로서의 직업적 윤리

① 정직하고 공평하며 공손한 마음을 가진다.
② 타인의 생각이나 권리를 존중한다.
③ 네일 도구에 대한 준비성을 갖도록 한다.
④ 정부의 미용업 관련 법규나 네일숍의 운영정책과 규칙을 준수하며 직업윤리에 저촉되는 행위는 하지 않는다.

2) 고객에 대한 직업적 윤리

① 모든 고객을 공평하게 대한다.
② 위생 및 안전규정을 준수해야 한다.
③ 바른 품행과 상냥한 언행으로 고객을 대한다.
④ 타인에 대한 험담을 하지 않고 언쟁을 하지 않는다.
⑤ 고객이 원하는 알맞은 서비스를 성실하게 제공하여야 한다.

3) 고용주와 동료에 대한 직업적 윤리

① 맡은 바 의무를 다해야 한다.
② 동료들과는 협조와 배려를 한다.
③ 동료들의 재능을 인정하며 존중한다.
④ 고용주와 동료 비난에 동조하지 않도록 한다.
⑤ 본인의 행동에 책임을 지고 정직하여야 한다.

02 고객응대 및 상담

1. 고객 상담과 진단

네일 관리를 시작하기 전에 고객과의 상담을 통하여 고객이 원하는 서비스가 어떤 것인지를 충분히 확인하고 고객의 건강 상태와 피부, 네일의 상태, 알레르기, 생활습관 등을 고려하여 고객이 원하는 가장 적합한 서비스를 제공하여야 한다.

2. 고객관리카드

① 새로운 고객이 방문하면 상담을 하고 동의를 얻어 고객관리카드를 작성한다.
② 개인 정보 수집 등은 사전에 동의를 구하고 이름, 주소, 연락처 등을 기재해야 한다.
③ 관리가 전부 끝난 후에 그날의 관리내용과 추가사항도 기재한다.
④ 재방문 고객도 관리를 받을 때마다 변경사항과 그날의 서비스 추가사항을 작성해야 한다.

고객관리카드에 기재할 사항

① 일반사항(성명, 집 주소, 직장주소, 전화번호, 휴대폰번호, 직업)
② 건강상태와 질병의 유무(의료기록 사항)
③ 피부 타입과 화장품 부작용(알레르기)
④ 손・발톱의 병변 유무(감염성)
⑤ 손과 손톱의 보습상태
⑥ 선호하는 컬러
⑦ 작업 관련 사항(가격, 제품판매내역, 담당 네일 미용사의 성명)
⑧ 작업 시 주의사항
⑨ 사후 관리에 대한 조언과 대처방법

3. 예약접수 관리

① 전화예약 접수를 받을 때 먼저 네일숍의 이름과 자신의 이름을 말한다.
② 상냥한 목소리로 응대하고 예약관리카드를 사용하여 관리한다.
③ 예약날짜, 시간, 원하는 서비스와 담당 네일 미용사를 확인한다.

03 네일의 병변

손 · 발톱 병(오니코시스, Onychosis)은 네일과 관련된 모든 손 · 발톱질병을 총칭하는 용어이다. 네일 미용사는 네일의 이상증세와 질병, 감염 여부를 구별하고 설명할 수 있어야 한다. 육안으로 확인하고 관리할 수 있는 네일인지 아닌지를 파악한 후 경우에 따라서는 전문의에 진료를 받도록 권유해야 한다.

1. 관리할 수 있는 네일의 증상

네일 미용사가 관리할 수 있는 네일과 네일 주위 피부의 이상 증상으로 알맞은 관리법으로 관리한 후 모든 작업을 수행할 수 있다. 관리가 가능한 네일의 상태라고 하더라도 증상의 심한 정도에 따라서는 관리를 피하는 것이 적절하다.

[관리할 수 있는 네일의 증상]

증상	한글 독음	영어 표기
손거스러미	행 네일	Hangnail
표피조막, 조갑익상편	테리지움	Pterygium
조갑종렬증, 세로줄 네일	오니코렉시스	Onychorrhexis
조갑횡구증, 가로줄 네일	보우 라인	Beau's lines
고랑 파인 네일	퍼로우, 커러제이션	Furrow, Corrugation
교조증, 물어뜯는 네일	오니코파지	Onychophagy
숟가락 네일	스푼 네일, 코일로니키아	Spoon Nail, koilonychia
조갑감입증, 내향성 네일	오니코크립토시스, 인그로운 네일	Onychocryptosis, Ingrown Nail
조갑연화증, 달걀껍질 네일	오니코말라시아, 에그셸 네일	Onychomalacia, Eggshell Nail
조갑위축증	오니카트로피아	Onychatrophia
조갑비대증	오니콕시스	Onychauxis
조백반증, 흰색 반점	루코니키아	Leuconychia
조갑모반, 검은 반점	니버스, 멜라노니키아	Nevus, Melanonychia
조갑청색증, 파란 네일	오니코사이아노시스	Onychocyanosis
멍든 네일, 혈종	헤마토마, 브루이즈드 네일	Hematoma, Bruised nail
변색된 네일	디스컬러드 네일	Discolored Nail

1) 큐티클과 네일 주변 피부의 이상 증상

손거스러미(행 네일) 손거스러미가 일어난 증상이다.

원인
- 네일 주변 피부가 건조해져 큐티클과 에포니키움의 균열로 인하여 발생할 수 있다.
- 물을 많이 사용하거나 잦은 화학제품의 사용으로 발생할 수 있다.
- 큐티클을 잡아떼거나 물어뜯는 버릇으로 생길 수 있으며 잘못된 큐티클 니퍼 사용으로도 발생할 수 있다.

관리
- 큐티클 니퍼로 조심스럽게 제거 후 항생연고를 사용한다.
- 핫 오일 매니큐어와 파라핀 매니큐어로 관리하면 효과적이다.
- 큐티클 오일, 핸드 로션 등의 보습 제품을 사용한다.
- 화학제품의 사용을 자제하며, 물의 사용 시 장갑의 착용을 권장한다.
- 큐티클을 잡아떼거나 물어뜯는 것을 방지하기 위해 노 바이트 제품(No Bite) 등을 권장한다.

표피조막(테리지움) 큐티클이 과잉 성장하여 네일 바디 위로 과도하게 자라나오는 증상이다.

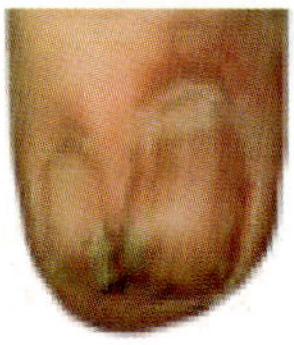

원인
- 과도한 큐티클 정리로 인하여 큐티클이 건조해져 발생할 수 있다.
- 인체의 유해한 성분이 들어간 네일 제품과 변질된 제품의 사용으로 발생할 수 있다.
- 매트릭스의 염증에 의한 파괴로 네일 폴드가 네일 바디에 유착되는 반흔이나 위축 상태로 편평태선, 말초혈류장애로 발생할 수 있다.

관리
- 조심스럽게 큐티클 푸셔로 밀어주고 조금씩 니퍼로 정리해 주며 큐티클이 딱딱한 경우에는 핑거볼 대신 크림 워머기를 사용하여 큐티클을 부드럽게 하는 핫 크림 매니큐어로 꾸준히 관리를 하는 것이 좋다.
- 큐티클을 뜯지 말아야 하며 자주 매니큐어를 받는 것이 효과적이며 보습을 충분하게 유지하는 것이 좋다. 심해질 경우 프리에지까지 자라나올 수 있으므로 조기에 전문의에게 상담하는 것을 권장한다.

2) 네일 표면에 이상 증상

조갑종렬증(오니코렉시스) 네일 바디의 균열이 발생하여 세로로 골이 파져 갈라지거나 부서지는 증상이다.

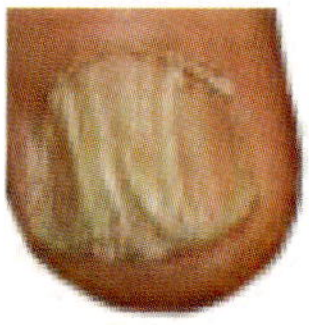

원인
- 네일 폴드의 감염과 매트릭스 외상으로 발생 발생할 수 있다.
- 물의 과도한 사용과 잦은 화학제품으로 인하여 손톱의 건조해져 발생할 수 있다.

관리
- 증상이 심하지 않은 경우에는 샌딩 파일로 표면을 다듬고 네일 강화제를 바른다.
- 프리에지를 사용하여 긁는 행동을 자제하고 손과 손톱에 보습제품을 사용한다.
- 화학제품의 사용을 자제하고 물을 사용할 때는 장갑을 이용하는 것을 권장한다.
- 프리에지부터 발생한 경우에는 네일 바디로 확장되지 않게 인조 네일을 작업하는 것이 효과적이며, 루눌라부터 발생한 경우에는 매트릭스나 네일 폴드의 손상일 수 있으므로 전문의에게 상담하는 것을 권장한다.

조갑횡구증(보우라인) 가로로 골이 파여 있는 증상이며 한 개 또는 모든 네일에 생길 수 있다.

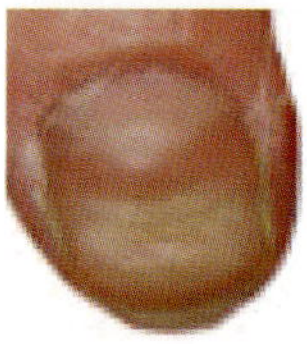

원인
- 건강 악화나 질병으로 인하여 네일 매트릭스 기능의 일시적 저하로 발생할 수 있으며 기능 저하의 기간이나 심한 정도에 따라 길이나 폭이 달라질 수 있다.

관리
- 고랑이 심하지 않은 경우에는 샌딩 파일로 표면을 다듬고 네일 강화제를 바른다.
- 네일이 얇고 골이 심한 경우에는 인조 네일을 작업하는 것이 효과적이다.
- 건강관리에 유의하며 증상이 심한 경우에는 전문의에게 상담하는 것을 권장한다.

고랑파인손톱(퍼로우)	네일 바디에 세로나 가로로 고랑이 파여 있는 증상이다.

원인
- 신경성과 순환기 계통의 질병이나 아연 부족의 식습관으로 발생할 수 있다. 빈혈, 고열, 임신, 홍역 등 건강상의 문제로 발생할 수 있다.
- 잘못된 큐티클 푸셔의 사용(각도와 힘 조절)과 손으로 긁거나 물리적인 압박으로 루눌라에 충격이 가해져 발생할 수 있다.

관리
- 샌딩 파일로 표면을 다듬고 네일 강화제를 바른다. 네일이 얇고 고랑이 심한 경우에는 일정기간 인조 네일을 작업하는 것이 효과적이다.
- 물리적인 압박이 생기지 않게 주의하며 규칙적인 식습관과 건강관리에 주의한다.
- 심한 고랑은 빈혈의 시작일 수 있으므로 조기에 전문의에게 상담하는 것을 권장한다.

3) 네일 바디 자체의 이상 증상

교조증(오니코파지)	네일의 크기가 작아지며 프리에지가 거의 보이지 않고 심한 경우에는 네일 프리에지 부분이 두꺼워지며 네일이 손가락 끝 살 속으로 파고 들어가기도 한다.

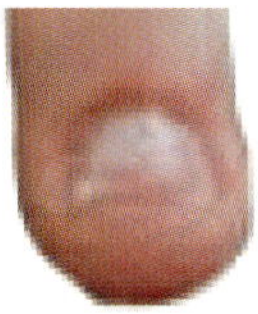

원인
- 심리적 불안감이나 스트레스 등의 원인으로 습관적으로 손톱을 물어뜯어서 발생할 수 있다.

관리
- 하이포니키움의 상처가 생겨 감염에 노출될 수 있으며 고객에게 감염을 인지시키고 네일의 변형에 대하여 설명한다.
- 정기적인 매니큐어 관리와 인조 네일을 작업하는 것이 효과적이다.
- 네일로 시선이 오지 않게 지압봉을 만지거 나물어뜯는 것을 방지하기 위해 노 바이트 제품(No Bite) 등을 권장한다.
- 심리적인 안정을 찾고 스트레스를 조절하며 심한 경우 전문의에게 상담하는 것을 권장한다.

숟가락 네일(스푼네일)	네일 바디 옆면부분이 바깥쪽으로 벌어지고 가운데 부분이 움푹 들어간 증상이다.

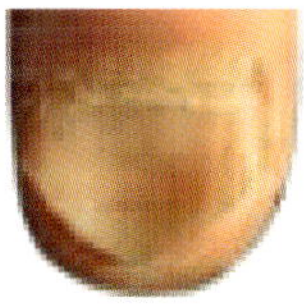

원인
- 선천성 요인이나 빈혈, 갑상샘 질병, 당뇨병 등이 원인으로 발생할 수 있다.
- 습관적으로 네일 루눌라와 네일 바디를 누르는 행동도 발생 요인이 될 수 있다.

관리
- 외부 환경으로부터 네일을 보호하기 위해 인조네일 작업을 하는 것이 효과적이다.
- 인조 네일에 제거 시에도 네일 바디에 손상이 없도록 각별히 유의해야 한다.
- 네일의 외부적인 충격을 과하지 않게 하고 다른 내부적 요인이 의심될 경우에는 전문의에게 상담하는 것을 권장한다.

조갑감입증 (오니코크립토시스)	네일의 양쪽 옆면 부분이 파고드는 증상으로 주로 엄지발톱에서 많이 볼 수 있다.

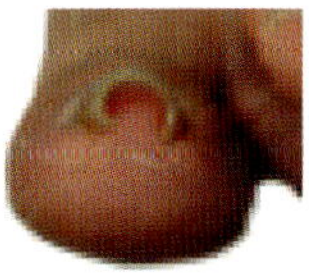

원인
- 네일 바디의 내향성 뒤틀림이나 레터럴 네일 폴드의 비후의 의해서 발생할 수 있다.
- 유전적 요인과 네일을 너무 짧고 라운드 형태로 깊이 깎는 경우에도 발생할 수 있다.
- 꽉 끼는 신발에 의한 지속적인 압박과 심한 운동이나 외상 등으로 발생할 수 있다.

관리
- 앞이 좁고 꽉 끼는 신발을 신지 않도록 한다.
- 페디큐어 작업 시 발톱을 스퀘어 형태로 너무 짧지 않게 조형한다. 심하게 파고드는 발톱이거나 감염의 우려가 있는 경우에는 전문의에게 상담하는 것을 권장한다.

조갑연화증(에그셀 네일) 손톱이 전체적으로 부드럽고 가늘며 하얗게 되어 네일 끝이 굴곡진 상태로 계란껍질같이 얇고 벗겨지며 흰색을 띠는 증상이다.

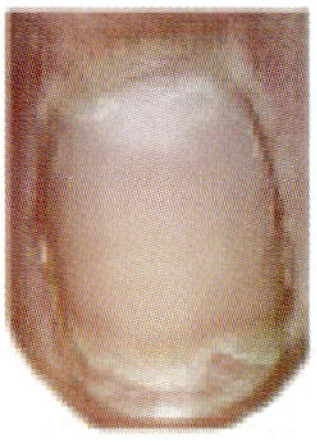

원인

- 불규칙한 식습관과 다이어트 등으로 비타민과 철 결핍성의 빈혈로 발생할 수 있다. 신경성, 내과적 질병, 신경 계통의 이상으로 발생할 수 있다.

관리

- 프리에지의 손상된 부분을 제거하고 샌딩 파일로 표면을 다듬고 네일 강화제를 바른다. 손상된 부위가 없어질 때 까지 네일의 길이를 짧게 유지하는 것이 좋다.
- 손상된 부위가 확장되지 않게 인조 네일을 작업하는 것이 효과적이다.
- 규칙적인 식습관 유지하며 일상생활에서 네일 보호용 장갑을 착용하는 것을 권장한다.

조갑위축증 (오니카트로피아) 네일의 윤기와 광택이 없어지고 크기가 작아지며 두께가 얇아지고 오므라들어 감소하는 증상으로 주로 새끼발톱에 나타난다.

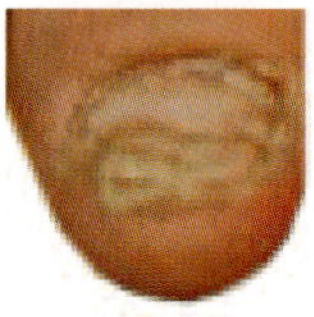

원인

- 선천적 요인과 편평태선(피부와 점막에 발생하는 원인 불명의 염증성 질병)이나 네일 폴드의 염증으로 매트릭스가 손상되어 발생할 수 있다.
- 내과적 질병이나 잦은 화학제품 사용으의 후천적 원인으로도 발생할 수 있다.

관리

- 증상이 심하지 않은 경우에는 조심스럽게 샌딩 파일로 표면을 다듬고 네일 강화제를 도포하여 일정기간 경과를 지켜보며 관리한다.
- 미관상 관리가 필요하면 인조 네일을 작업하는 것이 효과적이다.
- 화학제품의 사용을 자제하고 내과적 질병으로 발생된 것이라면 치료가 끝나면 손톱은 다시 자라며 근본적인 치료를 위해서는 전문의에게 상담하는 것을 권장한다.

조갑비대증(오니콕시스) 네일의 과잉 성장으로 비정상적으로 두꺼워지고 변색된 증상으로 주로 엄지발톱에 나타난다.

원인

- 네일 밑 조직의 증식이나 내부의 손상, 감염에 의해서 발생할 수 있다.
- 질병이나 상해로 발생할 수 있으며 꽉 끼는 신발을 신은 경우에도 발생할 수 있다.

관리

- 네일 파일로 조금씩 두께를 제거하거나 부석 가루를 사용하는 것도 효과적이다.
- 꽉 끼는 신발을 피해 발을 습하지 않게 하고 정기적인 관리를 권장한다.

4) 색소성 이상 증상

조백반증(루코니키아) 네일에 흰색 반점이 생기는 증상이다.

원인

- 선천성인 경우에는 손톱의 생성 중에 구조적 이상으로 발생할 수 있다.
- 물리적인 압박에 의해 네일 바디와 루눌라 부분에 기포현상으로 발생할 수 있다.

관리

- 네일 바디 표면에 생긴 흰색 반점은 샌딩 파일로 표면을 정리하면 제거된다.
- 네일 바디 아래 생긴 반점은 일정 기간 후 대부분 없어지므로 경과를 지켜본다.

조갑모반(니버스) 네일 바디의 일부 또는 전부가 갈색이나 흑색으로 변하는 증상이다.

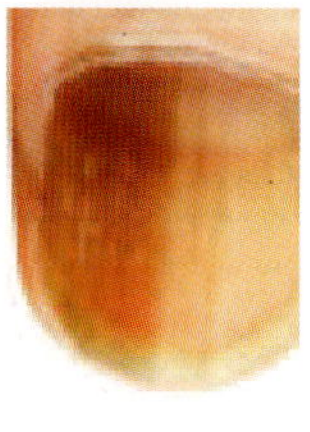

원인

- 단순 모반은 네일의 멜라닌 색소 증가 및 색소 침착으로 인하여 발생할 수 있다.
- 약물의 부작용과 악성흑색종의 가능성으로도 발생할 수 있다.

관리

- 단순 모반은 색소가 없어질 때 까지 컬러링을 하는 것이 효과적이다.
- 악성흑색종의 의심될 경우에는 전문의에게 상담하는 것을 권장한다.

조갑청색증 (오니코사이아노시스)	네일의 색이 푸르스름하게 변하는 증상이다.

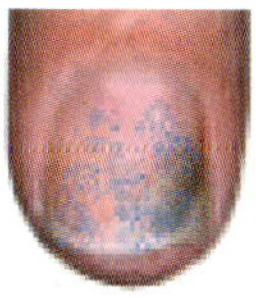

원인
- 혈액순환이 제대로 이루어지지 않아 네일 베드의 작은 혈관에 환원혈색소가 증가하거나 산소 포화도가 떨어져서 발생할 수 있다.

관리
- 일반적인 관리가 가능하며 조기 치료를 위해서 전문의에게 상담하는 것을 권장한다.

멍든네일(헤마토마)	네일 베드에 피가 응결된 상태로 멍이 반점처럼 나타나는 증상이다.

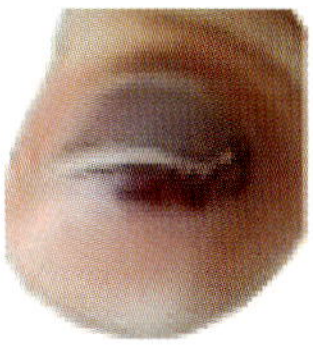

원인
- 네일 베드가 외부의 충격으로 손상 받았을 경우 혈액이 응고되어 발생할 수 있다.

관리
- 네일이 잘 고정되어있다면 무리가 가지 않는 범위에서 관리가 가능하다.
- 심한 경우에는 완전한 네일이 자라나올 때까지 작업하지 않는 것이 적절하다.

변색된 네일 (디스컬러드 네일)	네일의 색상이 청색, 황색, 검 푸른색, 자색 등으로 나타나는 증상이다.

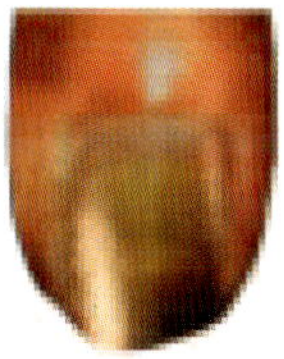

원인
- 혈액순환이나 심장이 좋지 못한 상태나 흡연이나 과도한 자외선 노출로 인하여 발생할 수 있다.
- 네일 폴리시가 착색된 경우와 변질된 네일 제품의 사용으로 발생할 수 있다.

관리
- 네일 표면의 착색은 샌딩 파일로 표면을 다듬고 네일 표백제를 사용하면 효과적이다.
- 금연을 하고 혈액순환 개선을 위해 규칙적인 운동을 한다.
- 심장질병이나 근본적인 치료를 위해서는 전문의에게 상담하는 것을 권장한다.

2. 관리할 수 없는 네일의 증상

네일 미용사가 관리할 수 없는 네일과 네일 주위 피부의 질병으로 모든 작업을 수행할 수 없는 금기사항으로 고객에게 의료 진찰을 받도록 권유해야 한다. 또한 고름, 염증으로 감염의 위험이 있거나 부어 있는 상태, 상처나 출혈이 있는 경우에도 절대로 작업을 해서는 안 된다.

인조 네일을 작업한 상태에서 고객이 몰드나 진균 등에 감염된 경우에는 즉시 인조 네일을 제거하고 사용한 네일 파일 등의 제품은 전부 폐기해야 한다. 또한 네일 도구도 위생 · 소독 처리해야 한다. 이후 작업은 수행할 수 없으며 고객은 전문의에게 의료 진찰을 받아야 한다.

[관리할 수 없는 네일의 증상]

증상	한글 독음	영어 표기
사마귀	워트	Warts
사상균	몰드	Mold
조갑진균증, 조갑백선	오니코마이코시스	Onychomycosis
발진균증, 발백선	티니아 페디스	Tinea Pedis
화농성육아종	파이로제닉그래뉴로마	Pyogenic Granuloma
조갑염	오니키아	Onychia
조갑주위염	파로니키아	Paronychia
조갑박리증	오니코리시스	Onycholysis
조갑탈락증	오니콥토시스, 오니코매디시스	Onychoptosis, Onychomadesis
조갑구만증, 조갑굽음증	오니코그리포시스	Onychogryphosis

1) 바이러스에 의한 감염

사마귀(워트) 네일 주위 피부에 구진의 형태이며 어떤 경우는 변색되거나 표면이 울퉁불퉁한 증상이다.

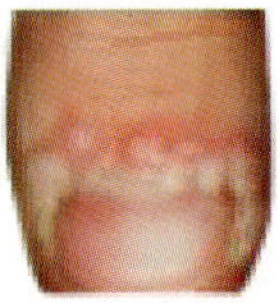

원인 · 피부 또는 점막이 유두종 바이러스(HPV)에 감염되어 의해 발병한다.

2) 균에 의한 감염

사상균(몰드)

네일이 황록색으로 보이며 점차 갈색에서 검은색으로 변하는 증상이다.

원인

- 습기, 열, 공기에 의해 균이 번식되어 발생하며 23%~25%의 수분을 함유하고 있다.
- 전 처리 작업 시 네일 바디에 수분을 충분하게 제거하지 못한 경우와 인조 네일의 보수시기가 지나 균이 번식되어 발생할 수 있다.

조갑진균증 (오니코마이코시스)

네일이 희거나 누렇게 변색되고 프리에지가 감염되어 점차 루눌라로 퍼져나가 감염된 부분이 떨어져 나가며 심한 경우에는 네일 베드가 드러나는 증상이다.

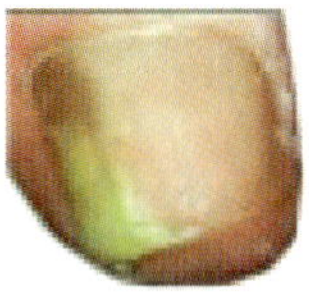

원인

- 네일의 무좀으로 프리에지로 침투하여 루눌라로 확장되며 손상된 틈을 통해 진균, 백선균의 감염이 원인으로 발생할 수 있다.
- 습도가 높은 환경이 유지되거나 인조 네일의 관리 소홀로도 발생할 수 있다.

발진균증(티니아페디스)

발바닥과 발가락 사이에 붉은색의 물집이 잡히거나 피부 사이가 부어올라 하얗고 습하게 되며 피부가 가렵고 갈라지는 증상으로 발의 무좀이다.

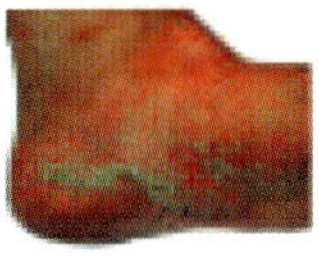

원인

- 신발에 습도가 높은 환경이 유지되거나 발에 생기는 진균, 백선균 감염이 원인이다.

화농성 육아종 (파이로제닉그래뉴로마)

육아조직으로 이루어진 염증성 결절상태의 증상이다.

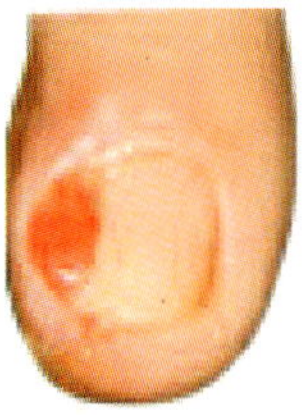

원인

- 위생 처리가 되지 않은 네일 도구 사용으로 네일 주위 피부에 상처가 생기고 박테리아 감염으로 화농성 염증을 일으켜서 발생할 수 있다.
- 외상에 인한 상처와 내향성 손·발톱으로 인하여 발생할 수도 있다.

조갑염(오니키아)

네일 밑의 피부조직 일부가 없어지거나 함몰된 상태로 염증이 붉어지거나 부어올라 고름이 형성된 증상이다.

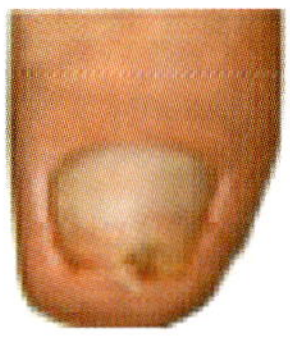

원인

- 네일 클리퍼로 네일을 재단할 때 하이포니키움의 상처가 생기거나 위생처리가 되지 않은 네일 도구들을 사용하여 박테리아에 감염되었을 때 발생할 수 있다.

조갑주위염(파로니키아) 네일 주위의 피부가 빨갛게 부어오르며 살이 물러지는 증상이다.

원인

- 손거스러미를 뜯거나 위생 처리가 되지 않은 네일 도구를 사용하여 네일 주위 피부에 상처가 생겼을 경우 박테리아에 감염되어 발생할 수 있다.
- 급성 손발톱 주위염은 네일 폴드의 감염으로 발생할 수 있다.

조갑박리증 (오니코리시스) 네일 프리에지에서 발생하여 네일 바디가 네일 베드에서 점차 분리되어 점차적으로 루눌라까지 번지게 되며 분리된 부분은 회백색으로 보이는 증상이다.

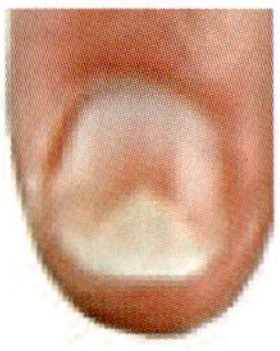

원인

- 잦은 하이포니키움 손상과 감염증으로 발생할 수 있다.
- 빈혈, 내과적 질병, 화학제품의 과도한 사용으로 발생할 수 있다.

조갑탈락증 (오니콥토시스) 네일의 일부분 혹은 손톱 전체가 떨어져 나가는 증상이다.

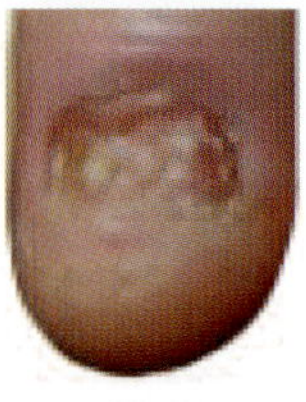

원인

- 매독, 고열, 약물의 부작용, 건강 장애 등으로 인해 네일 매트릭스의 기능이 일시적으로 정지되어 네일 바디와의 연결이 끊어진 경우에 발생할 수 있다.
- 네일 폴드의 염증으로 네일 베드의 일부가 소실되어 발생할 수 있다.
- 심한 외상으로 발생할 수 있으면 외상으로 인한 증상은 일정기간이 경과하면 다시 자라날 수 있다.

조갑구만증 (오니코그리포시스) 네일이 두꺼워지며 피부 속으로 파고들거나 손이나 발가락이 밖으로 심한 변형을 동반하는 증상으로 주로 발톱에 나타난다.

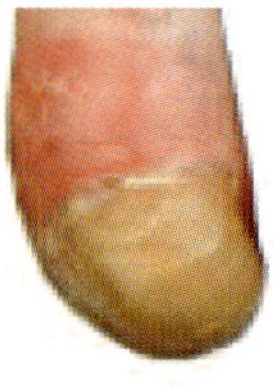

원인

- 치매, 정신분열증, 정신지열발달 등과 같은 질병으로 네일을 관리할 수 없는 사람에게서 발생할 수 있다.

Chapter 04.

손 · 발 소독

네일관리 전 네일 미용인은 작업대를 청결히 준비하고 단정한 복장을 착용해야 한다. 관리가 시작되면 항상 작업자의 손과 고객의 손을 소독해야 한다.

본 챕터에서는 작업대 준비상태와 네일 미용인의 복장, 올바른 손과 발의 소독 방법에 대하여 알아본다.

01 손 · 발 소독 작업 준비사항

1. 작업대 준비

[작업대 준비물품]

준비물품	위생가운, 보안경, 마스크, 재료정리함

① 작업대를 기구 소독제로 소독한다.
② 위생 처리된 흰색 수건을 작업대 위에 깐다.
③ 고객의 방향에 손목 받침대를 올려놓고 손목 받침대 앞쪽으로 키친타월을 깐다.
④ 재료 정리함을 사용하기 편한 위치에 놓는다. (오른손잡이 – 오른쪽, 왼손잡이 – 왼쪽)
⑤ 재료정리함에는 손 · 발 소독에 필요한 네일 재료들을 준비한다.
⑥ 위생 봉지를 재료 정리함 앞쪽에 붙인다.

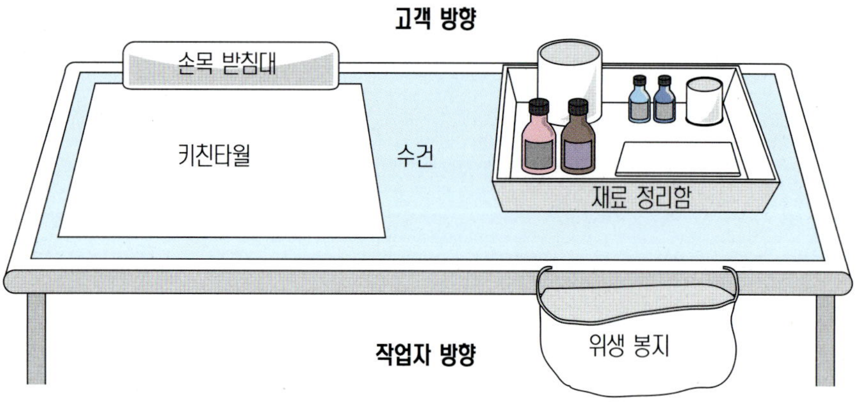

2. 재료 정리함 준비

[재료 정리함 준비물품]

준비물품	용기(소독용 탈지면), 에탄올, 손 · 발 소독제

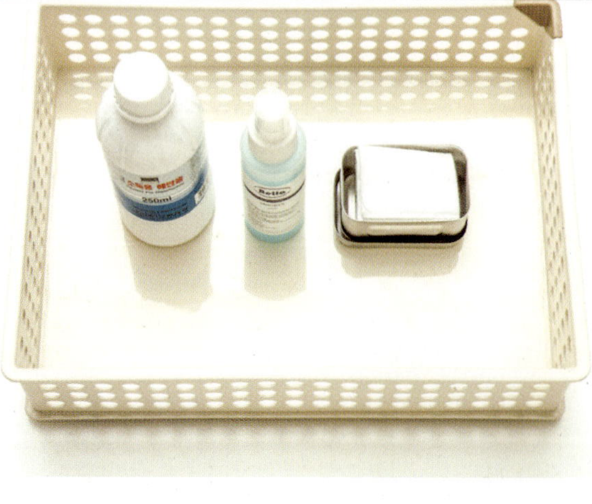

3. 작업자의 복장 준비

① 작업자는 위생 처리된 가운을 착용한다.
② 작업 시 발생할 수 있는 분진과 화학물질로부터 눈과 호흡기를 보호하기 위해 보호안경과 마스크를 착용한다.

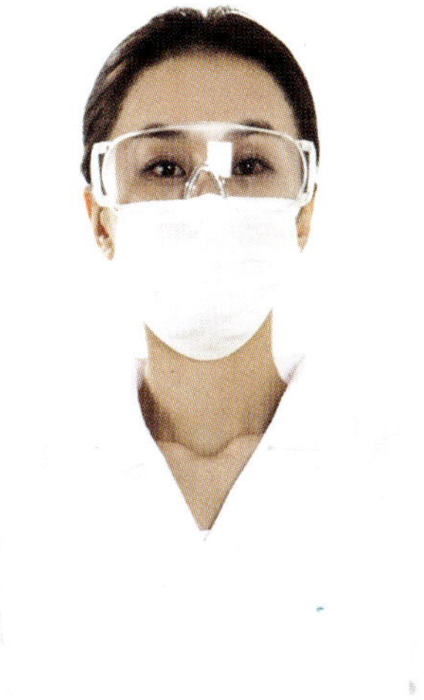

[올바른 작업자의 복장 상태]

4. 작업자 준비 물품의 이해

위생가운

- 용도 : 네일 미용사가 위생적인 작업을 위하여 착용하는 가운이다.
- 착용방법 : 가운 밖으로 안에 입은 의상이 나오지 않게 하며 가운 속에는 흰색 라운드 티셔츠를 착용한다.

보호안경

- 용도 : 네일 미용사의 눈을 보호하기 위해 착용하는 안경이다.
- 착용방법 : 화학물질의 사용과 분진 발생 시 착용한다.

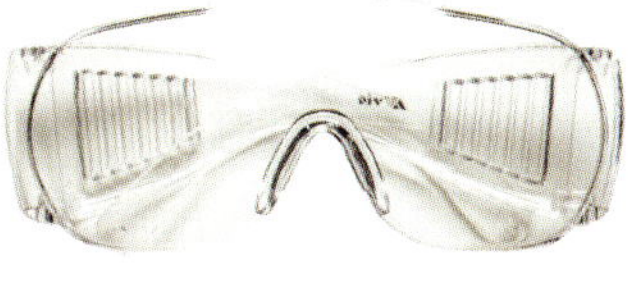

위생 마스크

- 용도 : 네일 미용사의 호흡기를 보호하기 위해 착용하는 마스크이다.
- 착용방법 : 화학물질의 사용과 분진 발생 시 착용한다.

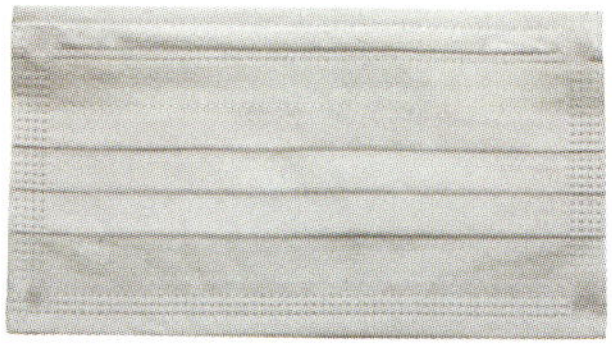

5. 손 · 발 소독 제품에 종류와 특성

항균 비누

- 용도 : 각종 유해세균을 제거하는 항균비누로 물과 함께 사용하며 작업자의 손을 세정하는 제품이다.
- 사용방법 : 물과 함께 거품을 내어 손 전체와 손가락 사이, 손톱 주변을 깨끗이 씻는다.

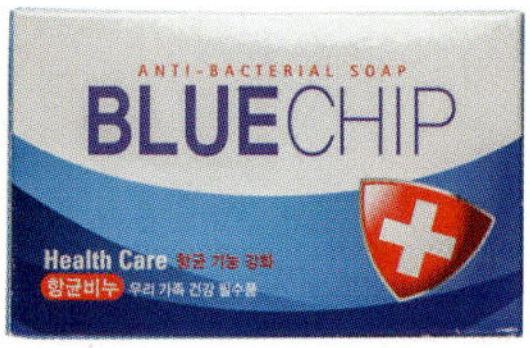

손 · 발 소독제(세니타이저,안티셉틱/Sanitizer, Antiseptic)

- 용도 : 물과 수건 없이 손을 소독할 수 있는 제품이다.
- 사용방법
  - 젤타입의 제품 : 병원과 공공기관에서 사용하며 손에 적당량을 덜어낸 후 손 전체와 손가락 사이, 손톱 주변을 문질러서 사용한다.
  - 액상타입의 제품 : 네일숍에서 일반적으로 사용하며 탈지면에 소독제를 적셔 손 · 발 전체를 닦아내며 소독한다.

02 손 · 발 소독

1. 작업자 손 소독하기

① 손 소독제를 탈지면에 충분히 분사한다.
② 작업자의 손등을 손목부터 손 끝 방향으로 소독한다.
③ 작업자의 손바닥을 손목부터 손 끝 방향으로 소독한다.
④ 작업자의 손가락 사이사이를 소독한다.
⑤ 작업자의 손톱 주변을 꼼꼼하게 소독한다.
⑥ 사용한 탈지면은 위생 봉투에 폐기하고 반대편 손도 같은 동작으로 반복한다.

① 손 소독제 분사

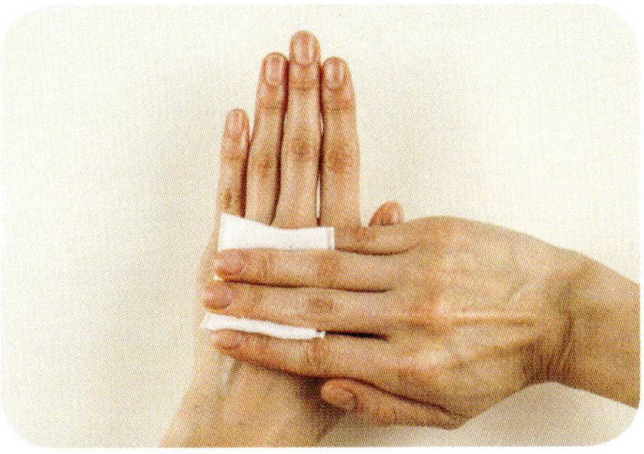
② 손등 소독

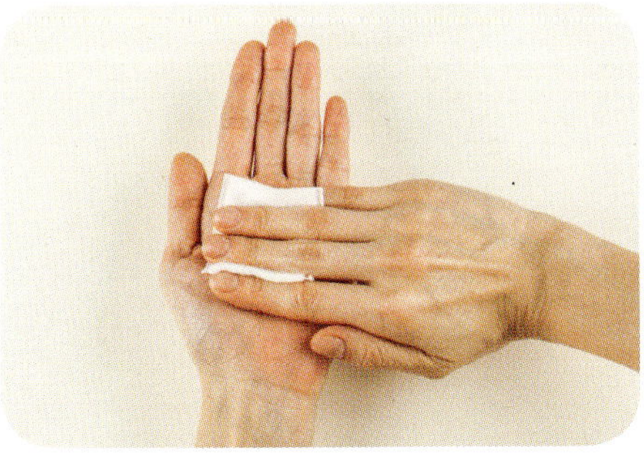
③ 손바닥 소독

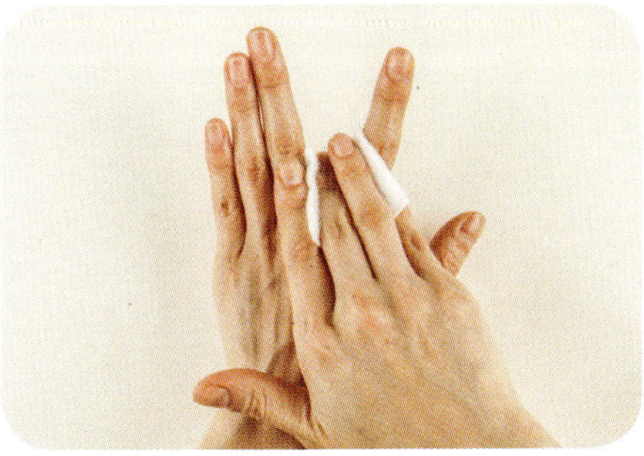
④ 손가락 사이 소독

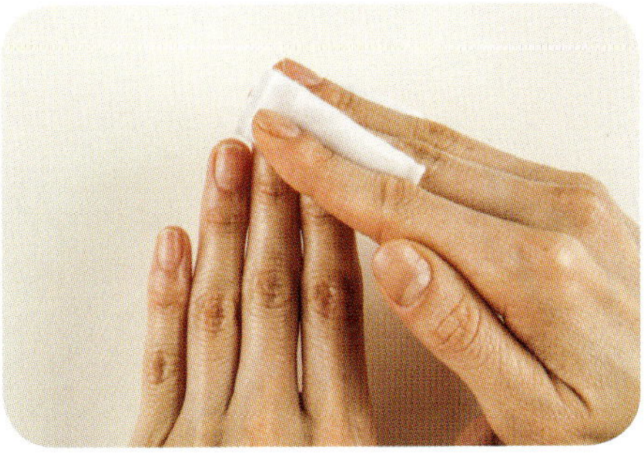
⑤ 손톱 소독

⑥ 탈지면 폐기

2. 고객 손 소독하기

① 손 소독제를 탈지면에 충분히 분사한다.
② 고객의 손등을 손목부터 손 끝 방향으로 소독한다.
③ 고객의 손바닥을 손목부터 손 끝 방향으로 소독한다.
④ 고객의 손가락 사이사이를 소독한다.
⑤ 고객의 손톱 주변을 꼼꼼하게 소독한다.
⑥ 사용한 탈지면은 위생 봉투에 폐기하고 반대편 손도 같은 동작으로 반복한다.

① 손 소독제 분사

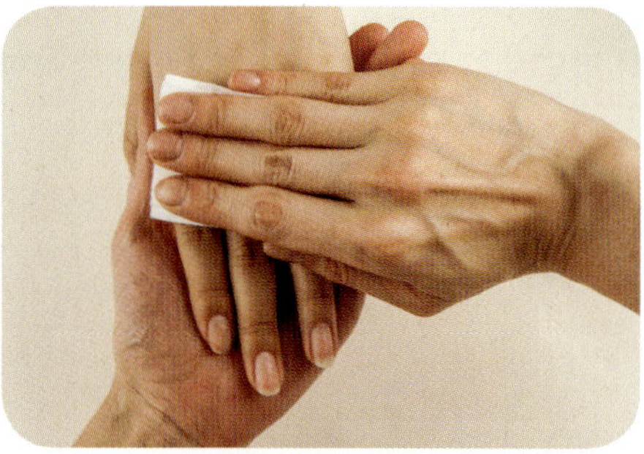
② 손등 소독

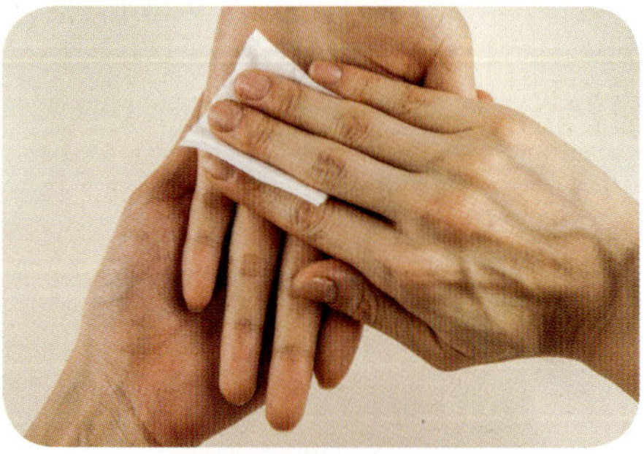
③ 손바닥 소독

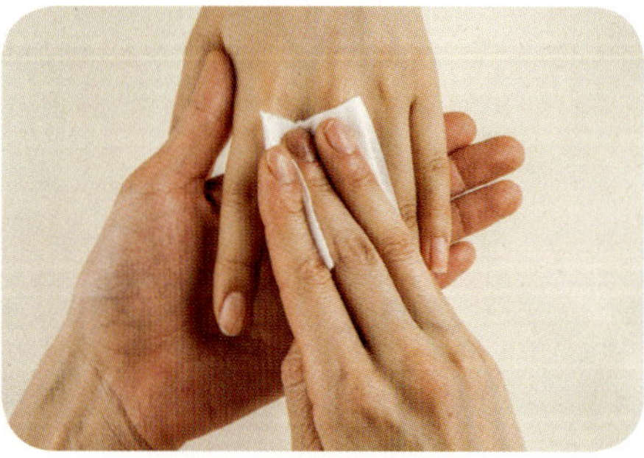
④ 손가락 사이 소독

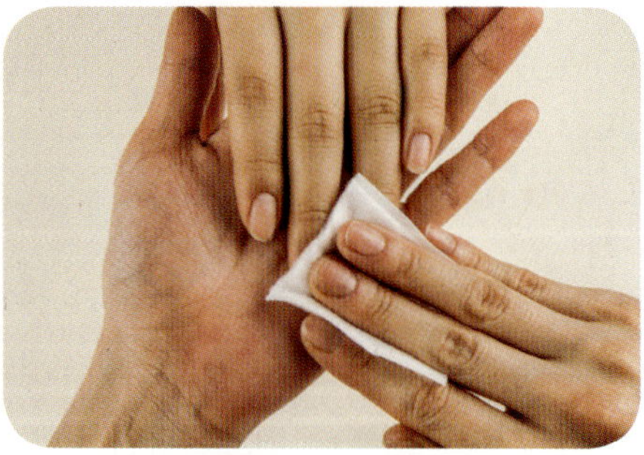
⑤ 손톱 소독

⑥ 탈지면 폐기

3. 고객 발 소독하기

① 발 소독제를 탈지면에 충분히 분사한다.
② 고객의 발등을 발목부터 발 끝 방향으로 소독한다.
③ 고객의 발바닥을 발목부터 발 끝 방향으로 소독한다.
④ 고객의 발가락 사이사이를 소독한다.
⑤ 고객의 발톱 주변을 꼼꼼하게 소독한다.
⑥ 사용한 탈지면은 위생 봉투에 폐기하고 반대편 발도 같은 동작으로 반복한다.

① 발 소독제 분사

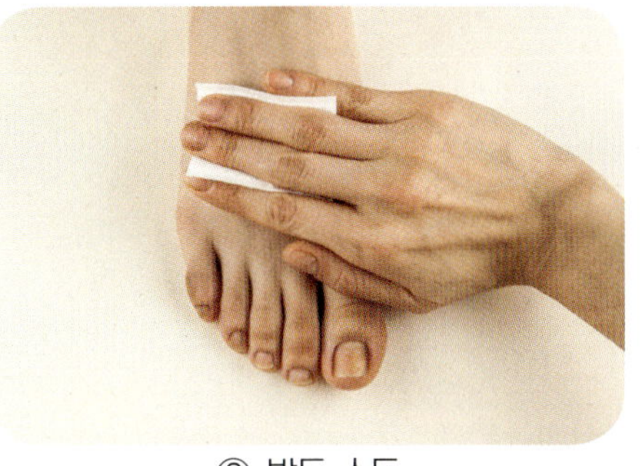

② 발등 소독

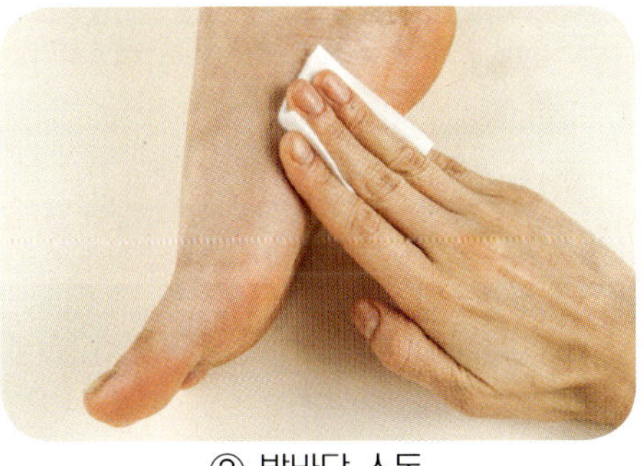

③ 발바닥 소독

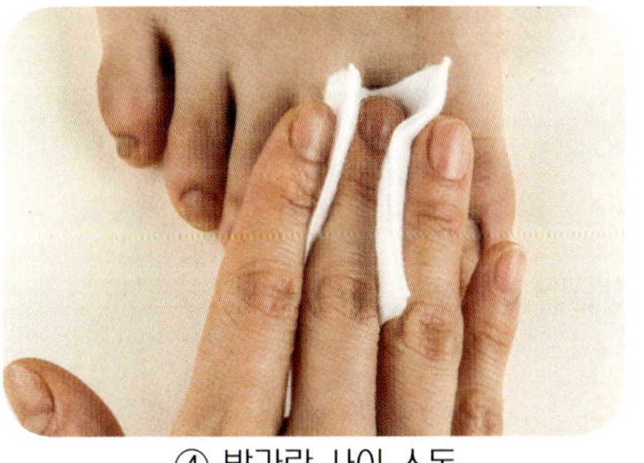

④ 발가락 사이 소독

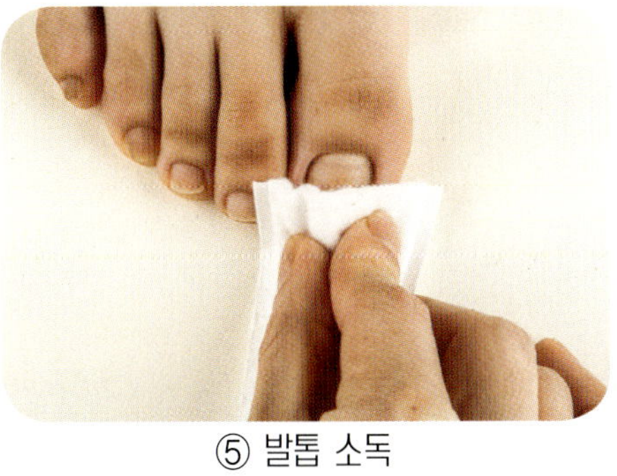

⑤ 발톱 소독

⑥ 탈지면 폐기

PART 2.

네일 화장물 제거

정의 : 고객의 네일 보호를 위하여 네일 위에 작업되어 있는 네일 폴리시, 인조 네일 및 아트 등의 네일 화장물을 네일 파일과 제거제를 사용하여 제거하고 마무리할 수 있는 능력이다.

능력단위요소	수 행 준 거
네일 파일 사용하기	1.1 고객관리대장에 따라 고객의 작업유형을 파악할 수 있다. 1.2 기 작업된 네일 화장물의 유형에 따라 네일 파일을 선택할 수 있다. 1.3 고객의 네일 상태에 따라 네일 파일의 사용 방법을 결정할 수 있다. 1.4 네일 화장물의 제거 상태에 따라 네일 파일을 재 선택할 수 있다.
제거제 사용하기	2.1 고객관리대장에 따라 고객의 작업유형을 파악할 수 있다. 2.2 기 작업된 네일 화장물의 유형에 따라 제거제를 선택할 수 있다. 2.3 네일 화장물의 용해정도에 따라 제거 상태를 확인할 수 있다. 2.4 네일 화장물의 용해정도에 따라 적합한 제거용 도구를 선택할 수 있다.
제거 마무리하기	3.1 작업 상황에 따라 네일 화장물의 완전 제거 상태를 확인할 수 있다. 3.2 고객의 요구에 따라 형태와 길이에 맞게 마무리할 수 있다. 3.3 고객의 요구에 따라 네일 표면을 매끄럽게 정리할 수 있다. 3.4 고객의 네일 상태에 따라 네일 강화제를 도포할 수 있다. 3.5 화장물 처리 매뉴얼에 따라 제거 시 배출된 잔여물들을 처리할 수 있다.

Chapter 01.

네일의 구조와 특성

네일 미용인은 네일의 관리에 앞서 네일의 구조와 특성을 숙지하고 각 구조에 정확한 명칭과 역할, 주의사항을 고려하여 고객의 네일을 관리해야 한다. 또한 네일의 구조는 다양한 외래어가 사용되므로 정확한 원어 표기와 외래어 표기법에 따른 바른 한글을 사용해야한다.

본 챕터에서는 네일의 구조별 명칭과 역할을 이해하고 네일의 특성에 대해 알아본다.

01 네일의 구조

[네일의 구조 및 각 부위 명칭과 역할]

구 분	명칭	영어표기	의 미	의 학
네일 자체	네일 루트	Nail Root	손 · 발톱 뿌리	조근(爪根)
	네일 바디 네일 플레이트	Nail Body Nail Plate	손 · 발톱 자체	조체(爪體)
	프리에지	Free Edge	손 · 발톱 끝 부분	자유연(自由緣)
네일 밑 피부 조직	매트릭스	Matrix)	손 · 발톱 바탕 질	조모(爪母)
	루눌라	Lunula	속 손 · 발톱	조반월(爪半月)
	네일 베드	Nail Bed	손 · 발톱 밑바닥	조상(爪床)
	스트레스 포인트	Stress Point	황색선 양쪽 끝 점	–
	옐로우 라인	Yellow Line	황색선	–
네일을 둘러싼 피부	네일 폴드	Nail Fold	손 · 발톱 주름	조주름(爪皺)
	에포니키움	Eponychium	큐티클을 덮고 있는 피부	상조피(上爪皮)
	큐티클	Cuticle	손 · 발톱 뿌리 부분을 덮고 있는 단단한 피부 층	조소피(爪小皮) 조상막(爪床膜)
	네일 그루브	Nail Groove	손 · 발톱 홈	조구(爪區)
	네일 월	Nail Wall	손 · 발톱 성곽	조벽(爪壁)
	하이포니키움	Hyponychium	손 · 발톱 끝 밑 피부	하조피(下爪皮)

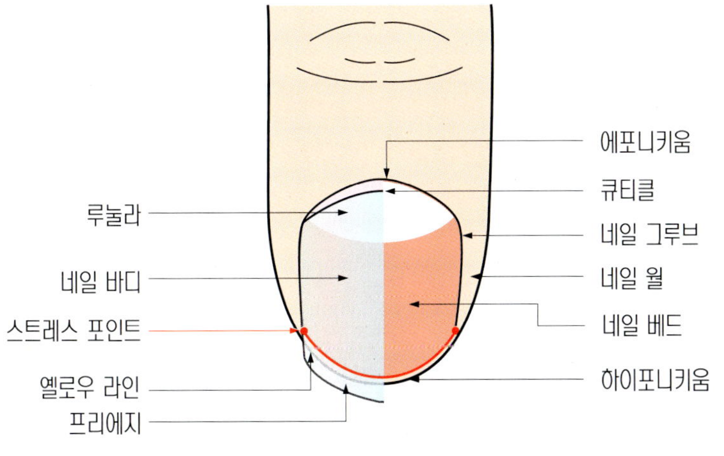

[네일 정면의 구조]

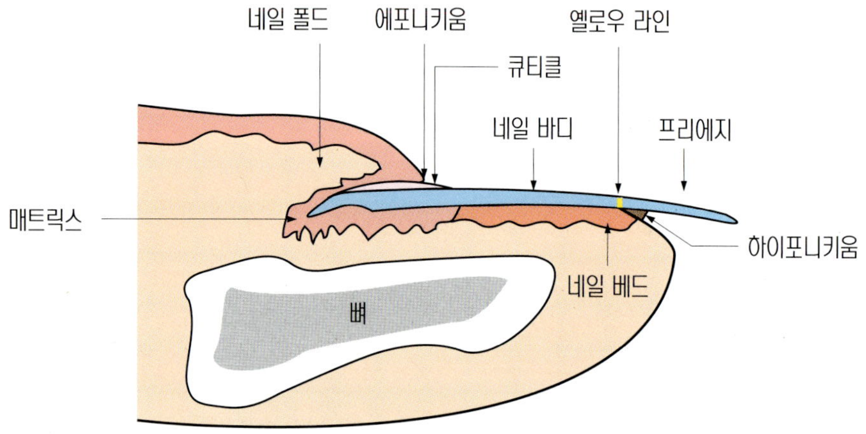

[네일 옆면의 구조]

1. 네일 자체의 구조

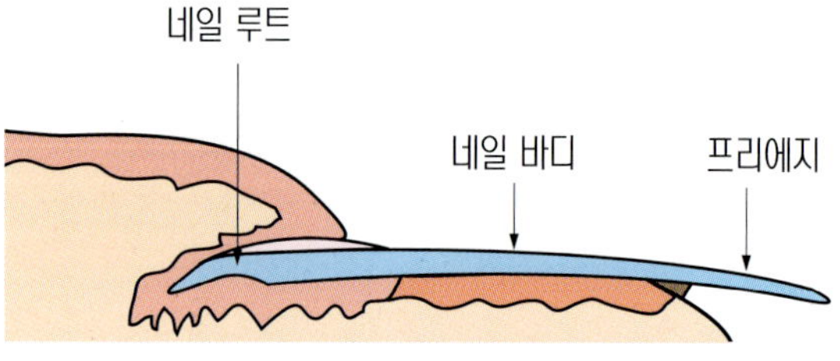

[네일 자체의 구조]

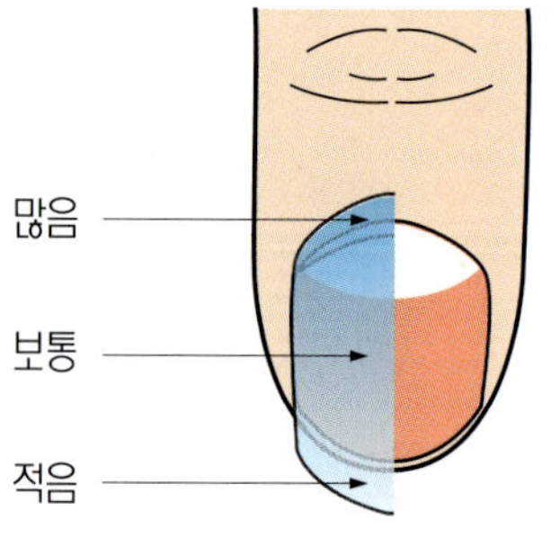

[네일 바디의 수분 함유량]

1) 네일 루트(조근)

네일 루트는 피부 밑에 묻혀 있는 손톱의 근원이 되는 부분으로 얇고 부드러우며 네일이 자라기 시작하는 네일의 뿌리부분이다.

2) 네일 바디(조체)

네일 바디는 육안으로 보이는 네일을 말하며 일반적으로 손톱이라고 부른다. 각질층이 변형된 것으로 여러 개의 얇은 겹으로 신경조직과 혈관이 없고 산소를 필요로 하지 않으며 3개의 단단한 층으로 구성되어 있다. 네일 바디는 수분의 함유량에 따라 3개의 부분으로 구분될 수 있다.

① 루눌라 윗부분의 네일 바디: 유백색으로 수분을 가장 많이 함유하고 있으며 외부의 충격이나 네일 도구의 사용으로(각도, 힘 조절) 네일의 굴곡이 발생하기 쉬운 부분이므로 각별히 주의가 필요한 부분이다.

② 네일 베드 윗부분의 네일 바디 : 반투명으로 일정부분에 수분을 공급받으며 우리가 일반적으로 네일의 수분 함유량을 말하는 부분이다.
③ 옐로우 라인 아래의 네일 바디 : 유백색으로 수분 공급이 원활히 이루어지지 않는 부분으로 프리에지로 구분된다.

3) 프리에지(자유연)

프리에지는 네일의 끝 단면을 지칭하나 네일 분야에서는 네일 바디가 자라나와 네일 베드와 분리되는 옐로우 라인 아래 부분의 네일과 네일의 끝 단면까지의 전체를 지칭한다. 프리에지는 네일의 형태와 길이를 자유롭게 조절할 수 있는 부분이며 프리에지의 끝 단면으로 갈수록 수분공급이 더뎌 네일이 갈라지거나 건조해질 수 있다. 프리에지는 각기 다른 각질 배열로 이루어져 있으며 아래층에 각질배열은 세로, 중간층은 가로, 위층은 세로로 되어있다.

2. 네일 밑의 피부조직

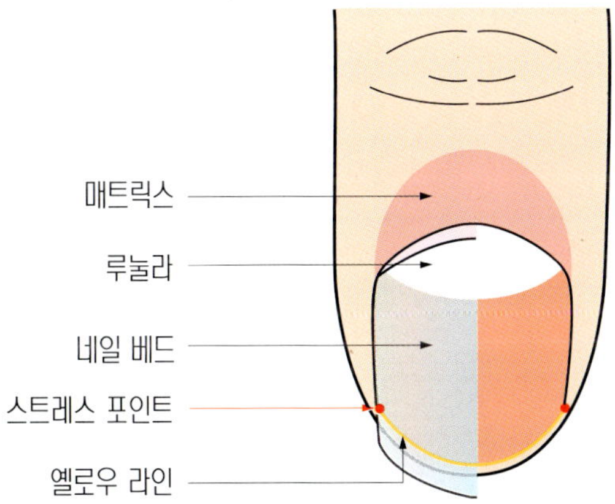

[네일 밑의 피부조직]

1) 루눌라(조반월)

루눌라는 유백색의 반달 모양으로 케라틴화가 덜된 연 케라틴의 부분이다. 케라틴 세포가 저장되는 외부에서 보이는 매트릭스에 해당되며 네일 베드와 네일 루트, 네일 매트릭스를 연결해 주는 역할을 한다.

2) 네일 베드(조상)

네일 바디 밑의 피부를 말하며 네일 바디를 받쳐주고 단단히 부착하는 역할을 한다. 모세혈관이 있어 네일이 핑크빛을 띠게 되고 신진대사와 수분을 공급하며 혈액세포, 감각세포, 멜라닌세포가 위치해 있다. 네일은 네일 베드를 따라 움직이며 네일 베드와 네일 바디 사이에는 네일의 성장 진입방향을 조력하는 네일 베드 상피(Nail Bed Epithelium)가 존재한다.

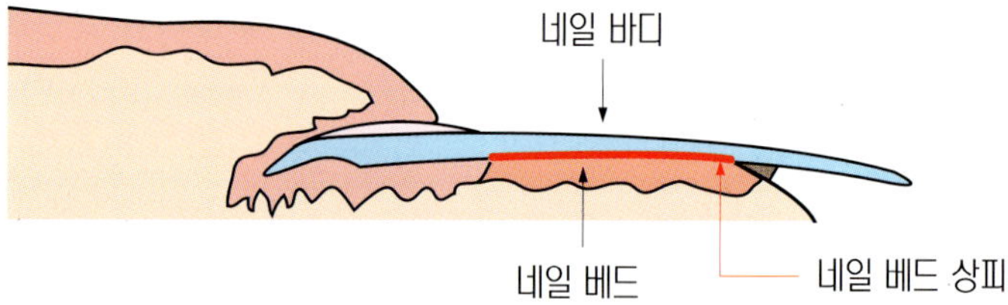

[네일 베드 상피구조]

3) 스트레스 포인트(Stress Point)

스트레스 포인트는 네일 바디가 네일 베드에서 분리되는 옐로우 라인의 양쪽 끝 부분으로 라운드와 오발 형태를 구분하는 부분이다. 외부적인 충격을 많이 받는 부분으로 쉽게 찢어질 수 있기 때문에 이 부분을 잘 덮지 않으면 인조 네일에 손상을 가져올 수 있다.

4) 옐로우 라인(Yellow Line)

옐로우 라인은 네일 바디가 네일 베드에서 분리되어 피부가 시작되는 노란 빛의 얇은 라인이다. 프렌치 컬러링에서 프렌치 라인을 그리는 부분이다.

5) 매트릭스(조모)

매트릭스는 네일을 만드는 세포를 생성하며 성장을 담당하는 중요한 역할을 하며 매트릭스가 손상되면 네일이 더 이상 자라지 않거나 네일의 변형을 가져올 수 있다. 네일 루트 밑에 있으며 모세혈관, 림프, 신경조직 등이 있다. 매트릭스의 세포 배열길이는 네일의 두께를 결정하며, 매트릭스의 크기와 모양은 네일의 크기와 모양과 관련이 있다.

[매트릭스의 세포배열의 길이와 네일의 두께]

네일의 두께	매트릭스의 세포 배열의 길이	네일의 두께
얇은 네일	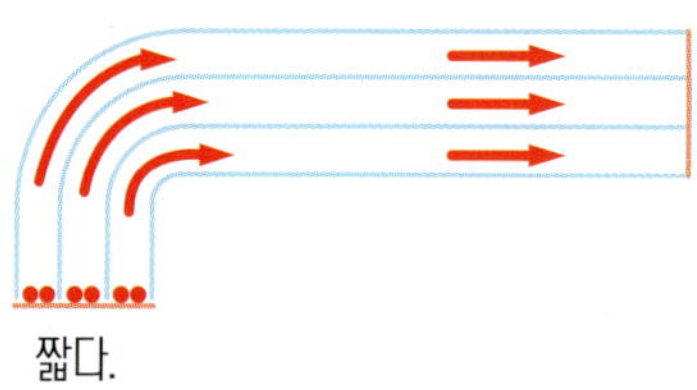 프리에지 짧다.	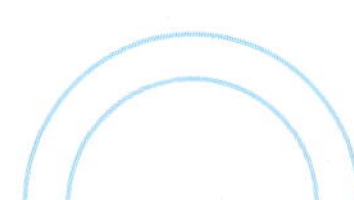 얇다.
두꺼운 네일	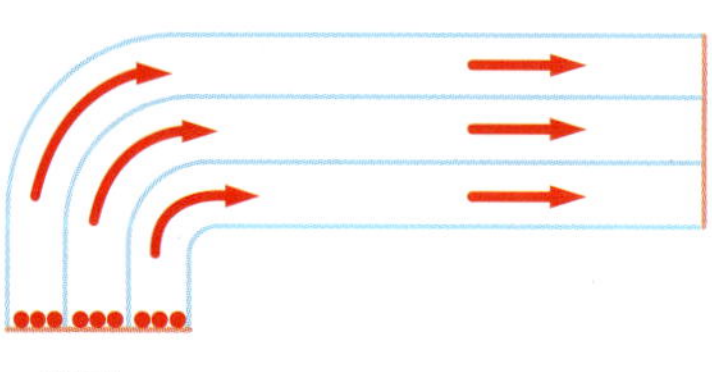 프리에지 길다.	 두껍다.

[매트릭스의 크기와 네일의 크기]

네일의 크기	매트릭스의 크기	네일의 크기
작은 네일	 작다.	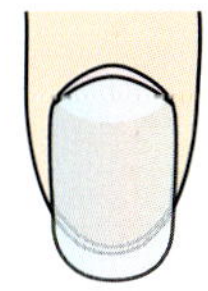 작은 네일
큰 네일	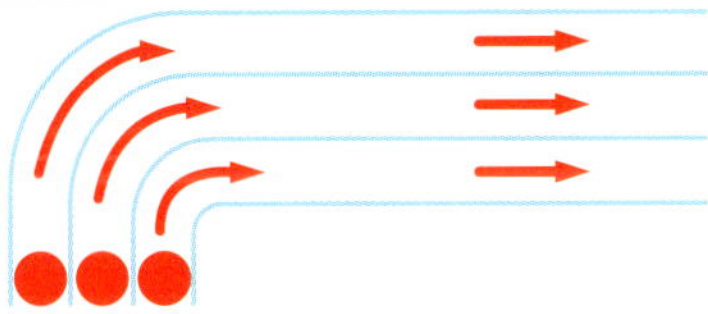 크다.	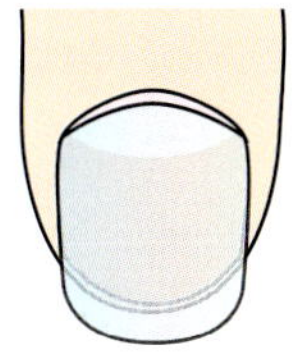 큰 네일

매트릭스의 성장방향에 따라 앞부분의 매트릭스는 프리에지의 아래층을 형성하며 중간부분은 중간층 뒷부분은 위층을 형성한다. 또한 프리에지의 아래층의 각질 배열은 세로, 중간층은 가로, 위층은 세로의 각질 배열로 되어 있다.

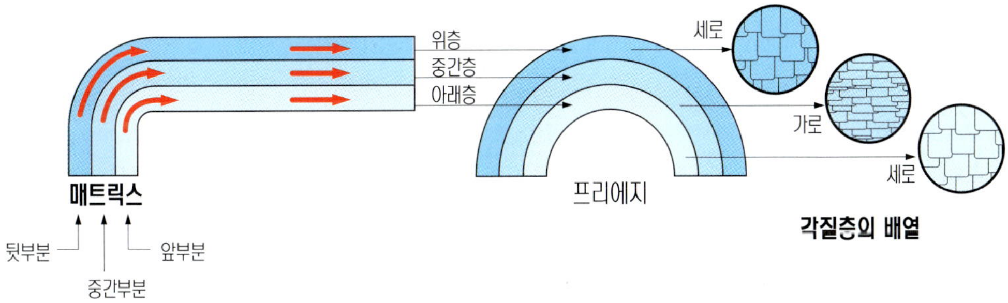

매트릭스의 위치	프리에지의 위치	각질배열
앞부분	아래층	세로
중간부분	중간층	가로
뒷부분	위층	세로

[매트릭스의 성장방향과 각질 배열]

네일 상식

앞서 설명한 대로 프리에지의 위부분의 각질배열은 각질세로방향이다. 이러한 이유로 자연 네일의 네일 파일링을 할 때 네일 파일을 가로로 비벼서 하게 되면 손톱이 겹겹이 벗겨질 수 있다. 따라서 프리에지의 네일 파일링 시 한 방향으로 네일 파일링해야 한다.

자연 네일의 표면을 다듬을 때도 프리에지가 겹겹이 벗겨지지 않게 네일의 성장방향인 세로(큐티클 부분에서 프리에지 방향)로 해야 하며, 인조 네일의 작업 시에는 오버레이하는 네일 재료의 부착력을 높이고 유지력을 향상하기 위해서는 네일 바디 위 부분에 각질층을 제거하기 위해 가로 방향으로 하는 것이 효과적이다.

3. 네일을 둘러싼 피부

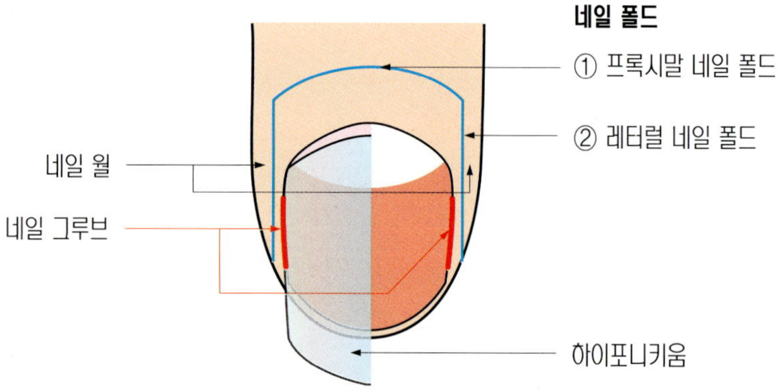

[네일 주변의 피부]

1) 네일 폴드(조주름)

네일 바디의 윗부분과 옆선에 맞추어 형성되어 있으며 네일 바디를 밀어주며 단단한 방어막을 형성하는 피부 속의 주름이다.

① 프록시말 네일 폴드(Proximal Nail Fold) : 네일이 시작되는 근위부 중심에서 네일 바디에 맞추어 형성되어 있는 피부 주름이다.
② 레터럴 네일 폴드(Lateral Nail Fold) : 네일의 옆면에 맞추어 형성되어 있는 피부 주름이다.

2) 네일 그루브(조구)

네일 바디 옆면과 네일 폴드 사이에 접혀진 홈을 말한다.

3) 네일 월(조벽)

네일 바디 옆면과 네일 폴드 사이의 접혀져 벽으로 형성된 성곽부분이다.

4) 에포니키움(상조피)

네일 바디의 시작점에서 자라나는 피부로 큐티클 위를 덮고 있다. 에포니키움 아래는 끈적한 형질로 되어있으며 네일 매트릭스를 보호하는 역할을 한다. 잘못된 네일 도구의 사용으로 인한 에포니키움에 부상은 영구적인 손상을 초래하며 질병에 감염될 수 있다.

5) 큐티클(조소피)

네일에 단단히 붙어 자라나오며 세포가 분비하는 물질이 굳어서 이루어진 얇은 각질 막이다. 네일 루트에서부터 시작되어 에포니키움과 네일 바디 사이에 있으며 루눌라를 덮고 있다. 매트릭스를 보호하고 수분의 증발을 방지하는 역할을 하므로 과도한 큐티클의 정리는 손 주변 피부를 건조하게 하고 네일의 병변에 우려가 있으므로 주의해야 한다.

① 트루 큐티클(True Cuticle) : 외부적으로 보이지 않는 부분으로 매드릭스를 세균으로부터 보호하는 역할을 하므로 완전히 제거할 수 없다.
② 루즈 큐티클(Loose Cuticle) : 외부적으로 보이는 부분으로 물과 외부물질 등으로 인해 느슨해진 죽은 각질이므로 네일 미용인이 미적 목적으로 정리할 수 있다.

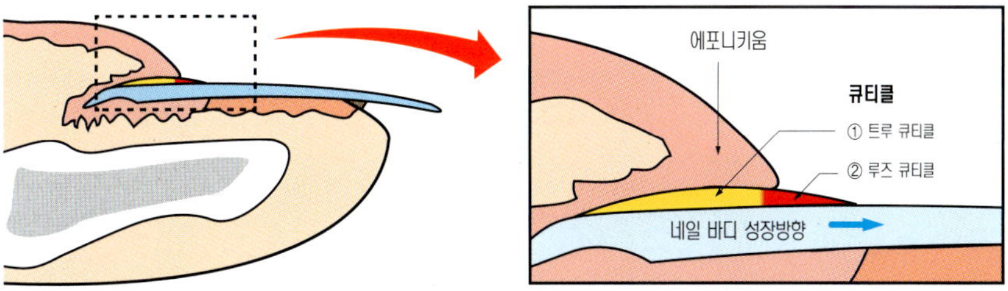

[에포니키움과 큐티클의 구분]

6) 하이포니키움(하조피)

옐로우 라인 밑에 위치해 있으며, 프리에지 아래 부분의 돌출된 피부조직이다. 박테리아와 이물질의 침입으로부터 네일을 보호하는 방어막 역할을 한다. 잘못된 네일 파일과 네일 클리퍼의 사용으로 하이포니키움에 상처가 생기면 네일 베드에서 네일 바디가 분리될 수 있으며 질병에 감염될 수 있으므로 주의해야 한다.

02 네일의 이해

1. 네일의 정의

[네일의 분류]

구분	정의
네일 Nail	손톱(핑거네일, Fingernail)과 발톱(토네일, Toenail)을 총칭하는 단어
자연 네일 Natural Nail	네일 표면에 아무것도 도포되지 않은 내추럴한 상태의 손톱과 발톱
인조 네일 Artificial Nail	네일 표면에 다양한 네일 재료를 사용하여 인위적으로 만든 손톱과 발톱

2. 네일의 특성

① 네일은 줄무늬 사이를 뜻하는 그리스어인 오니코(Onycho)에서 유래되었다.

② 각질층이 변형된 것으로 얇은 층이 겹겹으로 이루어져 있으며 윗부분은 세로형, 중간층은 가로형, 아래층은 세로형의 3개 층의 각질 배열로 구성되어 있다.

③ 반투명의 경 케라틴 단백질로 이루어져 있으며 시스테인을 포함한 아미노산 등으로 구성되어 있고 케라틴의 합성을 돕고 시스틴을 단단히 묶어주는 연결고리 역할을 하는 약 3~5%의 황이 포함되어 있다.

④ 케라틴의 주요 구성성분은 글루탐산, 알기닌, 시스틴 등의 아미노산이며, 그중에서도 시스틴의 함유량이 가장 많다.

⑤ 네일의 경도는 수분의 함유량과 케라틴의 조성에 따라 다르다.

⑥ 네일은 산소를 필요로 하지 않고 땀을 배출하지 않는다.

⑦ 네일은 네일 베드에서 공급받은 일정부분에 수분을 함유하고 수분을 통과시키는 역할을 한다. 약 8~18%의 수분과 약 0.15~0.75%의 유분을 함유하고 있으며 건강한 손톱 약 12~18%의 수분을 함유하고 있다.

⑧ 네일 폴리시를 작업해도 네일 바디에서 수분은 통과되나 수분의 증발력이 20% 정도 감소되며 젤 네일 폴리시나 인조 네일의 작업 시에는 수분 증발력이 현저히 감소된다.

네일 상식

네일 폴리시나 젤 폴리시 작업 후에 네일이 숨을 쉬지 못해요!

네일은 산소를 필요로 하지 않기 때문에 이는 심리적으로 예민한 이유와 수분 증발이 갑자기 더뎌지기 때문에 느껴지는 현상이다.

3. 네일의 태생

① 임신 9주째부터 태아의 네일 끝마디 뼈 윗부분부터 손톱의 성장부위가 형성되어 피부가 휘어져 들어가기 시작하며 손톱의 성장이 시작된다.
② 임신 약 14주째부터 손톱이 나타나기 시작되며 자라는 모습을 확인할 수 있다.
③ 임신 약 20주째가 되면 완전한 손톱이 형성된다.

4. 네일의 성장

① 손톱은 1일 평균 약 0.1~0.15mm, 1달에 약 3~5mm 정도의 길이로 자라난다.
② 손톱이 탈락한 후 완전히 재생하는 기간은 약 4~6개월이 소요되며, 발톱은 손톱의 1/2 정도로 늦게 자란다.
③ 네일은 매트릭스에 의해 만들어지고 계속 성장하여 자라나온다.

[네일의 성장속도]

성장 속도	내용
빠름	청소년, 남성, 중지, 임신 후반기, 여름
느림	노인, 여성, 소지, 비 임신, 겨울

5. 건강한 네일

① 네일 베드에 단단하게 부착되어 있어야 한다.
② 유연성과 탄력이 있고 강도가 있어야 한다.
③ 12~18%의 수분을 함유하고 있어야 한다.
④ 표면이 매끄럽고 광택이 나며 윤기가 있어야 한다.
⑤ 박테리아의 침범이 없고 진균의 감염이 없어야 한다.
⑥ 둥근 아치 모양을 형성하고 네일 베드가 핑크빛을 띠어야 한다.

6. 네일의 기능

① 손가락 끝의 예민한 신경을 강화하고 손끝과 발끝을 보호한다.
② 감염이나 외부환경으로부터 손가락을 보호한다.
③ 물건을 긁거나, 잡고 들어 올리는 기능을 한다.
④ 모양을 구별하며 섬세한 작업을 가능하게 한다.
⑤ 방어와 공격, 미용의 장식적인 기능을 갖는다.

7. 자연 네일의 이상적인 길이

1) 자연 네일의 이상적인 프리에지 길이

네일 바디를 3등분하여 3분의 1이 넘지 않는 길이가 가장 이상적인 프리에지의 길이이다. 예) 네일 바디의 길이 : 0.9cm, 프리에지의 길이는 0.3cm 이하

2) 자연 네일의 한계의 프리에지 길이

네일 바디를 2등분하여 2분의 1이 프리에지의 길이라면 자연 네일 자체로는 부러질 수 있으므로 자연 네일을 보강하거나 인조 네일을 권하는 것이 적합하다.

[자연 네일의 프리에지 길이]

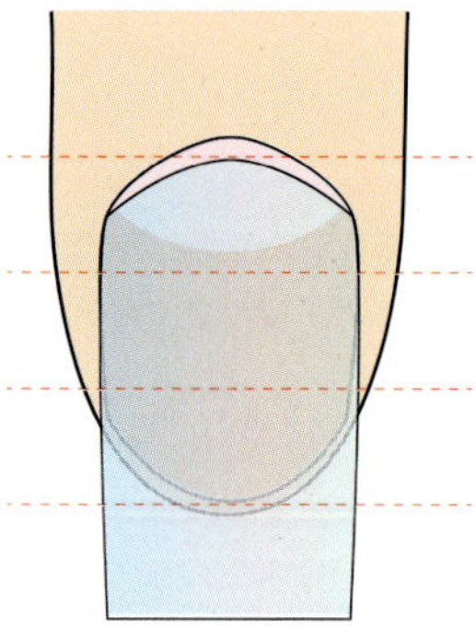

이상적인 길이

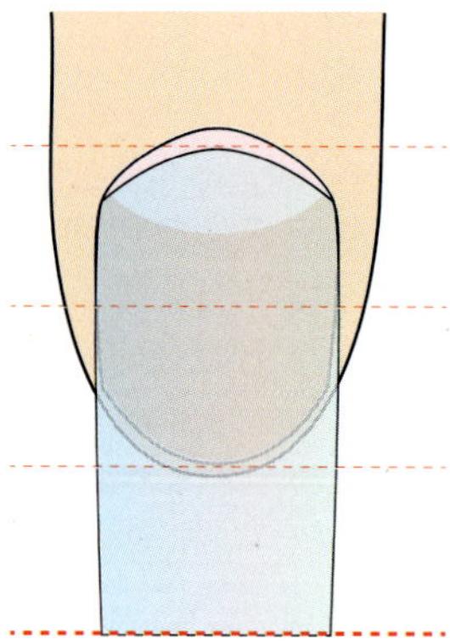

한계의 길이

8. 인조 네일의 이상적인 길이

1) 인조 네일의 이상적인 프리에지 길이

네일 바디의 2분의 1이상부터 네일 바디와 프리에지의 길이가 1 : 1이 넘지 않아야 한다.

2) 인조 네일의 한계의 프리에지 길이

네일 바디의 길이가 프리에지의 길이와 같거나 프리에지의 길이보다 길면 부러지거나 찢어져서 네일 바디 자체에 손상을 줄 수 있다. 불가피한 경우를 제외하고는 네일 바디보다 프리에지의 길이가 길지 않게 조절하는 것이 바람직하다.

[인조 네일의 프리에지 길이]

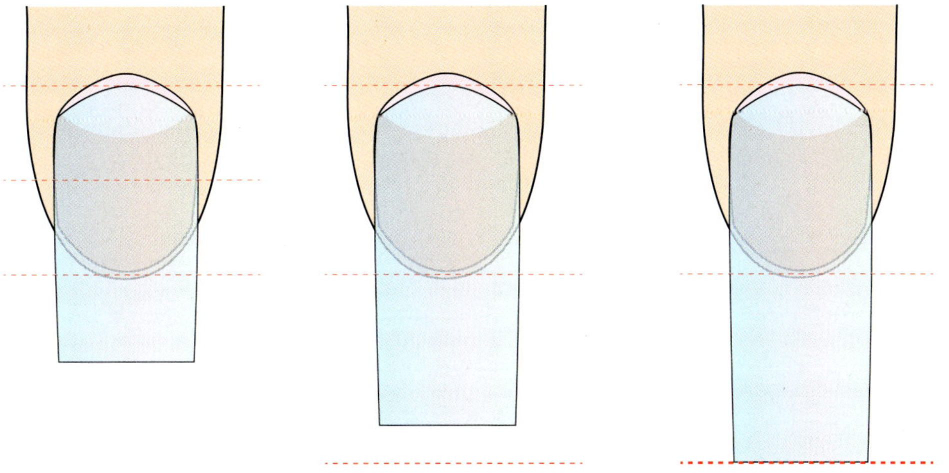

이상적인 길이

한계의 길이

Chapter 02.

자연 네일의 형태 조형

네일숍에서 네일 미용인이 처음으로 하는 작업이 네일 화장물의 제거일 경우가 많다. 그래서 네일 화장물 제거의 작업을 쉬운 과정이라고 판단하기 쉬우나 잘못된 네일 파일의 사용은 네일 손상의 가장 큰 원인이 될 뿐만 아니라 네일의 변형을 가져 올 수도 있는 중요하고 어려운 과정이다.

본 챕터에서는 네일 파일의 선택과 사용방법에 대해 숙지하여 손상없이 화장물을 제거하는 방법과 제거 후 고객의 네일 형태를 조형하는 방법에 대하여 알아본다.

01 네일 파일 선택과 사용방법

1. 네일 파일(Nail File)

네일 파일은 자연 네일과 인조 네일 작업 시 필요한 모든 네일 파일류를 총칭한다. 네일 파일은 그릿으로 표시되며 그릿 숫자에 따라 분류한다. 소독 후 재사용 가능한 파일은 워셔블(Washable)로 표기된 네일 파일류이며 철제 파일은 열을 발생시켜 네일을 건조하고 약하게 하므로 사용하지 않는 것이 적절하다.

2. 그릿(Grit)

그릿이란 하나의 네일 파일 위에 연마재의 양(수)을 표시하는 단위이다.

예를 들어 네일 파일 사각 면적위에 100개의 연마재를 올렸을 때 만들어지는 네일 파일을 100그릿이라고 하며 네일 파일 사각 면적에 240개의 연마재가 올 져 있으면 240그릿이라고 한다. 네일 파일 사각 면적위에 더 많은 연마재를 올리려면 연마재의 입자가 작아지고 부드러운 진다. 따라서 연마재가 많을수록 그릿 수는 높아지며 입자가 작아 부드럽고 그릿 수가 낮을수록 거친 네일 파일이 된다. 앞뒷면에 따라 그릿 수가 다르게 표시되어 사용하는 파일도 있으니 유의하여 사용해야 한다.

[네일 파일과 그릿숫자]

숫자	100그릿	150그릿	180그릿	240그릿	400그릿	광택용 파일
이미지	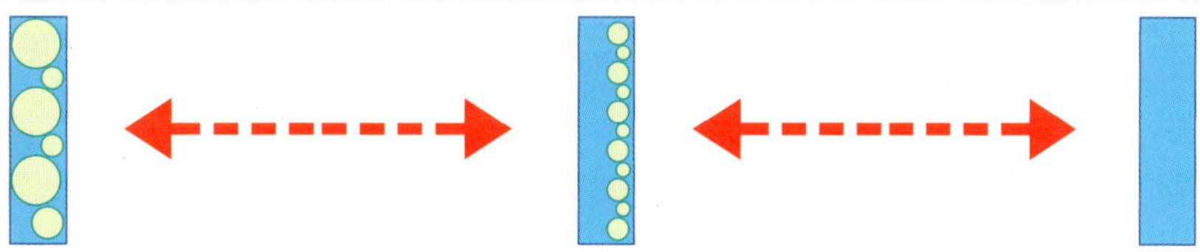					
질감	거침		중간			부드러움
연마재	알갱이가 크고 적음		알갱이가 작고 많음			연마재 없음

[그릿 숫자에 따른 적절한 네일 파일 선택방법]

그릿	내용
150그릿 이하	아크릴 네일 제거, 길이, 심한 두께 조절
150~180그릿	네일 팁 턱 제거, 표면, 두께 조절 인조 네일의 형태조형
180~240그릿	자연 네일 광택 제거, 형태 조형 인조 네일 세밀한 형태 조형, 표면 다듬기
240~400그릿	표면을 세심하게 다듬기
400그릿 이상	표면을 보다 세밀하게 다듬기
광택용 파일	점차적으로 광택을 내기 위해 사용

3. 네일 파일의 종류

1) 자연 네일용 파일

자연 네일의 길이 조절과 형태를 조형하는데 사용하는 네일 파일이다. 자연 네일은 180그릿 이상의 부드러운 우드 파일을 사용해야 하며 힘을 주어서 비비거나 왕복하지 말고 한쪽 방향으로 네일 파일링해야 한다.

2) 인조 네일용 파일

인조 네일의 길이 조절과 형태 조형, 제거 등의 인조 네일의 작업 시 사용하는 네일 파일이다. 그릿숫자에 따른 적절한 네일 파일을 선택하여 네일 주변 피부에 주의하며 네일 파일링해야 한다.

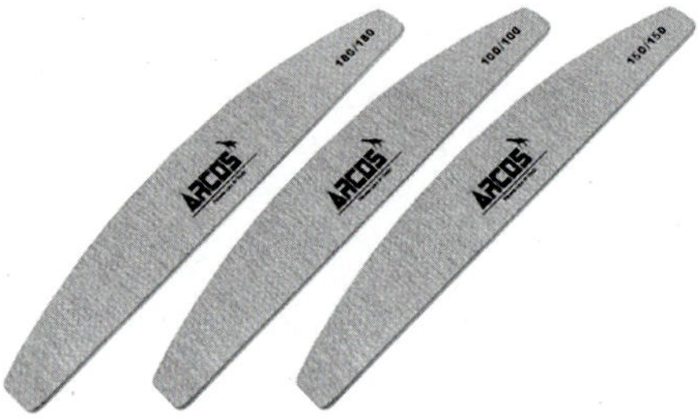

3) 광택용 파일(Shiner File)

네일 파일의 한 종류이며 최종단계에는 연마재가 없는 광택을 내는 네일 파일이다.

일반적으로 세미가죽으로 되어 있으며 보통 단계별로 사용하는데 면에 따라 점차 더 부드러워지며 광택이 난다. 2단계로 광을 내는 2way, 3단계로 광을 내는 3way 광택용 파일 등이 있다. 네일의 표면을 비비거나 문질러서 사용한다.

4) 샌딩 파일(Sanding File)

네일 표면의 굴곡을 매끄럽게 해주거나 자연 네일의 광택을 제거하기 위해 사용하는 네일 파일이다. 자연 네일의 표면을 다듬을 때는 네일 표면에 굴곡이 심한 경우를 제외하고 자연 네일의 손상을 방지하기 위해 180그릿 이상의 부드러운 샌딩 파일을 사용하여 네일

의 성장 방향(매트릭스에서 프리에지)인 세로로 네일 파일링한다. 인조 네일을 다듬을 때에는 비비거나 문질러서 인조 네일의 표면을 매끄럽게 네일 파일링한다.

네일 상식

- **표면을 정리하는 2가지 방법**

① 표면 다듬기	표면을 점차적으로 부드럽게 하는 과정과 광택을 내게 위한 세심하게 표면을 정리하는 것
② 광택 제거하기	인조 네일을 작업 전에 자연 네일의 광택을 제거한다는 목적을 가지고 거칠게 표면을 정리하는 것

일반적으로 샌딩 파일은 표면을 매끄럽게 정리한다는 기본적인 역할이 있다. 하지만 인조 네일의 작업 전에 샌딩 파일로 자연 네일의 표면을 부드럽게 정리하면 표면에 너무 매끄러워져 오히려 조기에 리프팅이 나타나거나 인조 네일의 전체가 떨어질 수 있다.

인조 네일의 작업 전에는 네일 재료에 부착력을 높이기 위해 광택을 제거한다는 목적을 가지고 표면을 거칠게 한다는 느낌으로 가로로 네일 파일링해야 한다.

02 자연 네일의 프리에지 형태 조형

1. 작업자의 복장 및 작업대 준비

[작업자 복장 및 작업대 준비물품]

준비물품	위생가운, 보안경, 마스크, 수건, 손목 받침대, 키친타월, 위생봉지, 재료 정리함

① 작업자는 위생가운과 보호안경, 마스크를 착용한다.
② 작업대를 기구 소독제로 소독한다.
③ 위생 처리된 흰색 수건을 작업대 위에 깐다.
④ 고객의 방향에 손목 받침대를 올려놓고 손목 받침대 앞쪽으로 키친타월을 깐다.
⑤ 재료 정리함을 사용하기 편한 위치에 놓는다.
⑥ 재료정리함에는 자연 네일의 형태 조형에 필요한 네일 재료들을 준비하고 소독용기에 네일 도구의 소독을 마친다.
⑦ 위생 봉지를 재료 정리함 앞쪽에 붙인다.

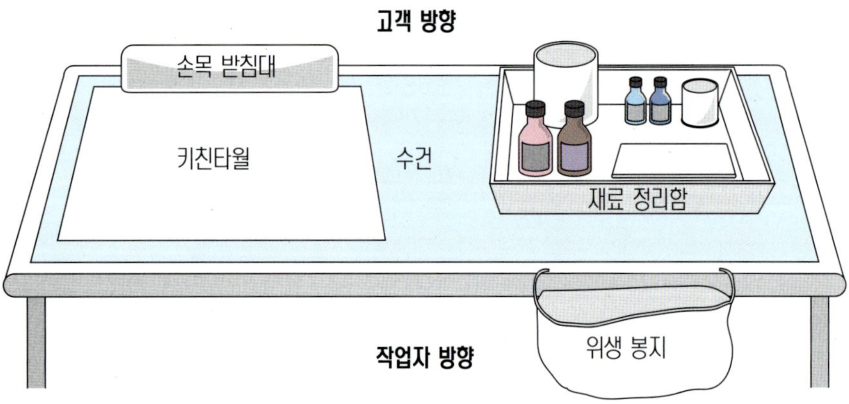

2. 재료 정리함 준비

① 소독용기 바닥에 탈지면을 깔고 네일 더스트 브러시를 넣고 에탄올수용액 70%에 10분 이상 담가준다.
② 네일 파일 꽂이에 자연 네일용 파일, 샌딩 파일을 꽂아준다.
③ 뚜껑이 있는 용기에 손 소독용 탈지면을 넣어둔다.

[재료 정리함 준비물품]

준비물품	소독용기(네일 더스트 브러시), 파일 꽂이(자연 네일용 파일, 샌딩 파일) 용기(소독용 탈지면), 기구 소독제, 손 소독제, 지혈제

1) 자연 네일의 형태별 분류

이미지	형태	형태
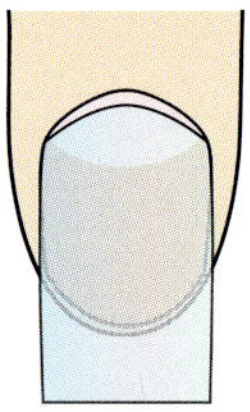	스퀘어 (Square)	프리에지의 양쪽 끝 부분이 사각 형태이다. 강한 느낌을 주며 내구성이 강하여 손끝을 많이 사용하거나 컴퓨터를 많이 사용하는 사무직에 종사하는 고객에게 어울린다.
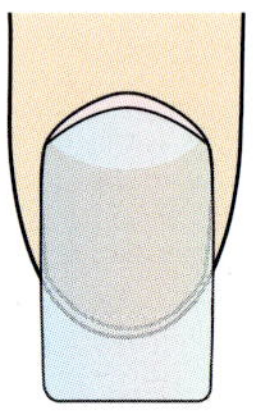	스퀘어 오프 (Square Off)	스퀘의 형태에서 양쪽 끝 모서리의 각을 제거한 형태이다. 세련된 느낌으로 일반적으로 네일숍에서 활용하는 스퀘어 형태이다.
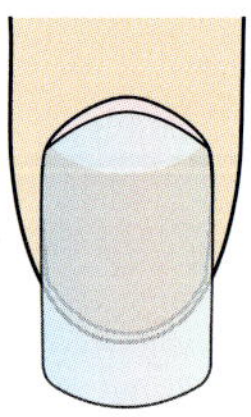	라운드 (Round)	프리에지에 원의 일부가 있는 듯 자연스러운 동그란 형태이다. 네일숍에서 많이 하는 형태이며 남성과 여성에게 모두 어울린다.
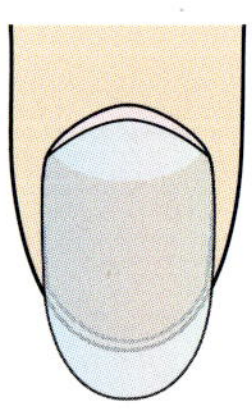	오발 (Oval)	프리에지에 타원의 일부가 있는 듯 자연스러운 타원의 형태이다. 손이 길고 가늘어 보여 여성스러움이 가장 돋보이며 우아한 느낌을 준다.
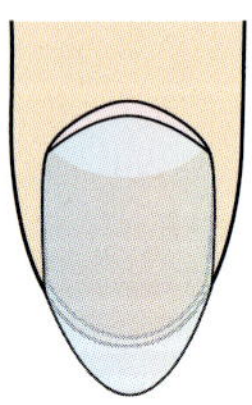	아몬드(포인트) (Almond, Point)	프리에지에 아몬드의 일부가 있는 듯 자연스러운 아몬드의 형태이다. 손이 가늘게 보이는 오발과 같은 형태이나 프리에지 끝 부분이 더 뾰족하다. 가장 약하고 손상되기 쉬운 단점이 있다.

2) 스퀘어 형태 조형방법

① 정면에서 보았을 때 큐티클 라인 중앙과 프리에지 단면이 수평이 되게 일직선으로 네일 파일링 한다.
② 왼쪽 외관라인을 스트레스 포인트에서부터 프리에지까지 일직선으로 네일 파일링한다.
③ 오른쪽 외관라인을 스트레스 포인트에서부터 프리에지까지 일직선으로 네일 파일링한다.
④ 손가락을 옆으로 돌려 옆면 직선라인과 프리에지 단면이 90° 의 각도를 유지하게 네일 파일링한다.
⑤ 반대편도 옆면 직선라인이 프리에지 단면가 90° 의 각도를 유지하게 네일 파일링한다.
⑥ 프리에지의 양쪽 끝부분이 사각의 형태를 유지하는지 확인하다.

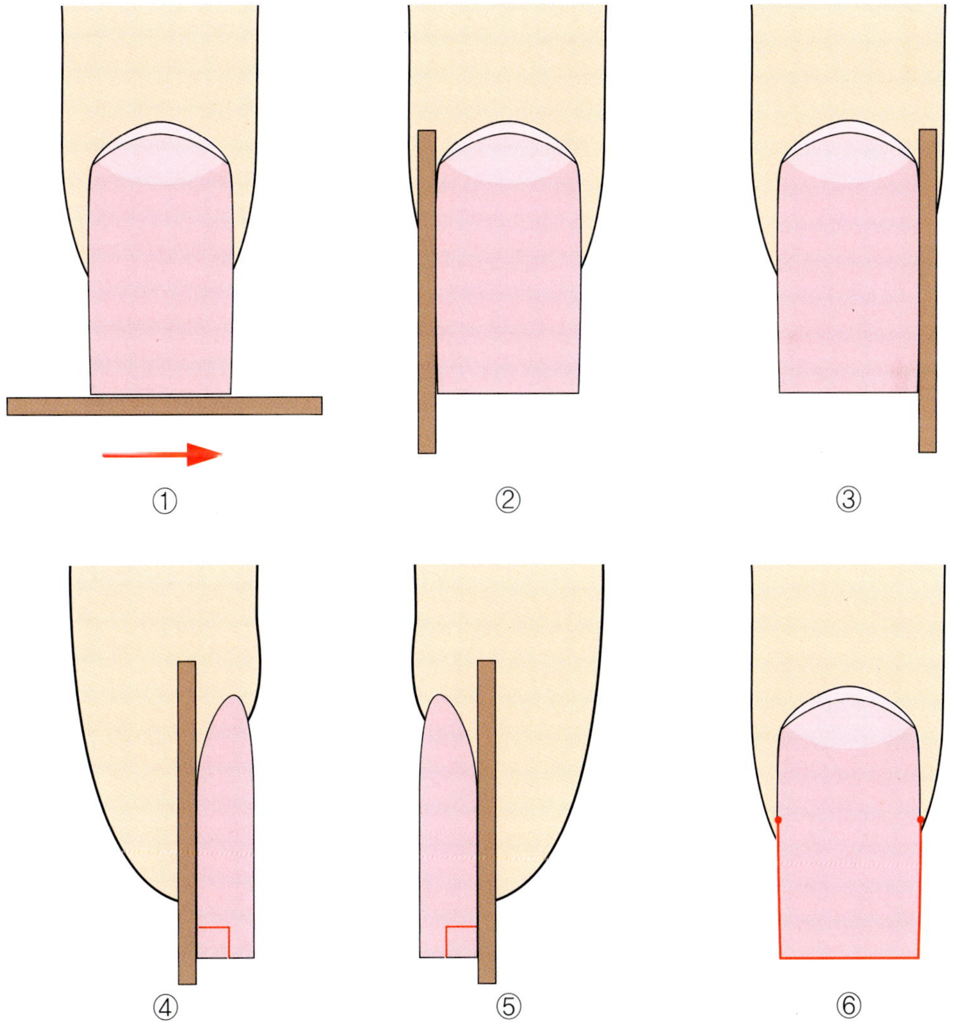

3) 스퀘어 오프 형태 조형방법

① 정면에서 보았을 때 큐티클 라인 중앙과 프리에지 단면이 수평이 되게 일직선으로 네일 파일링 한다.
② 양쪽 외관라인을 스트레스 포인트에서부터 프리에지까지 일직선으로 네일 파일링한다.
③ 손가락을 옆으로 돌려 옆면 직선라인과 프리에지 단면이 90° 의 각도를 유지하게 네일 파일링하며 반대편도 같은 각도로 네일 파일링한다.
④ 왼쪽 끝 모서리 부분의 직각을 부드럽게 제거하며 네일 파일링한다.
⑤ 오른쪽 끝 모서리 부분의 직각을 부드럽게 제거하며 네일 파일링한다.
⑥ 스퀘어 형태에서 양쪽 모서리 부분의 각만 제거 되었는지 확인한다.

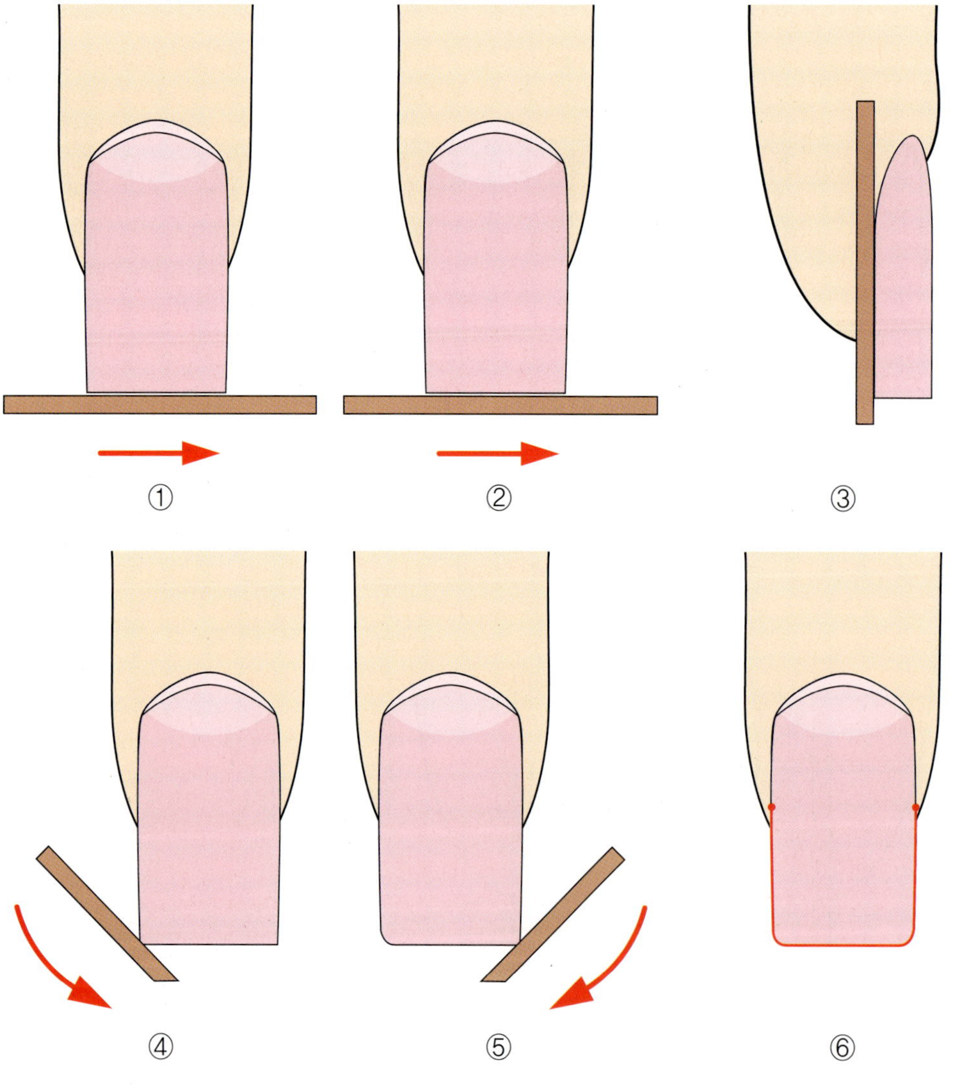

4) 라운드 형태 조형방법

① 정면에서 보았을 때 큐티클 라인 중앙과 프리에지 단면이 수평이 되게 일직선으로 네일 파일링 한다.

② 양쪽 외관라인을 스트레스 포인트에서부터 프리에지까지 일직선으로 네일 파일링한다.

③ 프리에지를 세로로 3등분하여 양쪽 모서리 부분의 각을 제거한다.

④ 손가락을 옆으로 돌려 옆면 스트레스 포인트 부분부토 프리에지까지 일정부분 직선을 유지하고 모서리의 각을 제거하며 반대편도 같은 각도로 네일 파일링한다.

⑤ 프리에지의 각을 전부 부드럽게 연결하며 네일 파일링한다.

⑥ 프리에지의 어느 곳에서도 각이 없고 프리에지의 원의 일부가 있는 듯 동그란 형태를 이루고 있는지 확인한다.

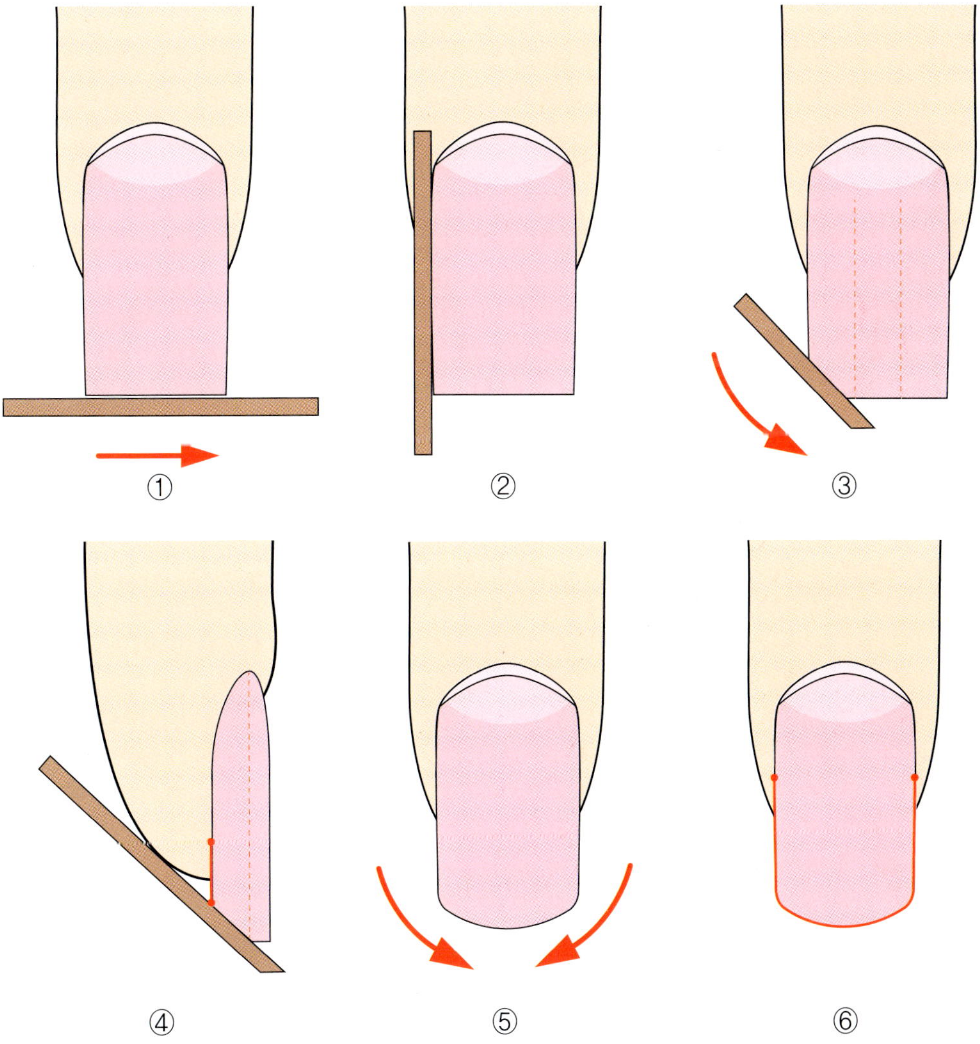

5) 오발 형태 조형방법

① 프리에지를 세로로 3등분한다. 왼쪽 외관라인을 스트레스 포인트부터 프리에지의 왼쪽 3분의 1 부분까지 각을 제거한다.

② 반대편 외관라인도 스트레스 포인트부터 프리에지의 왼쪽 3분의 1부분까지 각을 제거한다.

② 손가락을 옆으로 돌려 옆면 스트레스 포인트부터 프리에지의 3분의 1부분까지 각을 제거한다.

③ 반대편도 옆면 스트레스 포인트부터 프리에지의 3분의 1부분까지 각을 제거한다.

⑤ 스트레스 포인트에서부터 프리에지까지 곡선으로 부드럽게 연결하며 네일 파일링한다.

⑥ 프리에지는 타원의 형태를 이루어야 하며, 프리에지 전체가 곡선을 유지하는지 확인한다.

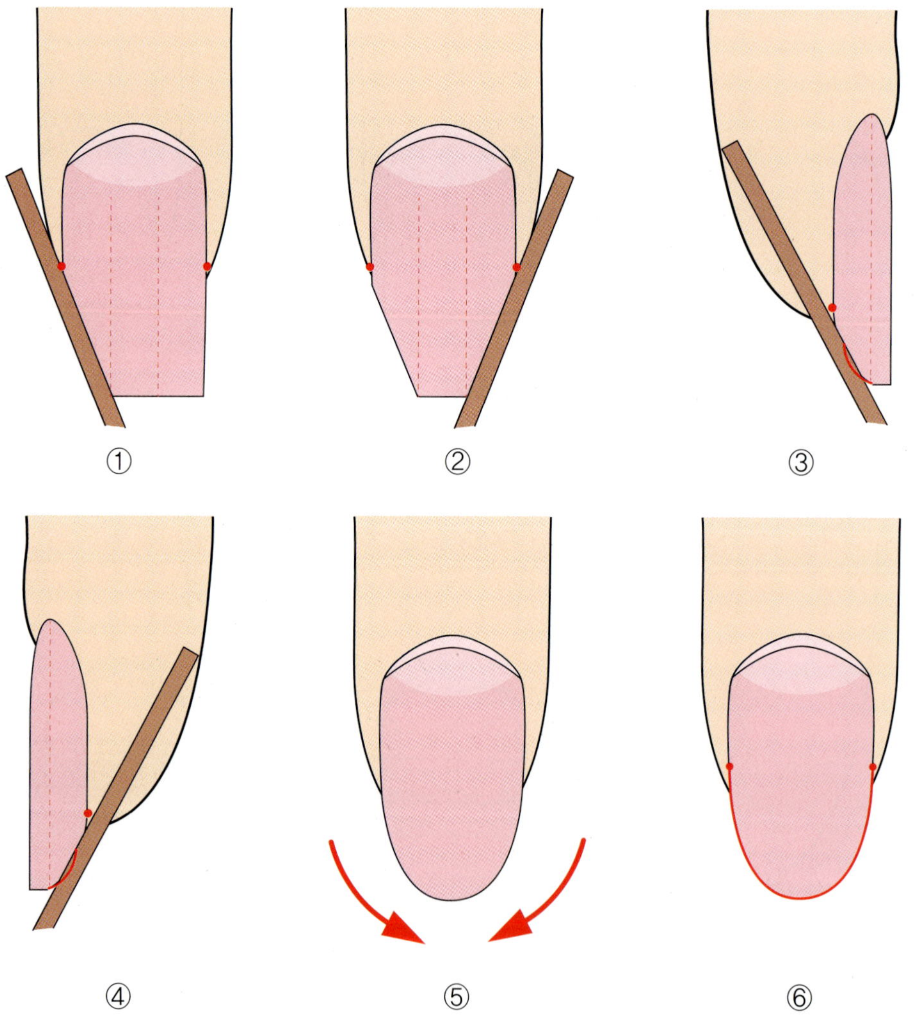

6) 아몬드(포인트) 형태 조형방법

① 프리에지를 세로로 3등분한다. 왼쪽 외관라인을 스트레스 포인트부터 프리에지의 왼쪽 3분의 1안쪽부분까지 각을 제거한다.

② 반대편 외관라인도 스트레스 포인트부터 프리에지의 왼쪽 3분의 1 안쪽부분까지 각을 제거한다.

③ 손가락을 옆으로 돌려 옆면 스트레스 포인트부터 프리에지의 3분의 1 안쪽부분까지 각을 제거한다.

④ 반대편도 옆면 스트레스 포인트부터 프리에지의 3분의 1 안쪽부분까지 각을 제거한다.

⑤ 스트레스 포인트에서부터 프리에지까지 곡선으로 부드럽게 연결하며 네일 파일링한다.

⑥ 프리에지는 아몬드의 형태를 이루어야 하며, 프리에지의 끝부분이 날카롭지 않은 곡선을 유지하는지 확인한다.

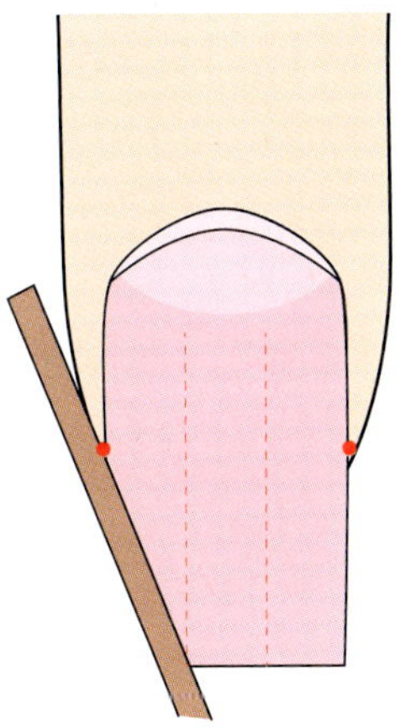
①

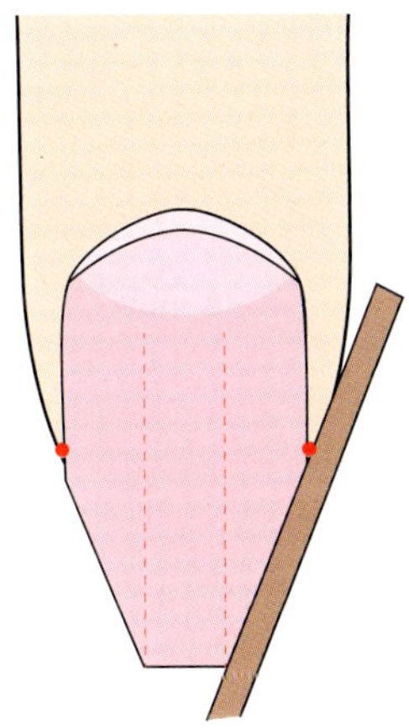
②

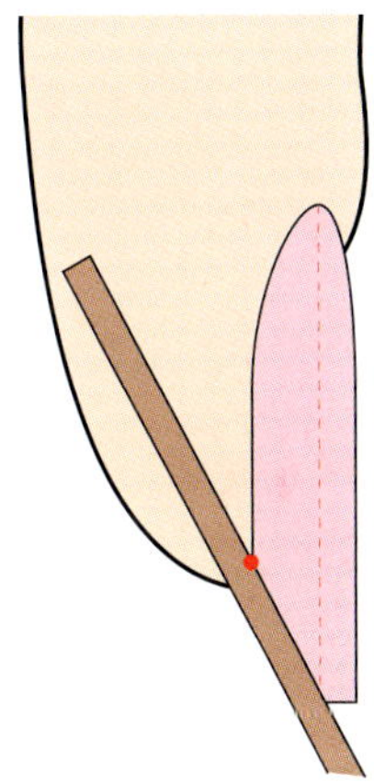
③

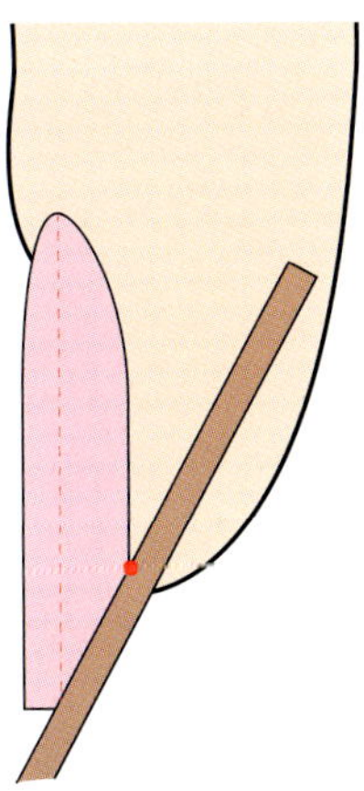
④

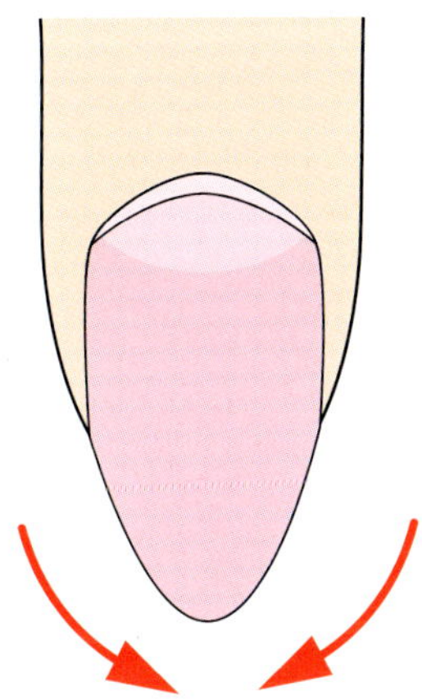
⑤

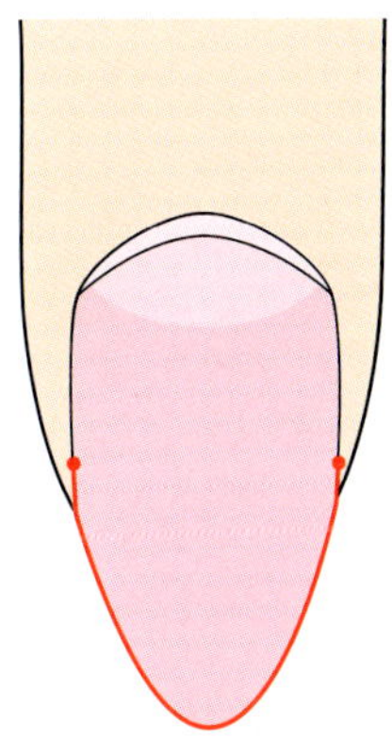
⑥

Chapter 03.

네일 화장물 제거

네일 미용인은 고객의 손에 도포되어있는 네일 화장물의 유형을 파악할 수 있어야 한다.

네일 화장물에 종류에 따라 정확한 제거제를 선택해야하며 장시간의 네일 화장물 제거제의 사용은 네일과 네일 주변 피부에 손상을 줄 수 있으므로 주의해야 한다.

본 챕터에서는 네일 화장물 제거제의 성분과 특성, 사용 방법 대하여 알아본다.

01 네일 화장물 제거의 이해

1. 네일 화장물 제거 작업의 유형 파악

고객이 재방문한 고객이라면 고객관리 대장을 확인한 후 작업의 유형을 파악하고 알맞은 네일 화장물 제거 방법을 실행한다.

고객이 처음 방문한 고객이라면 고객에게 작업의 유형을 확인하는 방법이 있다. 그러나 일부 고객은 네일 화장물의 종류를 정확이 인지하고 있지 않을 수 도 있고 인조 네일의 경우 네일 재료가 혼합되어 사용하기 때문에 네일 미용사가 정확하게 판단한 후 네일 화장물 제거제를 선택하도록 한다.

[다양한 네일 화장물 제거제]

02 네일 화장물 제거제의 종류와 특성

제거제란 페인트나 화장품을 지우거나 제거하는 용품이다.

네일 미용에서는 크게 네일 폴리시와 젤 네일 폴리시, 인조 네일을 제거할 때 사용된다.

1) 퓨어아세톤(Pure-Acetone)

아세톤이란 가장 간단하고 대표적인 케톤으로 독특한 냄새가 있는 무색투명한 휘발성이 강한 액체로 유기 용매에 잘 녹으며 인화성이 있는 물질이다. 네일 팁, 아크릴, 젤 등의 인조 네일을 제거할 때 사용하는 용액으로 아세톤의 잦은 사용은 네일의 탈수와 손 주위 피부의 건조함을 유발할 수 있기 때문에 주의해서 사용해야 한다.

2) 쏙 오프 리무버(Soak Off Remover)

네일 팁, 아크릴, 젤 등의 인조 네일을 제거할 때 사용하는 용액으로 아세톤 성분을 포함하고 있는 제품과 포함하고 있지 않은 제품으로 구분된다.

3) 네일 폴리시 리무버(Nail Polish Remover)

네일 폴리시를 제거할 때 사용하는 용액이다. 일반적으로는 아세톤 성분을 포함하고 있으며 아세톤 성분 이외에 보습에 도움이 되는 성분이 포함되어 있다.

4) 젤 네일 폴리시 리무버(Gel Nail Polish Remover)

젤 네일 폴리시를 제거할 때 사용하는 용액이다.

일반적으로는 아세톤 성분을 포함하고 있으며 젤 네일 폴리시 리무버의 경우 아세톤의 함유량이 높아진다.

네일 상식

논 아세톤, 아세톤 프리(Non-Acetone, Acetone Free)란 네일 폴리시나 젤 네일 폴리시, 인조 네일을 제거할 때 사용하는 용액에 아세톤 성분을 포함하고 있지 않는 제품을 말한다.

인조 네일 위에 네일 폴리시를 제거할 때 사용하면 효과적이다.

03 네일 화장물 제거

1. 작업자의 복장 및 작업대 준비

① 작업자는 위생가운과 보호안경, 마스크를 착용한다.
② 작업대를 기구 소독제로 소독한다.
③ 위생 처리된 흰색 수건을 작업대 위에 깐다.
④ 고객의 방향에 손목 받침대를 올려놓고 손목 받침대 앞쪽으로 키친타월을 깐다.
⑤ 재료 정리함을 사용하기 편한 위치에 놓는다.
⑥ 재료정리함에는 네일 화장물 제거에 필요한 네일 재료들을 준비하고 소독용기에 네일 도구의 소독을 마친다.
⑦ 위생 봉지를 재료 정리함 앞쪽에 붙인다.
⑧ 핑거볼을 작업대 위에 놓고 미온수를 넣어둔다.

[작업자 복장 및 작업대 준비물품]

준비물품	위생가운, 보안경, 마스크, 수건, 손목 받침대, 키친타월, 위생봉지, 재료 정리함, 핑거볼

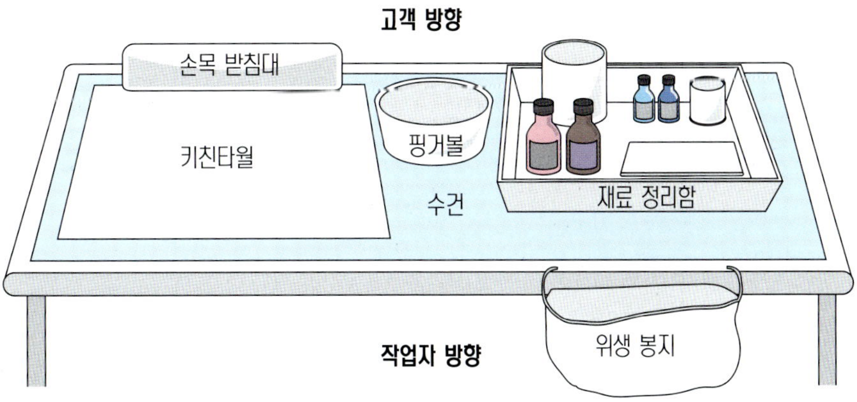

2. 재료 정리함 준비

① 소독용기 바닥에 탈지면을 깔고 큐티클 니퍼, 큐티클 푸셔, 오렌지 우드스틱, 네일 더스트 브러시, 네일 클리퍼를 넣고 에탄올수용액 70%에 10분 이상 담가준다.
② 네일 파일 꽂이에 자연 네일용 파일, 인조 네일용 파일, 샌딩 파일을 꽂아준다.
③ 뚜껑이 있는 용기에 손 소독용 탈지면과 제거용 탈지면 멸균거즈를 넣어둔다.
④ 알루미늄 포일은 8X8Cm 정도의 사이즈로 잘라 필요한 만큼 준비해 둔다.
⑤ 손 세정용 핑거볼을 준비하고 보온병에 미온수를 넣어둔다.
⑥ 네일 화장물 제거제를 선택하여 준비한다.

[재료 정리함 준비물품]

준비물품	소독용기(큐티클 니퍼, 큐티클 푸셔, 네일 클리퍼, 오렌지 우드스틱, 네일 더스트 브러시), 파일 꽂이(자연 네일용 파일, 인조 네일용 파일, 샌딩 파일, 광택용 파일), 용기(소독용 탈지면, 제거용 탈지면, 멸균거즈), 수건, 네일 강화제, 지혈제, 큐티클 오일, 에탄올, 손 소독제, 알루미늄 포일, 보온병(미온수 포함), 핑거볼, 선택 가능(네일 폴리시 리무버, 젤 네일 폴리시 리무버, 아세톤, 쏙 오프 전용 리무버)

3. 네일 폴리시 제거 순서

① 손 소독제를 탈지면에 분사하여 작업자의 양손을 소독한다.
② 손 소독제를 탈지면에 분사하여 고객의 양손을 소독한다.
③ 네일 폴리시를 탈지면에 적시고 네일 위에 올려놓는다.
④ 탈지면을 돌려가며 네일 폴리시를 제거한다.
⑤ 오렌지 우드스틱을 사용하여 남은 네일 폴리시 잔여물을 제거한다.
⑥ 자연 네일용 파일을 사용하여 프리에지의 형태를 조형한다.

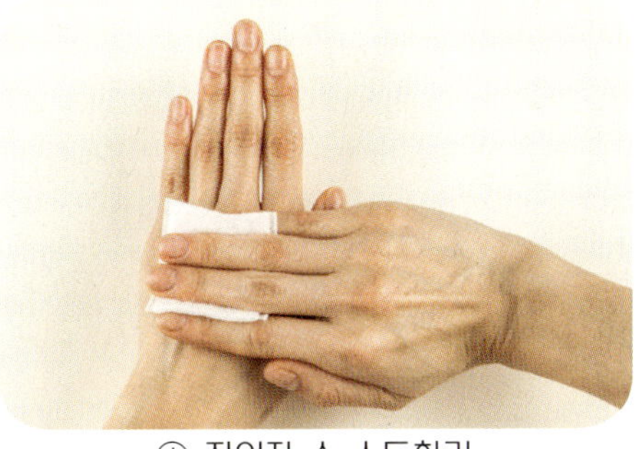
① 작업자 손 소독하기

② 고객 손 소독하기

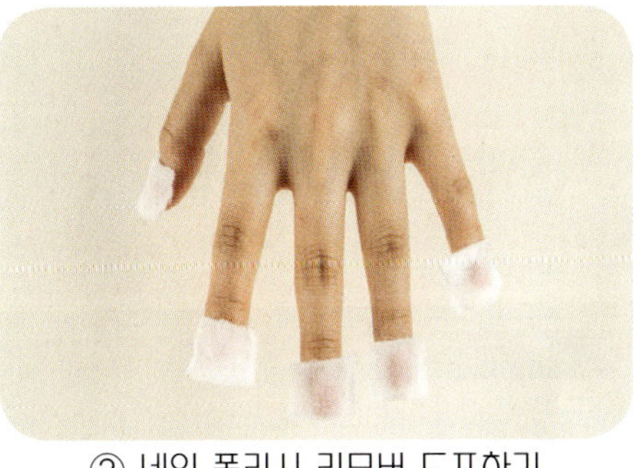
③ 네일 폴리시 리무버 도포하기

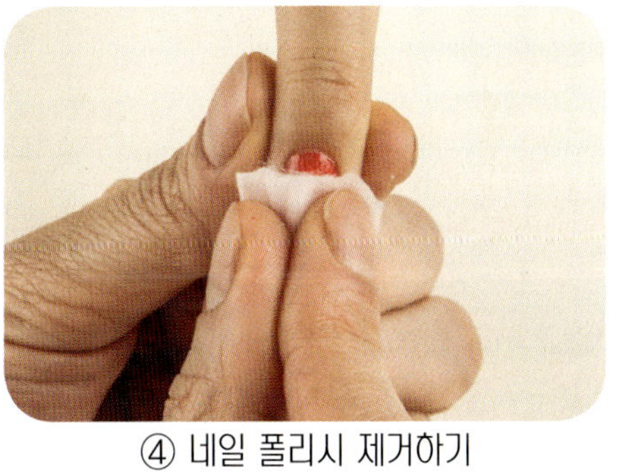
④ 네일 폴리시 제거하기

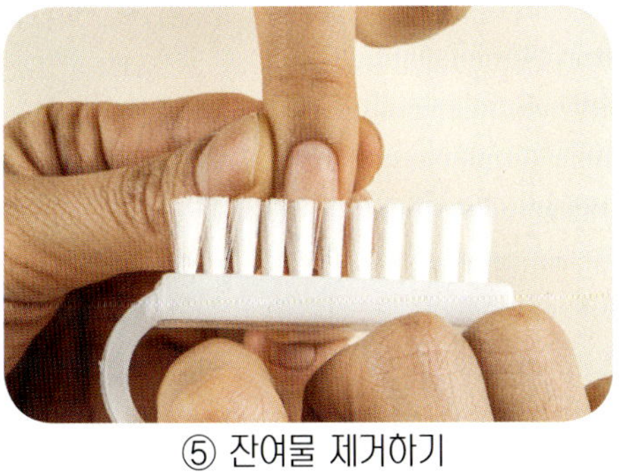
⑤ 잔여물 제거하기

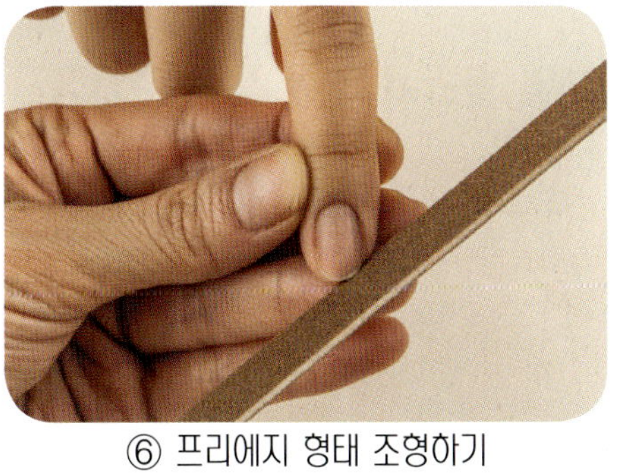
⑥ 프리에지 형태 조형하기

⑦ 샌딩 파일을 사용하여 자연 네일의 표면을 다듬고 프리에지 밑 거스러미를 제거한다.
⑧ 핑거볼에 손을 담그고 네일 더스트 브러시를 사용하여 손을 세정한다.
⑨ 냉 · 온 수건으로 네일과 손 전체를 닦는다. 멸균거즈로 대체 가능하다.
⑩ 네일 강화제를 도포할 수 있다.

사용한 제품의 뚜껑을 닫고 쓰레기를 위생 봉지에 넣어 주변을 깨끗하게 정리정돈 한다.

⑦ 표면 다듬기

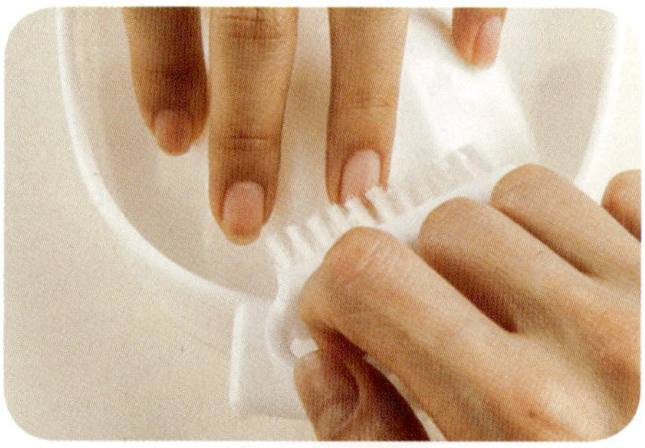
⑧ 손 세정하기

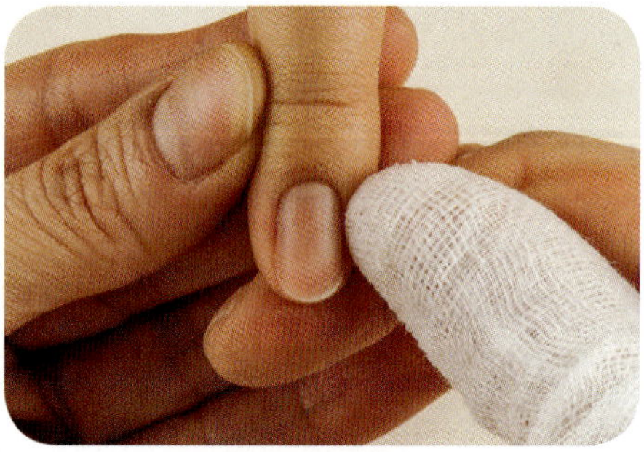
⑨ 손 닦아내기

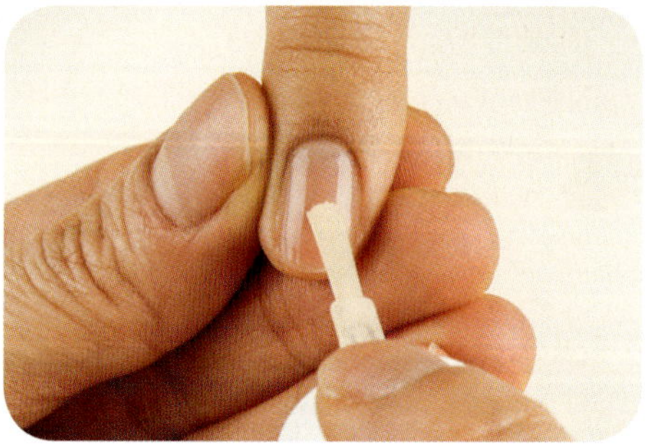
⑩ 네일 강화제 도포하기

4. 네일 폴리시 제거 작업 순서정리

손 소독→ 네일 폴리시 리무버 도포→ 네일 폴리시 제거→ 형태 조형→ 표면 다듬기→ 손 세정 → 손 닦기→ 네일 강화제 도포

5. 젤 네일 폴리시 제거 순서

① 손 소독제를 탈지면에 분사하여 작업자의 양손을 소독한다.
② 손 소독제를 탈지면에 분사하여 고객의 양손을 소독한다.
③ 네일 클리퍼를 사용하여 네일의 길이를 줄일 수 있다.
④ 젤 네일 폴리시가 두께감이 많이 있는 경우에는 인조 네일용 파일을 사용하여 두께를 제거할 수 있다.
⑤ 네일 더스트 브러시를 사용하여 네일 주변의 분진을 제거한다.
⑥ 네일 주변 피부를 보호하기 위해 큐티클 오일을 네일 주변 피부에 도포한다.

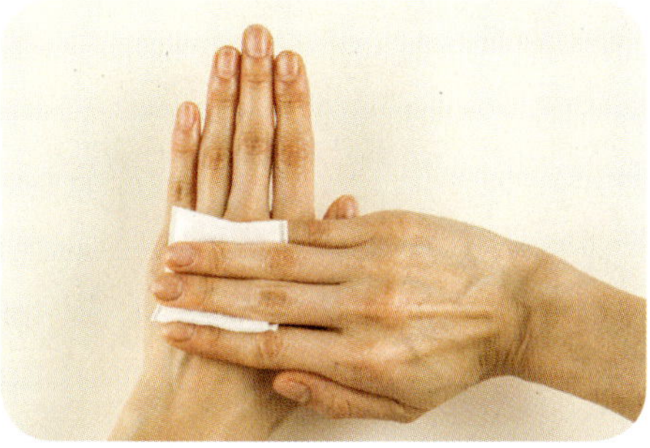
① 작업자 손 소독하기

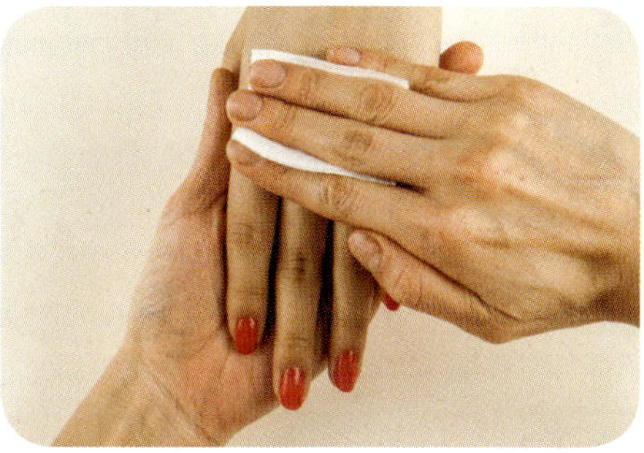
② 고객 손 소독하기

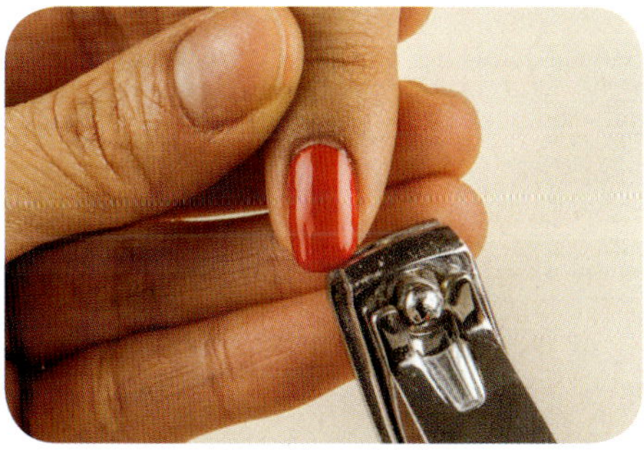
③ 길이 줄이기

④ 두께 제거하기

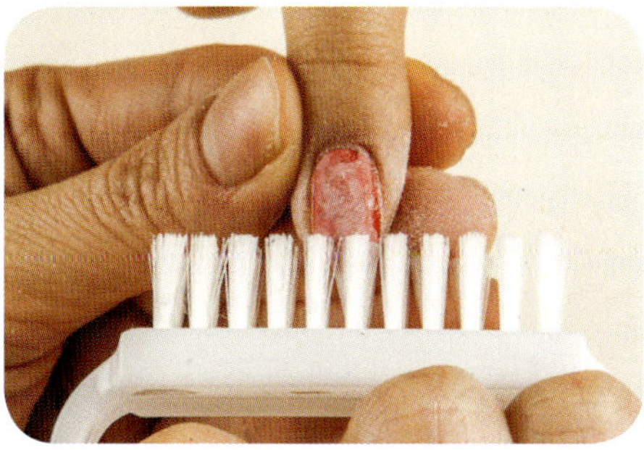
⑤ 분진 제거하기

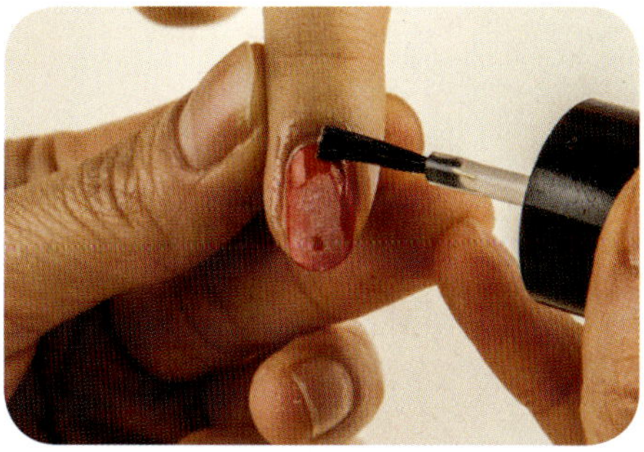
⑥ 큐티클 오일 도포하기

⑦ 젤 네일 폴리시 리무버를 탈지면에 적셔 네일 위에 올린다.
⑧ 포일을 사용하여 네일을 감싸준다. 약 10분 후 포일을 제거한다.

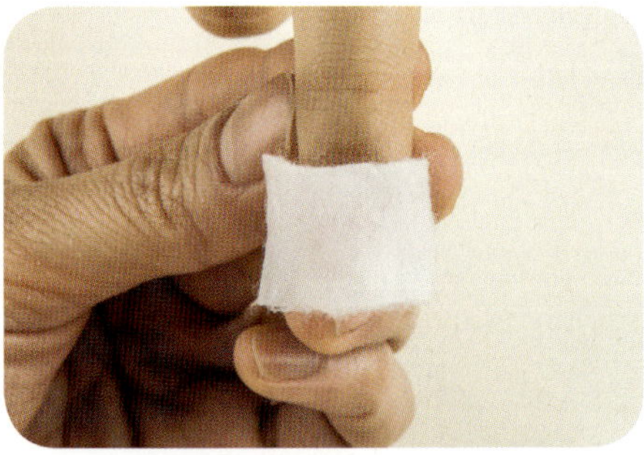
⑦ 젤 네일 폴리시 리무버 도포하기

⑧ 포일 마감하기

젤 네일이 충분히 제거되지 않은 경우 : 네일 파일을 사용하여 남은 젤을 제거 → 네일 주변 피부에 큐티클 오일을 도포 → 젤 네일 리무버를 탈지면에 적심 → 포일 마감

[젤 네일이 제거되지 않은 경우]

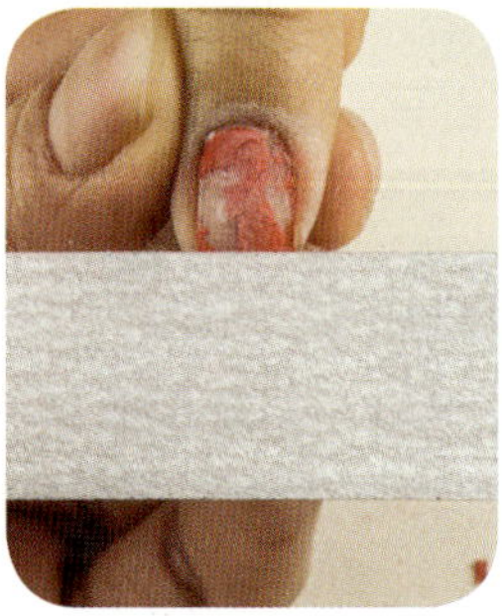
남은 젤 제거

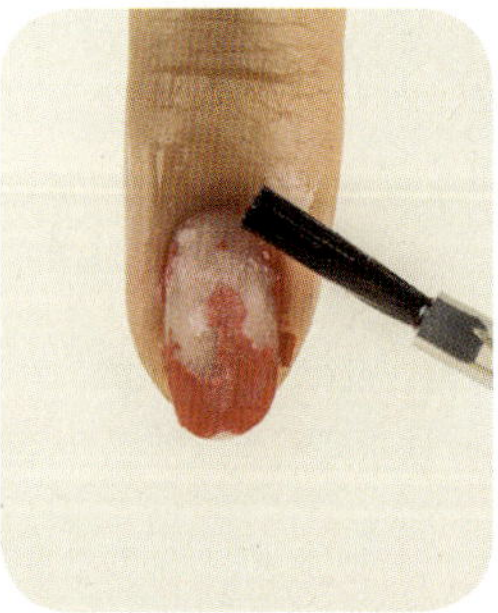
큐티클 오일 도포

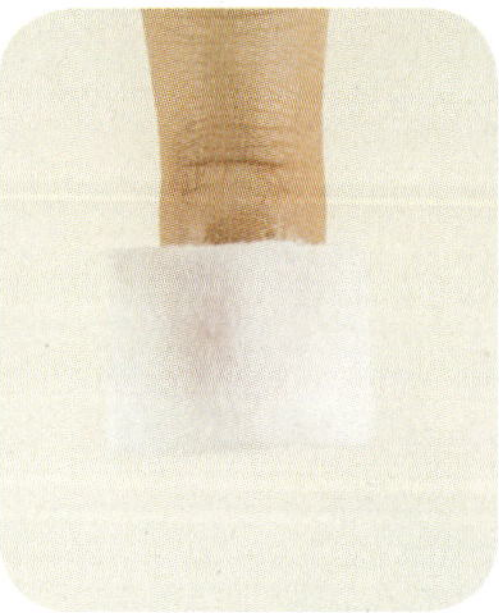
제거제 도포

포일 마감

⑨ 젤 네일이 제거된 경우에는 오렌지 우드스틱이나 큐티클 푸셔를 사용하여 남은 잔여물을 벗겨낸다.
⑩ 샌딩 파일을 사용하여 자연 네일의 표면을 다듬고 프리에지 밑 거스러미를 제거한다.

⑨ 젤 네일 폴리서

⑩ 표면 다듬기

⑪ 자연 네일용 파일을 사용하여 프리에지의 형태를 조형한다.
⑫ 핑거볼에 손을 담그고 네일 더스트 브러시를 사용하여 손을 세정한다.
⑬ 냉 · 온 수건으로 네일과 손 전체를 닦는다. 멸균거즈로 대체 가능하다.
⑭ 네일 강화제를 도포할 수 있다.

사용한 제품의 뚜껑을 닫고 쓰레기를 위생 봉지에 넣어 주변을 깨끗하게 정리정돈 한다.

⑪ 프리에지 형태 조형하기

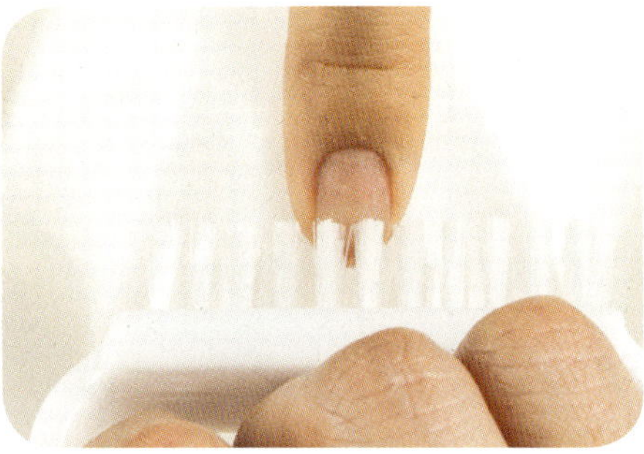
⑫ 손 세정하기

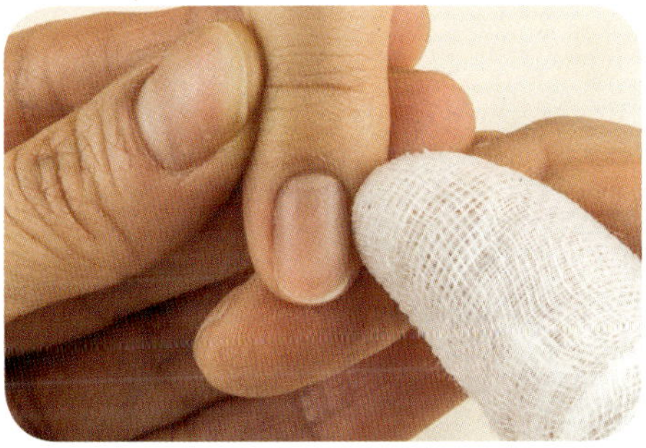
⑬ 손 닦아내기

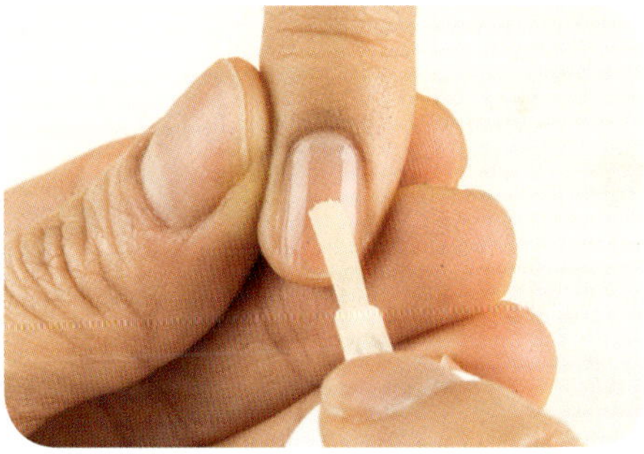
⑭ 네일 강화제 도포하기

6. 젤 네일 폴리시 제거 작업 순서정리

손 소독→ 길이 재단→ 두께 제거→ 분진 제거→ 큐티클 오일 도포→ 제거제 도포→ 포일 마감→ 제거→ 표면 다듬기→ 형태 조형→ 손 세정 → 손 닦기→ 네일 강화제 도포

7. 인조 네일 제거 순서

① 손 소독제를 탈지면에 분사하여 작업자의 양손을 소독한다.
② 손 소독제를 탈지면에 분사하여 고객의 양손을 소독한다.
③ 네일 클리퍼를 사용하여 연장된 인조 네일의 길이를 줄인다.
④ 인조 네일용 파일을 사용하여 인조 네일의 두께를 줄인다.
⑤ 네일 더스트 브러시를 사용하여 네일 주변의 분진을 제거한다.
⑥ 네일 주변 피부를 보호하기 위해 큐티클 오일을 네일 주변 피부에 도포한다.

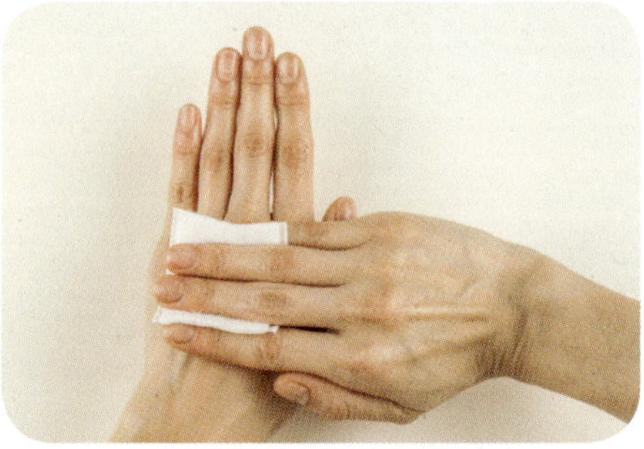
① 작업자 손 소독하기

② 고객 손 소독하기

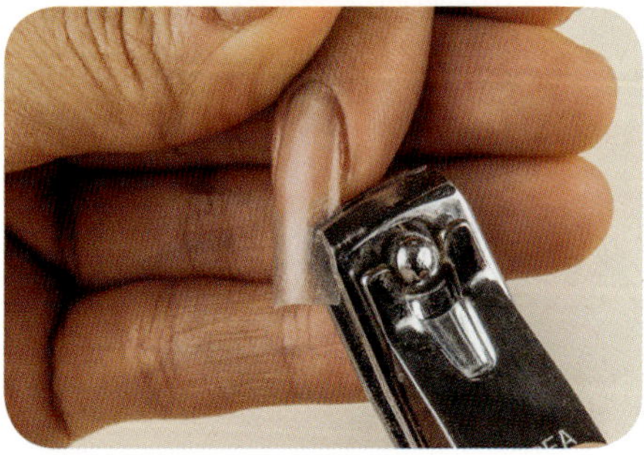
③ 길이 줄이기

④ 두께 제거하기

⑤ 분진 제거하기

⑥ 큐티클 오일 도포하기

⑦ 아세톤 또는 쏙 오프 전용 리무버를 탈지면에 적셔 네일 위에 올린다.
⑧ 포일을 사용하여 네일을 감싸준다. 약 10분 후 포일을 제거한다.

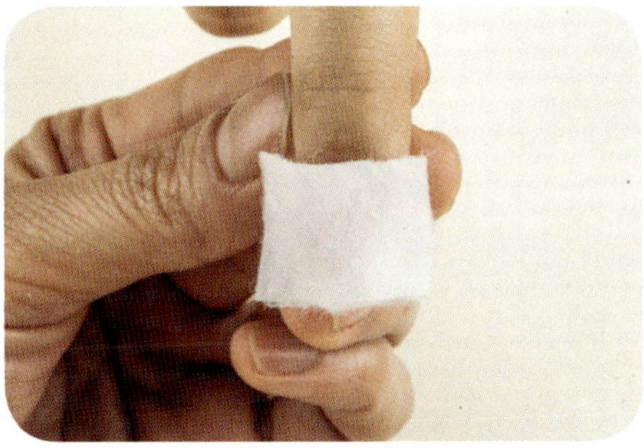

⑦ 제거제 도포하기

⑧ 포일 마감하기

> 인조 네일이 충분히 제거되지 않은 경우 : 네일 파일을 사용하여 남은 인조 네일을 제거 → 네일 주변 피부에 큐티클 오일을 도포 → 아세톤 또는 쏙 오프 전용 리무버를 탈지면에 적심 → 포일 마감

[인조 네일이 제거되지 않은 경우]

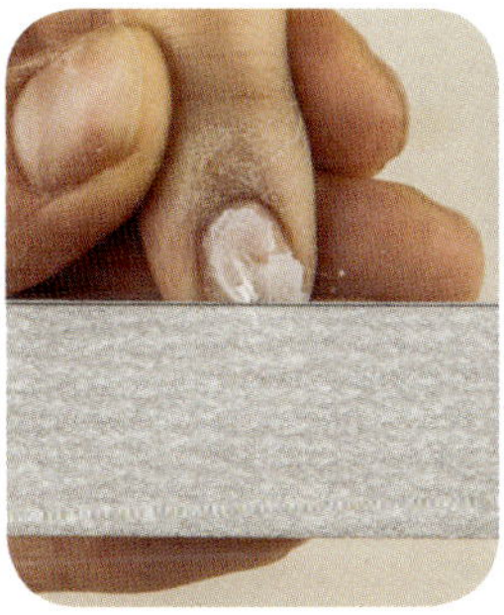

네일 파일링

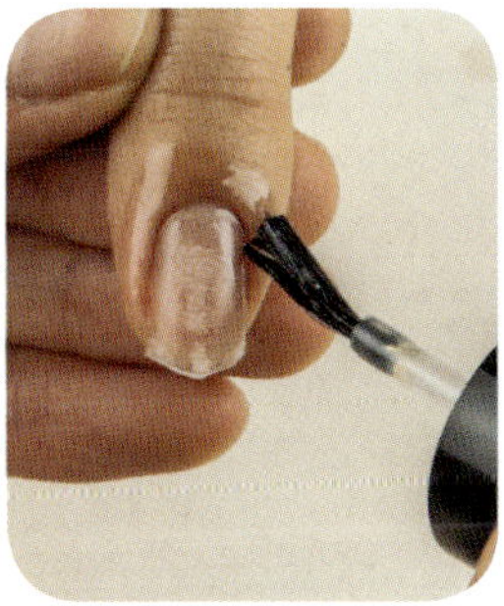

큐티클 오일 도포

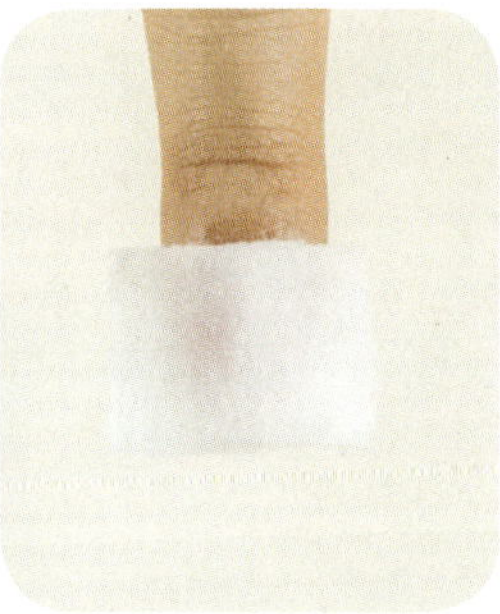

제거제 도포

포일 마감

⑨ 인조 네일이 제거된 경우에는 오렌지 우드스틱이나 큐티클 푸셔를 사용하여 남은 잔여물을 벗겨낸다.
⑩ 샌딩 파일을 사용하여 자연 네일의 표면을 다듬고 네일 밑 거스러미를 제거한다.

⑨ 네일 화장물 제거하기

⑩ 표면 다듬기

⑪ 자연 네일용 파일을 사용하여 프리에지의 형태를 조형한다.
⑫ 핑거볼에 손을 담그고 네일 더스트 브러시를 사용하여 손을 세정한다.
⑬ 냉 · 온 수건으로 손과 손톱 전체를 닦는다. 멸균거즈로 대체 가능하다.
⑭ 네일 강화제를 도포할 수 있다.

사용한 제품의 뚜껑을 닫고 쓰레기를 위생 봉지에 넣어 주변을 깨끗하게 정리정돈 한다.

⑪ 프리에지 형태 조형하기

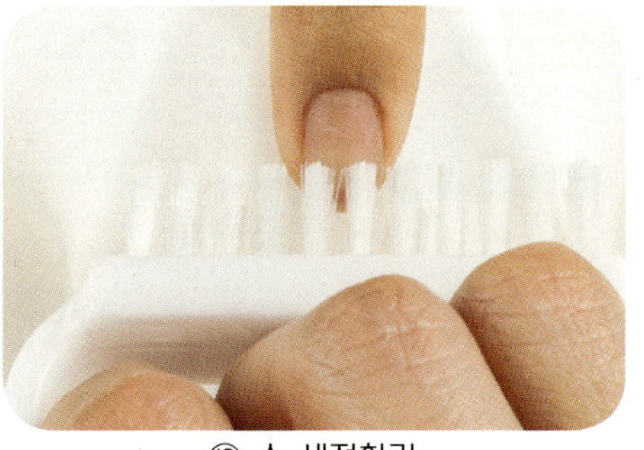
⑫ 손 세정하기

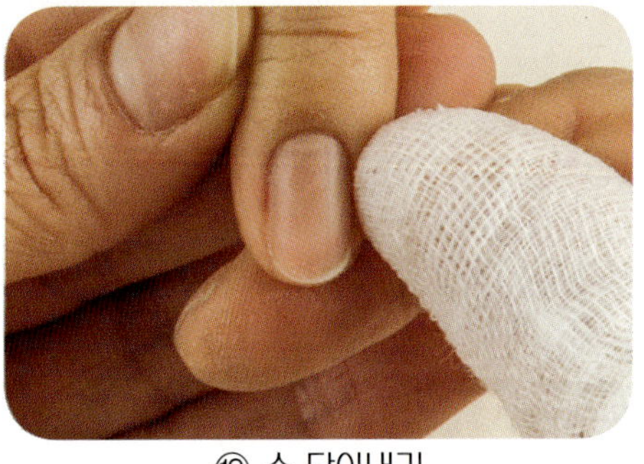
⑬ 손 닦아내기

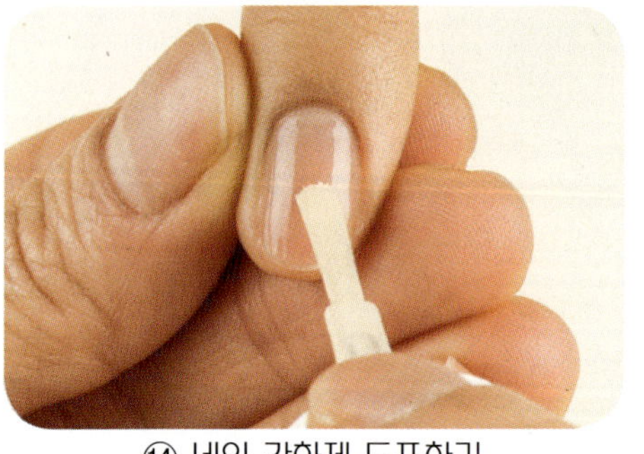
⑭ 네일 강화제 도포하기

8. 인조 네일 제거 작업 순서정리

손 소독→ 길이 재단→ 두께 제거→ 분진 제거→ 큐티클 오일 도포→ 제거제 도포→ 포일 마감→ 제거→ 표면 다듬기→ 형태 조형→ 손 세정 → 손 닦기→ 네일 강화제 도포

9. 네일 화장물 제거 완성

정면

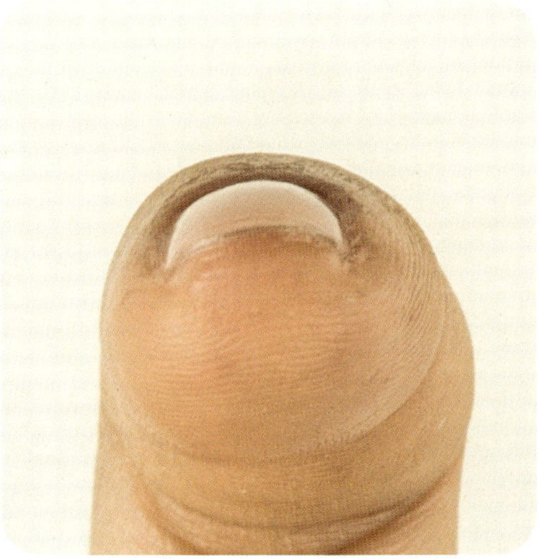

프리에지 단면

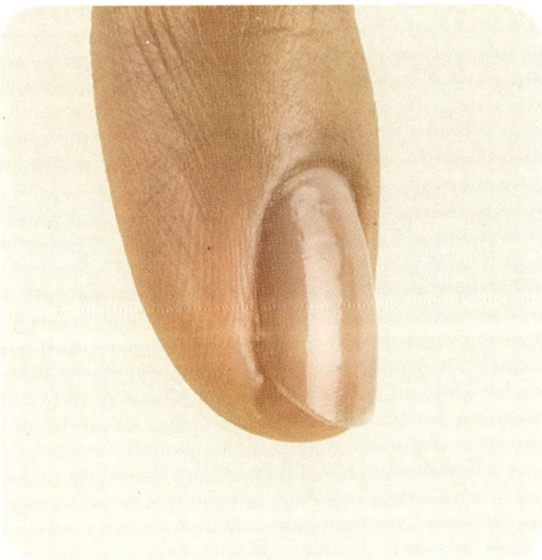

왼쪽 옆면

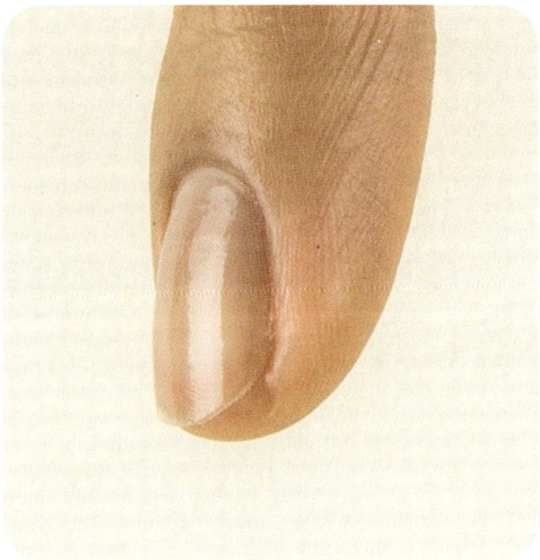

오른쪽 옆면

10. 네일 화장물 제거 확인

순번	확인 사항	확인
①	자연 네일이 손상되지 않았는지 네일 주변 피부의 출혈이 없는지 확인	
②	네일 주변 피부에 보습을 유지하였는지 확인	
③	프리에지가 라운드 혹은 오발의 형태를 유지하는지 확인	
④	네일 주변에 잔여물과 남아있는지 네일 아래에 위생 상태를 확인	
⑤	작업대 위에 정리정돈 상태를 확인	

PART 3.

네일 기본관리

정의 : 고객의 네일 보호와 미적 요구 충족을 위하여 효과적인 네일 관리로 프리에지 형태 조형하기, 큐티클 정리하기, 컬러링하기, 보습제 도포하기, 마무리를 할 수 있는 능력이다.

능력단위요소	수 행 준 거
프리에지 형태 조형하기	1.1 작업 매뉴얼에 따라 네일 파일을 사용할 수 있다. 1.2 고객의 요구에 따라 프리에지 형태를 조형할 수 있다. 1.3 네일 상태에 따라 표면을 다듬을 수 있다. 1.4 프리에지 밑 거스러미를 제거할 수 있다.
큐티클 정리하기	2.1 작업 매뉴얼에 따라 핑거볼에 손 담그기를 할 수 있다. 2.2 작업 매뉴얼에 따라 족욕기에 발 담그기를 할 수 있다. 2.3 고객의 큐티클 상태에 따라 연화제를 선택하여 사용할 수 있다. 2.4 작업 순서에 따라 네일 도구를 선택할 수 있다. 2.5 고객의 큐티클의 상태에 따라 큐티클을 정리할 수 있다.
컬러링하기	3.1 고객의 요구에 따라 네일 폴리시 색상의 침착을 막기 위한 베이스코트를 아주 얇게 도포할 수 있다. 3.2 고객의 요구에 따라 컬러링 방법을 선정하고 네일 폴리시를 도포할 수 있다. 3.3 작업 매뉴얼에 따라 네일 폴리시를 얼룩 없이 균일하게 도포할 수 있다. 3.4 작업 매뉴얼에 따라 젤 네일 폴리시를 얼룩 없이 균일하게 도포할 수 있다. 3.5 작업 매뉴얼에 따라 젤 네일 폴리시 작업 시 젤 램프기기를 사용할 수 있다. 3.6 작업 매뉴얼에 따라 네일 폴리시 도포 후 컬러 보호와 광택 부여를 위한 톱코트를 도포할 수 있다.
보습제 도포하기	4.1 피부 상태에 따라 제품을 선택할 수 있다. 4.2 제품의 종류에 따라 각질 제거를 용이하게 할 수 있다. 4.3 피부 상태에 따라 보습 제품을 사용하여 손・발을 부드럽게 할 수 있다. 4.4 고객의 상태에 따라 보습제 바르기 매뉴얼을 적용할 수 있다.
네일 기본관리 마무리하기	5.1 계절에 따라 냉・온 수건으로 손・발의 유분기를 제거할 수 있다. 5.2 작업 방법에 따라 네일과 네일 주변의 유분기를 제거할 수 있다. 5.3 보습제의 선택 기준에 따라 제품을 선택하여 손・발에 보습제를 도포할 수 있다. 5.4 사용한 제품의 정리정돈을 할 수 있다.

Chapter 01.

네일 미용의 역사

네일 기본 관리의 앞서 우리는 네일 미용의 역사에 대해 알아야 한다. 세계의 네일 미용의 기원, 한국의 네일 미용의 시작과 우리가 사용하는 네일 제품들이 어떻게 개발 되었는지를 숙지하도록 한다.

본 챕터에서는 네일 미용의 역사와 네일 제품들의 유래에 대해 알아본다.

01 한국의 네일 미용

충선왕과 봉숭아꽃물을 들인 궁녀의 전설

충선왕은 당시 원나라의 지배를 받고 있었기 때문에 원나라의 계국공주와 정략결혼을 한 후 원의 부마국으로 전락한 처지를 비관하여 계국공주를 홀대하여 결국 폐위와 함께 원나라 황궁에 감금당하는 수모를 겪었다.

원나라에서 세월을 보내던 충선왕은 어느 날 손가락마다 붕대를 감고 있는 고려여인을 만났다. 여인은 봉숭아꽃물을 손톱에 들이던 고향의 풍습을 재연하며 고려를 그리워했고 이를 계기로 충선왕은 여인을 가까이하며 고려를 그리워하는 마음을 달랠 수 있었다.

이후 환국이 되었고 1년 후가 되어서야 충선왕은 원에 남아 있던 여인을 떠올리고 데리고 올 것을 명하지만 여인은 이미 충선왕을 기다리다가 사무치는 그리움에 병을 얻어 죽은 다음이었다.

충선왕은 이후 궁궐 곳곳에 봉숭아꽃을 심어 여인을 그리워하고 궁녀들은 봉숭아꽃잎을 따 손톱에 물을 들였는데 이것이 우리 민족의 오랜 풍습이 되었다.

또한 봉숭아꽃물들이기는 모든 질병을 예방한다는 민간신앙의 의미도 있으며 붉은색은 귀신을 물리친다는 주술적인 의미도 포함되어 있다. 그리고 첫눈이 올 때까지 봉숭아물이 손톱에 남아 있으면 첫사랑에 성공한다는 속설도 있다.

• 고려시대(918~1392년)

고려 26대 충선왕(1275~1325) 때에 봉숭아꽃물을 들인 궁녀 이야기가 전해지고 부녀자와 처녀들 사이에서 '염지갑화' 라고 하는 봉숭아꽃물들이기 풍습이 이루어진 시기로 한국 네일 미용의 기원이다.

• 조선시대(1392~1910년)

세시풍속집 '동국세시기'에는 젊은 각시와 어린이들이 신분에 관계없이 손톱에 봉숭아꽃물을 들이는 풍속이 유행하였다는 기록이 있다. 조선시대에는 '손은 마치 봄에 솟아난 죽순 같으며 손바닥에 혈색이 붉어야 한다.'는 미인의 기준이 생겨났다.

• 1990년대

· 1992년 : 1988년 서울 올림픽에서 100m 달리기를 우승한 그리피스 조이너스의 손톱이 TV에 비친 이후, 이태원에서 미국인을 위한 네일 미용 서비스가 시작되었고 국내 최초의 정식 네일숍인 '그리피스' 가 서울 이태원의 세계로 상가에 개업하였다.

· 1995년 : 최초의 네일 전문 아카데미(조옥희 네일)가 서울 압구정동에 개원하였다.

· 1996년 : 백화점 네일 코너의 입점으로 네일숍의 본격적인 도입기가 시작되었다.
· 1997년 : 최초로 한국네일협회가 창립하였고 인기스타들이 네일 미용을 하면서 네일아트의 대중화가 시작되었다.
· 1998년 : 한국네일협회에서 최초의 네일 민간 자격시험제도가 도입되고 시행(4월 19일)되었다. 대학에서 네일 관련 수업이 신설되었다.

- **2000년대**

· 2000년 : 미용 관련 대학에서 네일 미용사가 배출되기 시작하였다.
· 2002년 : 네일 제품의 전문화가 이루어졌고 네일 산업의 호황기를 맞게 되었다.
· 2009년 : 네일 산업은 8,000여 억 원의 시장 규모로 성장하였다.
· 2013년 : 160여 개의 뷰티 관련 대학에서 네일 관련 과목의 학사과정을 운영하였다.
· 2014년 : 미용사(네일) 국가 자격증 제도화가 시작되고 제1회 네일 미용기능사 필기시험이 실시되었다.(11월 16일)

02 외국의 네일 미용

네일 미용의 역사는 약 5000년에 이르며 매우 긴 시간 동안 변화되어 왔다.

- **고대(B.C. 3000년경)**

1) 이집트(네일 미용의 기원)

파라오의 무덤에서 금속으로 만들어진 오렌지우드스틱이 발견되었고 미라의 손톱에 붉은색을 입혀 권력을 상징하였다. 주술적인 의미로 관목에서 나오는 헤나(Henna)의 붉은 오렌지색으로 손톱을 염색하였으며 왕족과 신분이 높은 계층은 적색으로, 신분이 낮은 계층은 옅은 색상으로 손톱을 물들여 신분과 지위를 나타냈다.

2) 중국

계란 흰자와 벌꿀, 고무나무 수액 등을 혼합하여 오늘날의 네일 폴리시에 해당하는 액을 손톱에 발랐으며, '조홍'이라고 하는 입술연지를 만드는 홍화를 손톱에 두껍게 물들였다.

- **고대(B.C. 600년경)**

중국 : 귀족들은 금색과 은색으로 손톱에 색을 칠하면서 신분을 과시하였다.

그리스 · 로마시대

상류층에서 손의 관리가 시작되었다. 손(마누스, Manus)이라는 단어와 관리(큐라, Cura)라 는 단어가 합해져 '마누스 큐라' 라는 단어가 생겨났고 자연스럽고 건강한 아름다움이 중시되었다.

15세기

· 중국 : 명나라 왕조들은 흑색과 적색을 손톱에 발라서 신분을 과시하였다. 전쟁에 나가는 군 지휘관들은 입술과 손톱에 같은 색을 칠하여 용맹을 과시하고 승리를 기원하였다.

· 유럽 : 손의 위생을 중요시하고 손톱은 붉고 손과 손가락은 희고 길며 손이 아름다운 여성이 건강미의 기준이 되었다. 프랑스의 왕비 '카트린 드 메디시스(Catherine de' Medici)'는 잠자리에 들기 전에 장갑을 착용하여 손을 보호하였다고 전해진다.

17세기

· 프랑스 : 베르사유 궁전에서는 노크를 하지 않고 한쪽 손의 손톱을 길러 문을 긁도록 하여 방문을 알렸다.

· 중국 : 부의 상징으로 긴 손톱을 길렀으며 보석이나 대나무 등으로 장식하고 보호하였다.

· 인도 : 네일 매트릭스에 문신용 바늘로 색소를 주입하여 상류층임을 과시하였다.

19세기

· 영국 : 상류층은 손돕에 장미빛 손돕파우더를 사용하였다.(19세기 초)

· 중국 : 서태후가 손톱미용법을 기술하였다.

1800년대

· 1800년 : 끝이 뾰족한 아몬드형 네일 형태가 유행하였고 기름을 바르고 부드러운 가죽 '샤모아'로 손톱에 광택을 내었다.

· 1830년 : 발 전문의사인 시트(Sits)가 치과에서 사용하였던 도구를 고안하여 오렌지우드 스틱을 개발하였다.

· 1885년 : 네일 폴리시 필름 형성제인 니트로셀룰로오스가 개발되었다.
· 1892년 : 시트에 의해 네일 관리가 여성들의 직업으로 미국에 도입되었다.

1900년대

· 1900년 : 금속가위와 금속파일이 제작되어 도구를 이용한 케어가 시작되었으며 유럽에서 네일 관리가 본격적으로 시작되었다. 크림이나 가구로 광을 내거나 낙타털을 사용하여 폴리시를 칠하였다.
· 1910년 : 미국의 매니큐어 제조회사 플라워리(Flowery)가 설립되어 금속파일과 사포로 된 파일이 제작되었다.
· 1917년 : 보그 잡지에 닥터코로니(Dr. Korony)가 홈 매니큐어 세트 제품을 선보였다.
· 1925년 : 네일 폴리시 산업이 본격화되었고 투명한 장밋빛 네일 폴리시가 생기면서 루눌라와 네일 프리에지를 뺀 나머지 네일 바디에만 핑크를 바르는 'Moon Manicure'가 유행하였다.
· 1927년 : 화이트 네일 폴리시, 큐티클 크림, 큐티클 리무버가 제조되었다.
· 1930년 : 제나(Gena) 연구팀에 의해 폴리시 리무버, 워머 로션, 큐티클 오일이 최초로 등장했다.
· 1932년 : 최초로 염료가 들어간 불투명하고 변색되지 않는 무지개 색 네일 폴리시가 제조되었고, 레블론(Revlon)사에서 최초로 립스틱과 잘 어울리는 컬러의 네일 폴리시 등 다양한 컬러의 네일 폴리시가 출시되었다.
· 1935년 : 인조 손톱(네일 팁)이 등장하였다.
· 1940년 : 여배우(리타 헤이워드)에 의해 레드 폴리시를 풀 컬러링하는 네일 패션이 유행하였고 남성들도 이발소에서 매니큐어 관리를 받았다.
· 1948년 : 미국의 노린 레호(Noreen Reho)에 의해 매니큐어 관리에 도구와 기구를 사용하게 되었다.
· 1956년 : 헬렌 걸리(Helen Gouley)가 최초로 미용학교에서 네일 수업을 강의하기 시작하였다.
· 1957년 : 근대적 페디큐어가 등장하게 되었다. 토마스 슬랙(Thomas Slack)이 '플렛폼'이라는 지금의 네일 폼을 개발해서 특허를 받았다. 패티 네일(Pattinail)이라고 불렸던 포일(Foil)을 사용한 아크릴 네일이 최초로 행해졌다.
· 1960년 : 실크(Silk)와 리넨(Line)을 이용하여 약하고 부러지기 쉬운 네일을 보강하는 시술이 시작되었다.
· 1967년 : 손과 발에 사용하는 트리트먼트 제품이 출시되고 관리에 이용되었다.
· 1970년 : 아크릴 네일 제품의 활성기로 인조 네일은 부와 사치의 상징이 되었으며 인조 네일 작업이 본격적으로 시작되었다. 아크릴 네일은 치과에서 사용하는 재료에서 발전하게 되었다.
· 1973년 : 미국의 네일 제조회사 IBD가 처음으로 네일 접착제와 접착식 인조손톱을 개발하였다.
· 1975년 : 미국의 식약청(FDA)에서 메틸 메탈크릴레이트(Methyl Methacrylate)의 아크

릴 네일 제품 사용을 금지하였다.

- 1976년 : 스퀘어 형태의 손톱이 유행하고 파이버 랩(Fiber Wrap)이 등장함으로써 네일아트가 미국에 정착하였다.
- 1981년 : 에시(Essie), 오피아이(OPI), 스타(Star)의 네일 제조회사에서 손 관리를 위한 네일 전문 제품과 핸드 제품이 출시되었고 네일 액세서리가 등장하였다.
- 1982년 : 미국의 네일리스트인 타미 테일러(Tammy Taylor)가 파우더, 프라이머, 리퀴드 등의 아크릴 네일 제품을 개발하였다.
- 1990년 : 세계 경제 성장과 더불어 네일 산업이 급성장하였다.
- 1992년 : NIA(Nails Industry Association)가 창립되어 네일 산업이 본격화되면서 정착하였다.
- 1994년 : 독일에서 라이트 큐어드 젤 시스템(Light Cured Gel System)이 등장하였고 뉴욕 주에서는 네일 테크니션 면허제도가 도입되었다.

2000년대 이후

인조 네일의 성행과 더불어 자연주의의 영향으로 내추럴하고 짧은 네일이 유행하였다. 에어 브러시, 젤 아트, 디자인 스컬프처, 2D, 3D 등의 다양한 네일 아트기법이 등장하였으며 핸드 드릴을 비롯한 보다 전문적인 네일 기술이 개발되었다.

많은 남성도 네일 관리를 받는 시대에 이르렀고 패션에 어울리는 네일을 선호하며 개성을 찾는 네일 매니아 층이 형성되고 나날이 새로운 아이템 기법과 다양한 네일 제품이 개발 되고 있다.

Chapter 02.

손과 발의 구조와 기능

네일 기본 관리에서는 손톱, 발톱의 근원인 손과 발의 뼈와 근육을 이해해야 한다. 뼈의 다양한 형태와 손과 발의 뼈 구조, 근육의 형태 및 기능에 대해 숙지할 필요가 있다.

본 챕터에서는 네일 전공자가 꼭 알아야 할 손과 발의 구조와 기능에 살펴본다.

01 뼈(골)의 형태 및 발생

뼈는 골이라고 하며 사람의 골격을 이루는 단단한 조직이다. 인체의 골격은 총 206개로 관절로 연결되어 있고 체중의 약 20%를 차지한다.

[인체의 골격]

전신골격(206개)			
체간골격 (80개)	두개골(22개)	**체지골격 (126개)**	상지골(64개)
	이소골(6개)		
	설골(1개)		
	척추(26개)		하지골(62개)
	늑골(24개)		
	흉골(1개)		

1. 뼈(골)의 기능

① 지지 기능 : 인체의 형태를 유지하고 체중을 지지한다.
② 보호 작용 : 기관을 둘러싸서 내부 장기를 외부의 충격으로부터 보호한다.
③ 운동 기능 : 뼈와 관절, 골격근의 연결과 뼈에 부착된 근육의 수축을 이용하여 운동을 일으킨다.
④ 저장기능 : 칼슘, 인 등의 무기질 저장장소이다.
⑤ 조혈기능 : 뼈 속 직골수에서 혈액을 생산하는 조혈기능을 한다.

2. 뼈(골)의 구조

뼈는 골막(골내막, 골외막), 골 조직(치밀골, 해면골), 골수강, 골수로 되어 있다.

1) 골막(뼈막)

뼈의 표면을 감싸고 있는 이중 마으로 골내막과 골외막으로 구성된 결합조직이다. 뼈의 형성에 중요한 역할과 뼈 굵기의 성장이 일어나는 곳으로 뼈의

성장에 관여한다. 뼈를 보호하고 힘줄과 인대가 골막에 부착되어 있다.

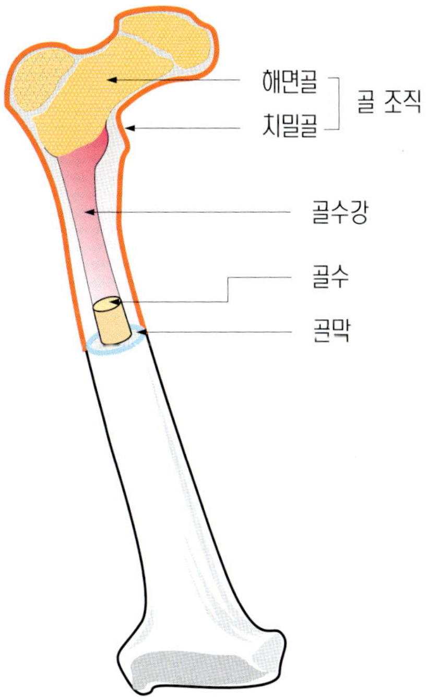

[뼈의 구조]

2) 골 조직

① 치밀골 : 뼈의 바깥쪽으로 단단하며 하버스관이 있고 혈관이나 신경과 혈관의 통로이다.
② 해면골 : 뼈의 안쪽으로 스펀지와 같이 구멍이 많은 모양으로 불규칙하게 결합된 골조직이다.

3) 골수강

뼈 속 터널 같은 공간으로 안쪽에는 적골수와 황골수가 있다.

4) 골수

뼈 속 골수강 사이의 공간을 채우고 있으며 혈액세포를 만드는 조혈조직이다.
① 적골수 : 혈액을 생성하는 조혈작용을 한다.
② 황골수 : 조혈작용을 거의 하지 않는다.

조혈작용 : 혈액 속의 혈구(적혈구, 백혈구, 혈소판)가 만들어지는 과정

3. 뼈(골)의 발생과 성장

뼈는 중배엽에서 유래되었으며 골화라는 과정을 거쳐 형성되는 단단한 결합조직이다.

1) 골화

단단하지 않은 조직에서 단단하게 변화하여 뼈가 형성되는 과정이다.

(1) 연골내골화

완전한 뼈가 되기 전에 연골조직이 형성되고 연골이 뼈로 변하는 뼈의 골화 초기 발생과정이다. 연골은 계속적인 성장과 혈관의 진입에 의해 골화과정이 일어나고 골단의 연골은 계속 성장한다. 대부분 장골(대퇴골, 상완골, 요골, 척골, 경골, 비골 등)의 발생과정이다.

(2) 막성골화(막내골화, 섬유성골화)

골막 또는 연골막에 직접 골조직이 형성되는 것으로 이 과정이 반복되어 뼈가 성장한다. 초기에는 구멍이 많은 해면골에서 단단한 치밀골이 된다. 대부분 편평골(두개골, 견갑골, 늑골)의 골화 방식이다.

2) 골단연골(성장판연골)

성장기에 있어 뼈의 길이 성장이 일어나는 곳이다.

3) 골단판(성장판)

성장기까지 뼈의 길이 성장을 주도하는 곳이다.

4) 골단

뼈의 길이 성장에 관여하며 골단연골의 성장이 멈추면서 완전한 뼈가 형성되는 장골의 양쪽 둥근 끝 부분이다.

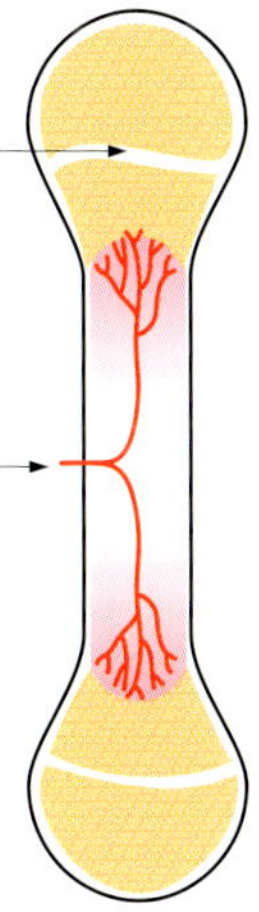

[골단구조]

4. 뼈(골)의 형태

뼈(골)의 형태에는 장골, 단골, 편평골, 불규칙골, 종자골, 함기골이 있다.

[뼈의 형태별 분류]

명칭	내용	형태
장골	· 길이가 긴 뼈의 형태 상지(상체 골격) : 상완골, 요골, 척골 등 하지(하체 골격) : 대퇴골, 경골, 비골 등	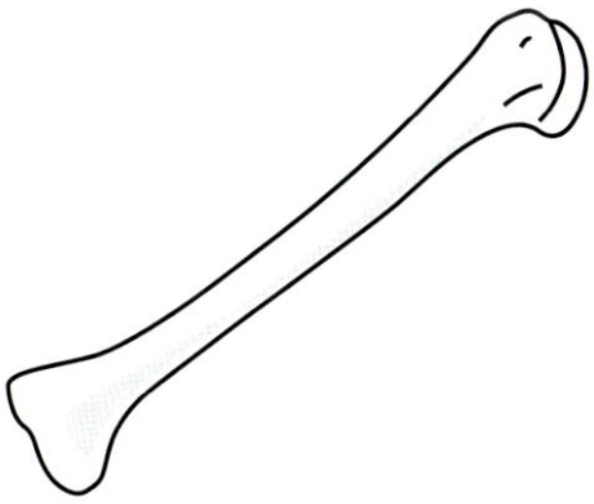
단골	· 길이가 짧은 뼈의 형태 수근골, 수지골, 족근골, 족지골 등	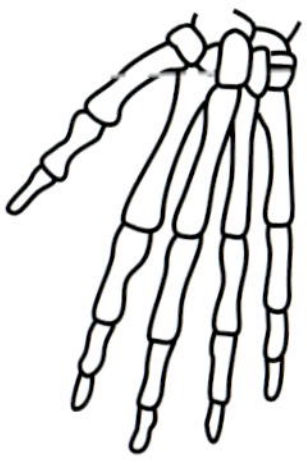

편평골	· 납작한 뼈의 형태 견갑골, 두개골, 늑골 등	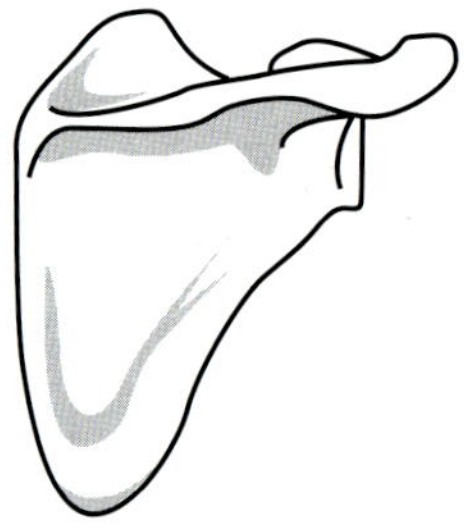
불규칙골	· 모양이 불규칙한 뼈의 형태 척추, 관골 등	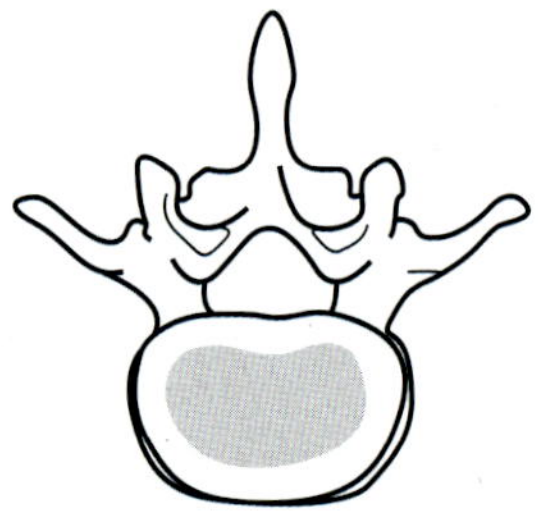
종자골	· 완두 크기 만한 작은 뼈의 형태 슬개골	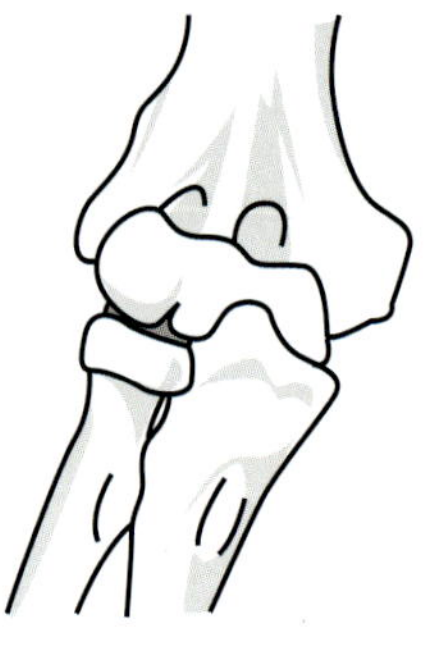
함기골	· 뼈 속에 공간이 있어 공기를 함유하고 있는 특수한 뼈의 형태 전두골, 상악골, 측두골, 접형골, 사골	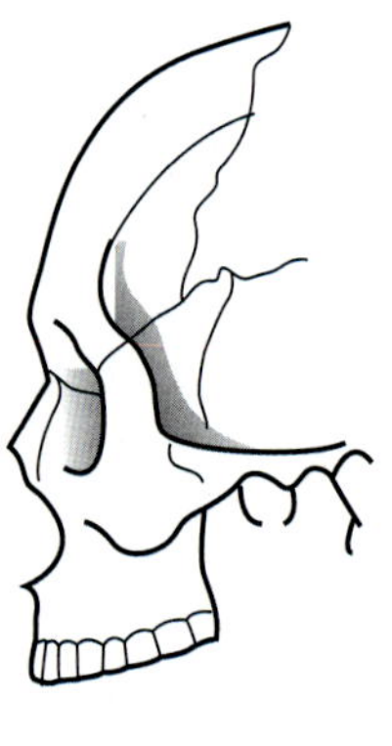

02 손과 발의 뼈대(골격) 구조 · 기능

1. 상지 뼈(골)

인체의 상체, 즉 상지를 구성하는 뼈이다.

종류 : 쇄골, 견갑골, 상완골, 척골, 요골, 수근골, 중수골, 수지골

① 쇄골(빗장뼈) : 가슴 위쪽의 양쪽 어깨에 수평으로 위치, 상완골과 견갑골을 흉골에 연결
② 견갑골(어깨뼈) : 체간과 상완의 사이에 위치하며 어깨의 기초를 만드는 뼈
③ 상완골(위팔뼈) : 어깨에서 팔꿈치까지 이어지는 긴 뼈
④ 척골(자뼈) : 팔뚝을 구성하는 2개의 뼈 중 안쪽에 있는 뼈
⑤ 요골(노뼈) : 팔뚝을 구성하는 2개의 뼈 중 바깥쪽에 위치한 뼈

2. 손과 손목의 뼈(27개)

손에는 27개의 뼈가 있으며 수근골, 중수골, 수지골이 있다. 수근골(손목뼈)이 8개, 중수골(손허리뼈) 5개, 수지골(손가락뼈) 14개로 구성된다.

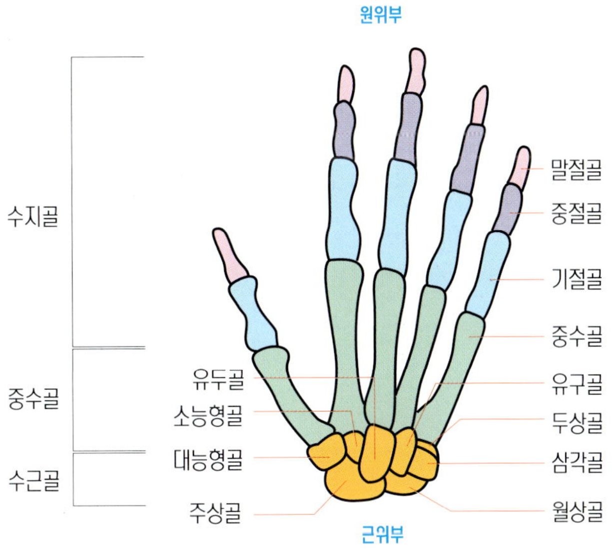

[손과 손목의 뼈 구조]

1) 수근골(손목뼈)

손목을 구성하는 8개의 단골 형태의 뼈이다.

종류 : 대능형골, 소능형골, 유두골, 유구골, 주상골, 월상골, 삼각골, 두상골

[손목의 뼈]

원위부(몸에서 먼 손목뼈)	근위부(몸에서 가까운 손목뼈)
대능형골(큰마름뼈) 소능형골(작은마름뼈) 유두골(알머리뼈) 유구골(갈고리뼈)	주상골(손배뼈) 월상골(반달뼈) 삼각골(세모뼈) 두상골(콩알뼈)

2) 중수골(손허리뼈)

손등과 손바닥을 구성하는 5개의 뼈이다.

① 첫째 중수골(엄지손허리뼈)
② 둘째 중수골(검지손허리뼈)
③ 셋째 중수골(중지손허리뼈)
④ 넷째 중수골(약지손허리뼈)
⑤ 다섯째 중수골(소지손허리뼈)

3) 수지골(손가락뼈)

손가락을 구성하는 14개의 단골형태의 뼈이다.

엄지손가락의 뼈는 기절골, 말절골 2개의 손가락으로 구성되어 있다.

둘째에서 다섯째 손가락은 기절골, 중절골, 말절골로 이루어져 3개씩 네 손가락으로 12개의 손가락으로 구성되어 있다.

① 기절골(첫마디 손가락뼈) : 5개
② 중절골(중간마디 손가락뼈) : 4개
③ 말절골(끝마디 손가락뼈) : 5개

3. 하지 뼈(골)

인체의 하체, 즉 하지를 구성하는 뼈(골)이다.

1) 하지대

상지와 체간을 연결하는 뼈이다.

종류 : 관골, 대퇴골, 슬개골, 경골, 비골, 족근골, 중족골, 족지골

① 대퇴골(넙다리뼈) : 인체 중 최대의 장골로 넓적다리의 뼈이다.
② 슬개골(무릎뼈) : 슬관절의 전면에 있는 접시 모양의 편평한 뼈이다.

③ 경골(종강뼈) : 하퇴를 구성하는 2개의 뼈 가운데 안쪽에 위치하는 대퇴골 다음으로 큰 뼈이다.

④ 비골(종아리뼈) : 하퇴를 구성하는 2개의 뼈 가운데 바깥쪽에 위치하는 길고 가느다란 뼈이다.

4. 발과 발목의 뼈(26개)

발에는 26개의 뼈가 있으며 족근골, 중족골, 족지골이 있다.

종류 : 족근골(발목뼈)이 7개, 중족골(발허리뼈)이 5개, 족지골(발가락뼈)이 14개

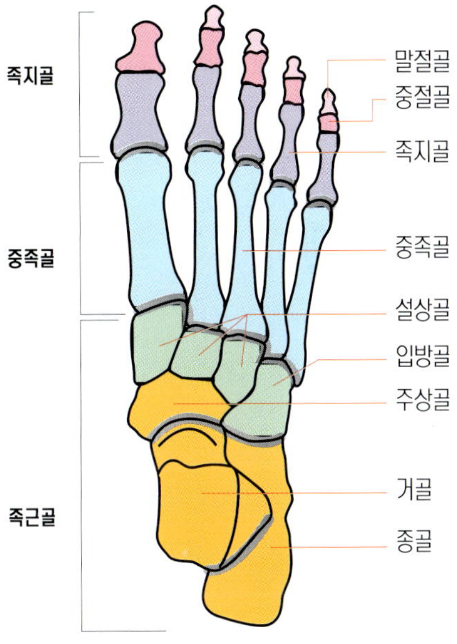

[발과 발목의 뼈 구소]

1) 족근골(발목뼈)

발목을 구성하는 7개의 뼈로, 몸의 체중을 지탱한다.

종류 : 내측설상골, 중간설상골, 외측설상골, 종골, 거골, 주상골, 입방골

[발목의 뼈]

원위부(몸에서 먼 발목뼈)	근위부(몸에서 가까운 발목뼈)
내측 설상골(안쪽 쐐기뼈) 숭간 설상골(중간 쐐기뼈) 외측 설상골(가쪽 쐐기뼈) 입방골(입방뼈)	거골(목말뼈) 종골(발꿈치뼈) 주상골(발배뼈)

골은 족근골에서 걸음을 걸을 때 신체를 지탱해주며 균형을 잡게 하는 지지대로, 발뒤꿈치를 형성하여 발꿈치뼈라고도 한다.

2) 중족골(발허리뼈)

발등과 발바닥을 이루는 5개의 뼈이다.

① 첫째 중족골(엄지발허리뼈) : 가장 굵다.
② 둘째 중족골(검지발허리뼈)
③ 셋째 중족골(중지발허리뼈)
④ 넷째 중족골(약지발허리뼈)
⑤ 다섯째 중족골(소지발허리뼈)

3) 족지골(발가락뼈)

발가락을 구성하는 14개의 뼈이다.

엄지발가락의 뼈는 기절골, 말절골 2개의 뼈로 구성되어 있다. 둘째에서 다섯째 발가락은 기절골, 중절골, 말절골로 이루어져 3개씩 4개의 뼈, 즉 12개의 뼈로 구성되어 있다.

① 기절골(첫마디 발가락뼈) : 5개
② 중절골(중간마디 발가락뼈) : 4개
③ 말절골(끝마디 발가락뼈) : 5개

03 손과 발의 근육 형태 및 기능

1. 근육

근육은 근세포들이 결합한 수축성이 강한 조직으로, 근섬유의 수축을 통해 인체를 움직일 수 있도록 힘을 발휘하며 수축과 이완에 의해서 움직인다.

1) 근육의 분류

① 골격근 : 가로무늬가 있는 횡문근으로 뼈에 부착되어 뼈의 움직임이나 힘을 만드는 근육(수의근)

② 평활근(내장근) : 가로무늬가 없는 민무늬근으로 내장의 벽을 구성하는 근육 자율신경이 분포되어 있고 수축은 느리게 지속됨(불수의근)

③ 심근 : 가로무늬가 있는 횡문근으로 심장의 심장벽을 구성하고 근육 심장박동에 관여(수의근)

2) 근육의 기능

① 운동기능 : 근섬유의 수축과 이완을 통해 인체를 움직여 운동을 일으킨다.

② 열 생산기능 : 근육이 수축할 때 APT 에너지가 방출하면서 열을 발생시킨다.

③ 자세유지기능 : 인체의 자세를 유지시킨다.

3) 근육의 수축

근육은 신경을 통해서 자극을 받으면 화학변화를 일으키는데, 그때 APT 에너지를 발생하고 근을 수축시키려 한다. 근육이 자극에 반응하여 수축하는 현상을 근수축이라고 한다. 인체 내의 화학물질로 액틴과 미오신은 주로 근육에 수축에 관여한다.

[근수축의 장력의 따른 분류]

구분	현상
정적 수축(등장성수축)	근육이 수축하는 동안 길이가 변하지 않는 현상
단축성 수축	근육이 수축하는 동안 길이가 짧아지는 현상
신장성 수축	근육이 장력을 발생하는 동안 길이가 길어지는 현상

[근육 관련 용어정리]

손등	・신근(폄근) : 펴다. 관절을 뻗는 역할(늘려서 펼치는 작용) ・외전근(벌림근) : 벌리다. 관절을 벌리는 역할(엄지와 소지의 벌리는 외향에 작용)	
손바닥	・굴근(굽힘근) : 굽히다. 관절을 구부리는 역할(굴곡을 행하는 작용) ・내전근(모음근) : 모으다. 관절을 붙게 하는 역할(모으는 내향에 작용) ・대립근(맞섬근) : 대립하다. 관절을 손바닥 쪽으로 향하게 하는 역할(엄지손가락이 물건을 잡는 작용)	
손가락	・지절 : 손가락 ・지관절 : 손가락관절 ・지절간관절 : 손가락뼈사이관절 ・중수지관절 : 손허리손가락관절 ・중수지절관절 : 손목손허리관절	・무지 : 엄지손가락(1지, 첫째 손가락) ・검지 : 집게손가락(2지, 둘째 손가락) ・중지 : 가운뎃손가락(3지, 셋째 손가락) ・약지 : 약 손가락(4지, 넷째 손가락) ・소지 : 새끼손가락(5지, 다섯째 손가락)
동작	・굴곡 : 관절의 각도를 줄이는 것 ・내전 : 몸의 중심으로 가까워져가는 것 ・내회전 : 안쪽으로 돌리는 것	・신전 : 구부러진 것을 펼치는 것 ・외전 : 몸의 중심으로부터 멀어져 나가는 것 ・외회전 : 바깥쪽으로 돌리는 것

손		발	
정면 – 손바닥	**후면 – 손등**	**정면 – 발등(배측)**	**후면 – 발바닥(저측)**
내측-새끼손가락 방향	외측-엄지손가락 방향	내측-엄지손가락 방향	외측-새끼손가락 방향

2. 상지의 근육

인체의 상체를 구성하는 근육으로 견부의 근육, 상완의 근육, 전완의 근육으로 구성된다.

1) 견부의 근육(어깨의 근육)

어깨를 이루고 있는 근육으로 삼각근, 견갑하근, 극상근, 극하근, 대원근, 소원근으로 구성된다.

① 삼각근(어깨세모근) : 상완의 신전 및 굴곡에 관여
② 견갑하근(어깨밑근) : 상완의 내전과 내측 회전에 관여
③ 극상근(가시위근) : 상완의 외전과 외측 회전에 관여
④ 극하근(가시아래근) : 상완의 신전 및 외측 회전에 관여
⑤ 대원근(큰원근) : 상완의 내전 및 내측 회전에 관여
⑥ 소원근(작은원근) : 상완의 내전 및 외측 회전에 관여

2) 상완의 근육(팔의 위쪽 근육)

어깨에서 팔꿈치까지의 근육으로 상완근, 상완이두근, 상완삼두근으로 구성된다.

① 상완근(위팔근) : 전완의 굴곡에 관여
② 상완이두근(위팔두갈래근) : 전완의 굴곡에 관여
③ 상완삼두근(위팔세갈래근) : 전완의 신전에 관여

3) 전완의 근육(팔의 아래쪽 근육)

팔꿈치 아래의 근육으로 손목과 손가락 운동에 관여하며 굴근, 신근으로 구성된다.

① 굴근(굽힘근) : 정면에 위치하고 전완의 굽힘에 관여한다.
· 종류 : 장장근(긴손바닥근), 원회내근(원엎침근), 방형회내근(네모엎침근), 요측수근굴근(노쪽 손목굽힘근), 척측수근굴근(자쪽 손목굽힘근), 장무지굴근(긴엄지굽힘근), 천지굴근(얕은손가락굽힘근), 심지굴근(깊은손가락굽힘근)이 있다.
② 신근(벌림근) : 후면에 위치하고 손목, 손가락의 신전에 관여한다.
· 종류 : 회외근(손뒤침근), 완요골근(위팔노근), 장요측수근신근(긴노쪽 손목폄근), 단요측수근신근(짧은노쪽 손목폄근),총지신근, 척측수근신근(자쪽 손폄근), 장무지신근(긴엄지폄근), 시지신근(검지손가락폄근), 지신근(손가락폄근), 소지신근(새끼손가락폄근)이 있다.

3. 손의 근육

손의 근육은 무지구근, 중수근, 소지구근으로 구성된다.

[손 근육의 종류]

구분	내용
무지구근 (엄지손가락의 근육)	단무지신근(짧은엄지폄근), 장무지신근(긴엄지폄근), 단무지굴근(짧은엄지굽힘근), 장무지굴근(긴엄지굽힘근), 단무지외전근(짧은엄지 벌림근), 장무지외전근(긴엄지벌림근), 무지내전근(엄지모음근), 무지대립근(엄지맞섬근)
중수근(중간근) (손허리뼈 사이의 근육)	충양근(벌레근), 배측골간근(손등쪽뼈사이근), 장측골간근(손바닥쪽뼈사이근), 천지굴근(얕은손가락굽힘근), 심지굴근(깊은손가락굽힘근), 지신근(손가락폄근), 시지신근(검지손가락폄근)
소지구근 (새끼손가락의 근육)	소지굴근(새끼손가락굽힘근), 소지신근(새끼손가락폄근), 소지외전근(새끼손가락벌림근), 소지대립근(새끼손가락맞섬근)

1) 무지구근(엄지손가락의 근육)

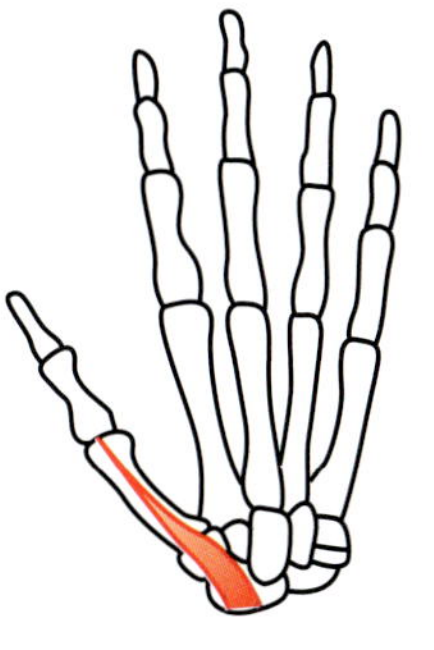

단무지신근(짧은엄지폄근)

엄지손가락을 펴고 손목을 펴는 근육(회외근의 기능이 없음)이다.
무지 손허리손가락관절의 신전에 관여한다.
· 신경지배 : 요골신경

장무지신근(긴엄지폄근)

모든 엄지손가락의 관절을 지나고 엄지를 펴는 근육(회외근의 기능이 있음)이다. 모든 무지 손가락관절의 신전에 관여한다.

- 신경지배 : 요골신경

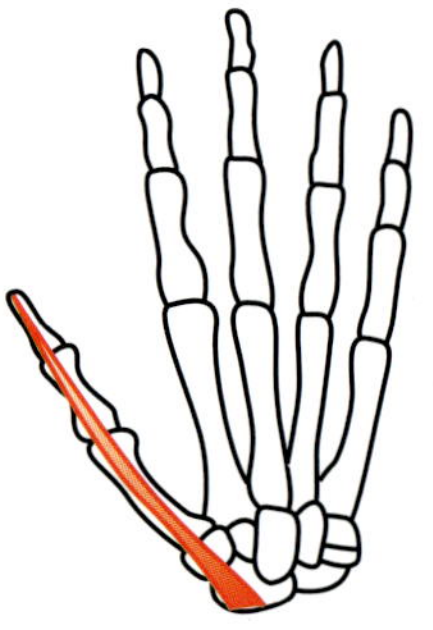

단무지굴근(짧은엄지굽힘근)

엄지손가락을 구부리는 근육이다. 무지의 굴곡(무지대립근의 보조)에 관여한다.

- 신경지배 : 정중신경, 척골신경

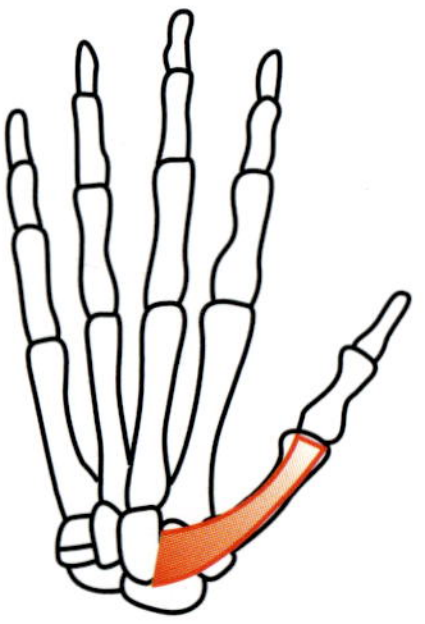

단무지외전근(짧은엄지벌림근)

엄지손가락을 벌리는 근육이다. 무지의 외전에 관여한다.

- 신경지배 : 정중신경

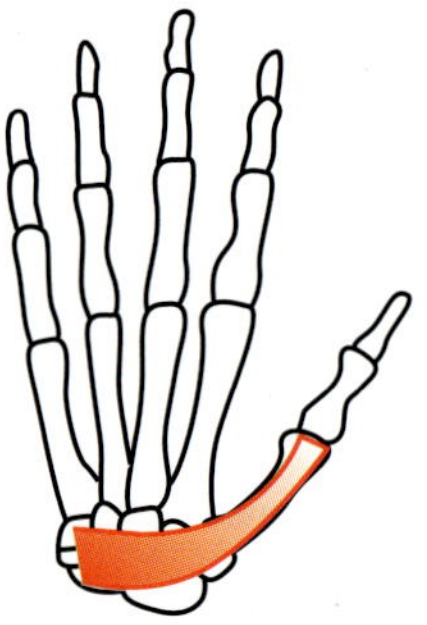

장무지굴근(긴엄지굽힘근)

모든 엄지손가락 관절을 지나가고 엄지를 구부리는 근육이다. 무지와 수근의 굴곡(무지대립근의 보조)에 관여한다.

- 신경지배 : 정중신경

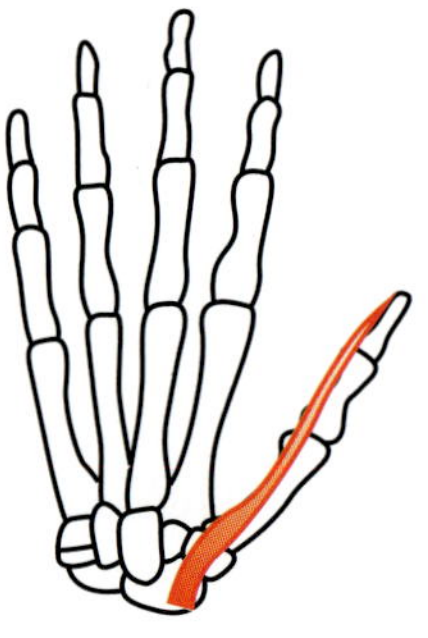

장무지외전근(긴엄지벌림근)

엄지손가락과 손목을 벌리는 근육, 무지와 수근의 외전에 관여한다.

- 신경지배 : 요골신경

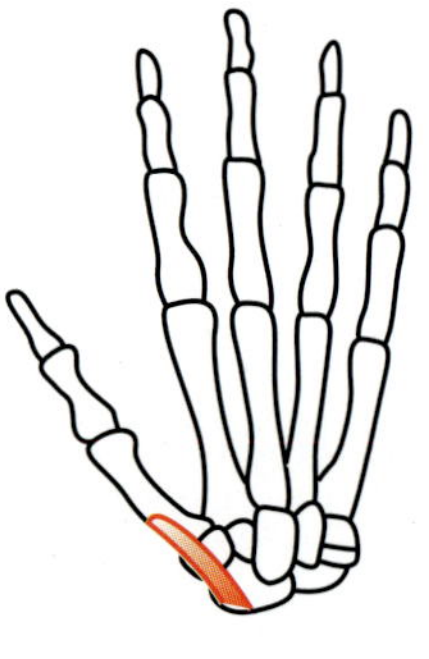

무지내전근(엄지모음근)

엄지손가락을 모으는 근육이다. 무지의 내전과 굴곡(무지대립근의 보조)에 관여한다.

- 신경지배 : 척골신경

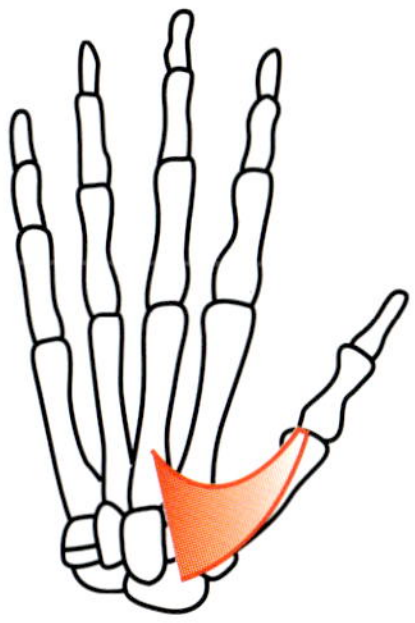

무지대립근(엄지맞섬근)

엄지손가락을 다른 손가락과 마주보고 물건을 잡게 하는 근육이다. 무지의 대립과 굴곡에 관여한다.

- 신경지배 : 정중신경

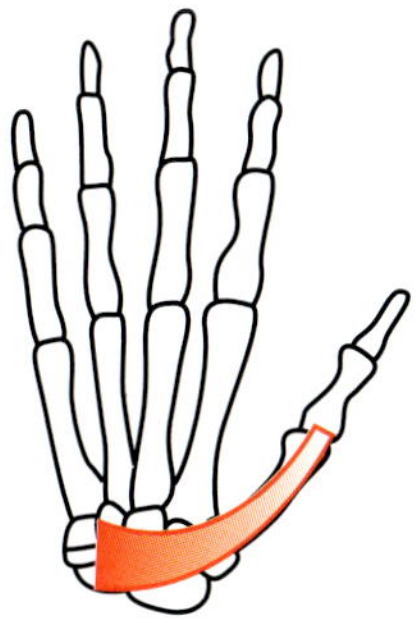

2) 중수근, 중간근(손 허리뼈 사이의 근육)

충양근(벌레근)

손 허리뼈 사이를 메워주고 글쓰기와 식사동작에 있어 중요한 기능을 하며, 손허리손가락관절은 굽히고 손가락뼈사이관절은 펴는 근육이다. 둘째에서 다섯째 손가락에 손가락뼈사이 관절의 신전에 관여하고, 손허리손가락관절의 굴곡에 관여하며, 손목손허리관절의 굴곡에 관여한다.

- 신경지배 : 정중신경, 척골신경

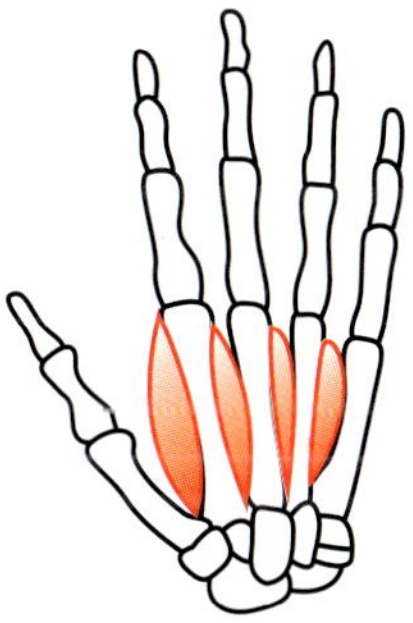

배측 골간근(손등쪽뼈사이근)

손 허리뼈 사이를 메워주고 가운데 손가락을 기준으로 손가락을 펴는 기능을 하며, 손목손허리관절은 굽히고 손가락뼈사이관절을 펴는 근육이다. 둘째에서 다섯째 손가락의 외전에 관여하고, 손허리손가락관절의 굴곡에 관여하며, 손가락뼈사이관절의 신전에 관여한다.

- 신경지배 : 척골신경

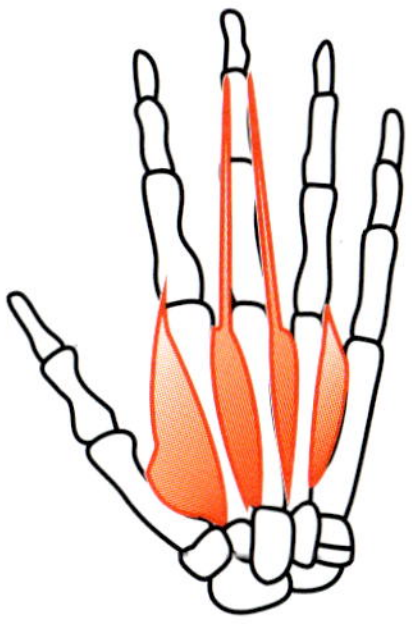

장측골간근(손바닥쪽뼈사이근)

검지, 약지, 소지손가락을 중지를 중심으로 모으고 손가락 사이를 좁히는 기능을 하며, 손허리손가락관절은 굽히고 손가락뼈사이관절은 펴는 근육이다. 둘째, 넷째, 다섯째 손가락의 내전에 관여하며, 손가락뼈사이관절 신전에 관여한다.

- 신경지배 : 척골신경

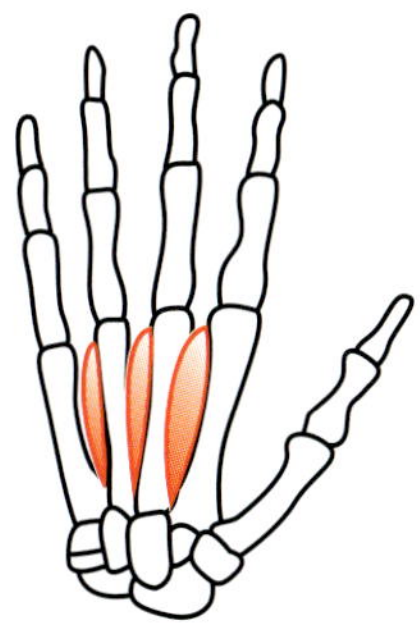

천지굴근(얕은손가락굽힘근)

둘째에서 다섯째 손허리손가락관절과 동일한 손가락의 손가락뼈사이관절을 굽히는 근육이다. 둘째에서 다섯째 손가락의 근위손가락관절의 굴곡에 관여하며, 손허리손가락관절의 굴곡(손목의 굴곡을 보조)에 관여한다.

- 신경지배 : 정중신경

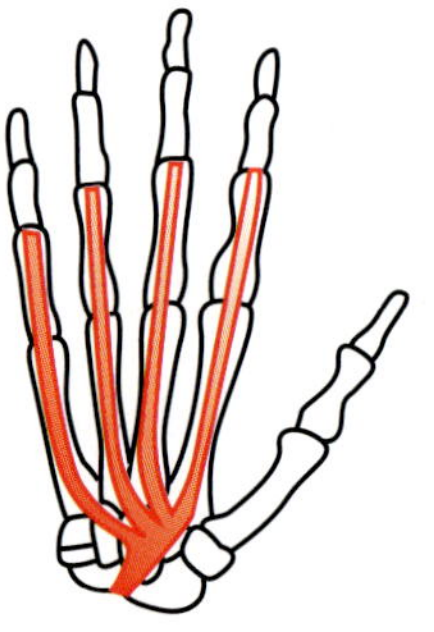

심지굴근(깊은손가락굽힘근)

둘째에서 다섯째 손허리손가락관절과 동일한 손가락의 손가락뼈사이관절을 굽히는 근육이다. 둘째에서 다섯째 손가락의 원위손가락관절의 굴곡에 관여하며, 손허리손가락관절의 굴곡(손목의 굴곡을 보조)에 관여한다.

- 신경지배는 : 척골신경, 정중신경

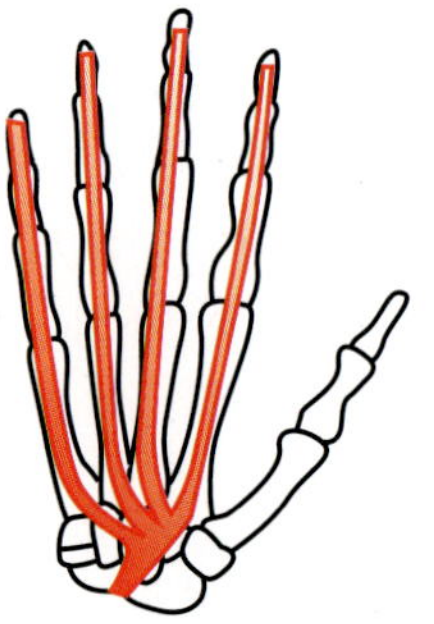

지신근(손가락폄근)

둘째에서 다섯째 손가락을 펴는 근육이다. 둘째에서 다섯째 손가락 손허리손가락관절 신전에 관여한다.

- 신경지배 : 요골신경

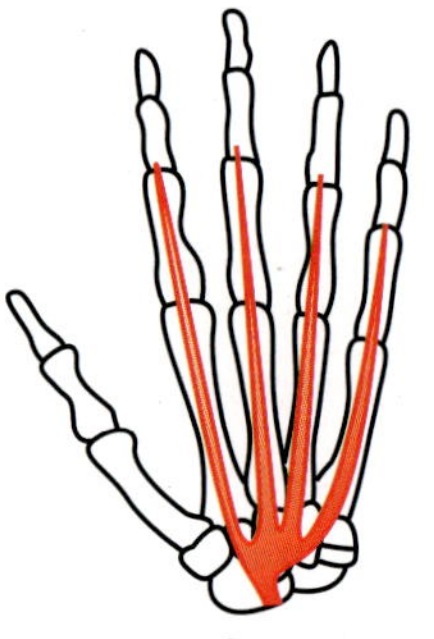

시지신근(검지손가락폄근)

검지손가락을 펴는 근육이다. 시지 손허리손가락관절의 신전에 관여한다.

- 신경지배 : 요골신경

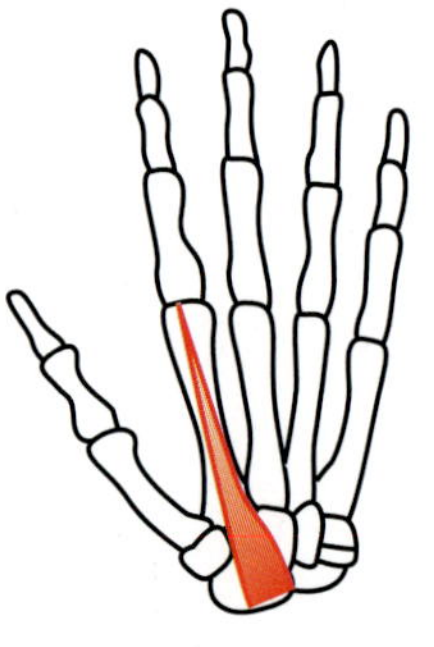

3) 소지구근(새끼손가락의 근육)

소지외전근(새끼손가락벌림근)

새끼손가락을 벌리는 근육이다. 소지 손허리손가락관절의 외전에 관여한다.

- 신경지배 : 척골신경

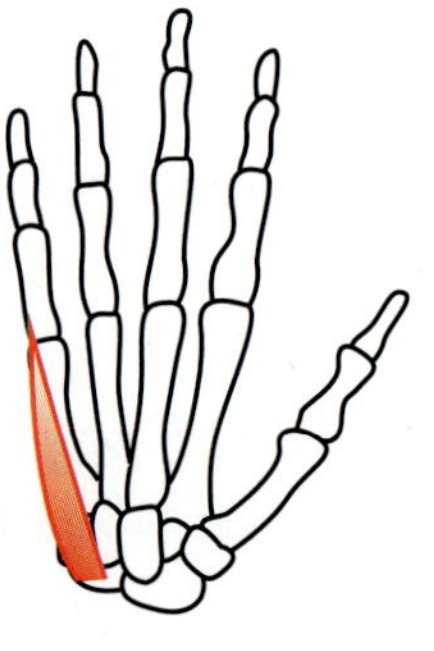

소지대립근(새끼손가락맞섬근)

새끼손가락을 구부리고 동시에 모아주는 근육이다. 소지의 무지에 대한 대립에 관여한다.

- 신경지배 : 척골신경

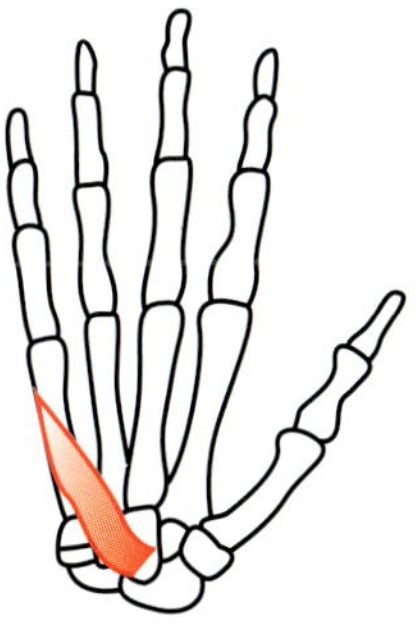

소지굴근, 단소지굴근(새끼손가락굽힘근)

새끼손가락을 구부리는 근육이다. 소지 손허리손가락관절의 굴곡에 관여한다.

- 신경지배 : 척골신경

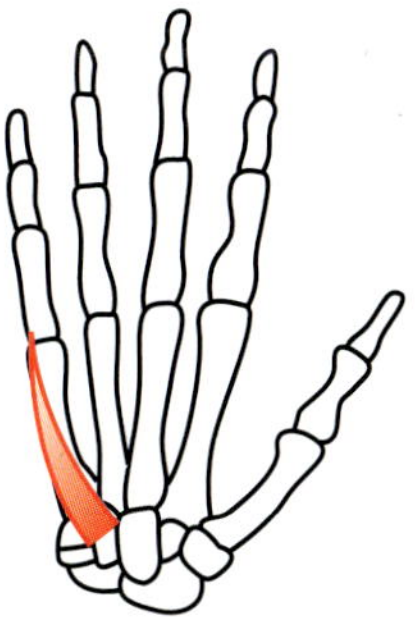

소지신근(새끼손가락폄근)

- 기능 : 새끼손가락을 펴는 근육이다. 소지 손허리손가락관절의 신전에 관여한다.
- 신경지배 : 요골신경

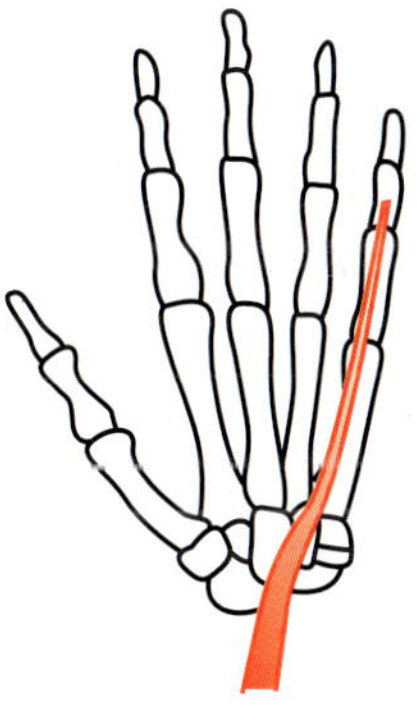

4. 하지의 근육

인체의 하체를 구성하는 근육으로 둔부의 근육, 대퇴의 근육, 하퇴의 근육, 발의 근육으로 구성된다.

1) 둔부의 근육(엉덩이 근육)

엉덩이의 근육으로 대둔근, 중둔근, 소둔근, 장요근으로 구성된다.

① 대둔근(큰볼기근) : 고관절의 신전과 외회전
② 중둔근(중간볼기근) : 고관절의 외전에 관여
③ 소둔근(작은볼기근) : 고관절의 외전에 관여
④ 장요근(엉덩허리근) : 대퇴의 굴곡에 관여

2) 대퇴의 근육(허벅지 근육)

넓적다리의 근육으로 전대퇴근, 내측대퇴근, 후대퇴근으로 구성된다.

① 전대퇴근(넓적다리앞근) : 대퇴의 앞면에서 대퇴의 굴곡, 하퇴의 신에 관여
대퇴사두근(넙다리네갈래근), 봉곤근(넙다리빗근), 치골경골근(두덩정강근)
② 내측대퇴근(넓적다리안쪽근) : 대퇴골과 경골의 연결에 관여
치근골(두덩근), 대내전근(큰모음근), 장내전근(긴모음근), 단내전근(짧은모음근)
③ 후대퇴근(넓적다리뒤근) : 고관절의 신전, 슬관절의 굴곡에 관여
대퇴이두근(넙다리두갈래근), 반막근(반막모양근), 반건양근(반힘줄모양근)

3) 하퇴의 근육(종아리 근육)

정강이와 종아리의 근육으로 전하퇴근, 외측하퇴근, 후하퇴근으로 구성된다.

① 전화퇴근(신근) : 발목의 굴곡과 발가락의 신전 및 회전에 관여
전경골근(앞 정강근), 제3비골근(셋째 종아리근), 장지신근(긴발가락폄근), 장무지신근(긴엄지폄근)
② 외측하퇴근(비골근) : 발의 굴곡과 족관절의 운동에 관여
장비골근(긴 종아리근), 단비골근(짧은 종아리근)
③ 후하퇴근(장딴지근) : 발의 굴곡과 족관절의 운동에 관여
비복근(장딴지근), 가자미근(넙치근), 후경골근(뒤 정강근), 슬와근(오금근)

5. 발의 근육

발등과 발바닥의 근육으로 족배근, 중간근, 족저근으로 구성된다.

[발 근육의 종류]

구분	내용
족배근 (발등의 근육)	장무지신근(긴엄지폄근), 단무지신근(짧은엄지폄근), 장지신근(긴발가락폄근), 단지신근(짧은발가락폄근)
중간근 (발허리뼈 사이의 근육)	충양근(벌레근), 배측골간근(발등쪽뼈사이근), 저측골간근(발바닥뼈사이근)
족저근 (발바닥 근육)	장지굴근(긴발가락굽힘근), 단지굴근(짧은발가락굽힘근) , 무지외전근(엄지벌림근), 무지내전근(엄지모음근), 소지외전근(새끼발가락벌림근), 족저방형근(발바닥네모근), 장무지굴근(긴엄지굽힘근), 단무지굴근(짧은엄지굽힘근), 단소지굴근(짧은소지굽힘근)

1) 족배근(발등의 근육)

장무지신근(긴엄지폄근)

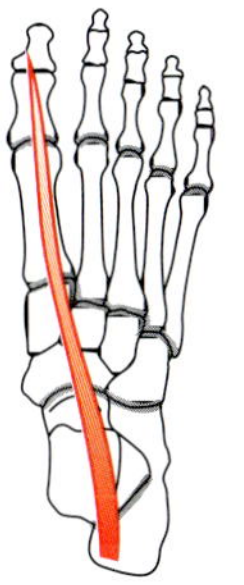

엄지발가락을 펴고 발목을 펴는 근육이다. 걸음을 걷을 때 엄지발가락이 바르게 바닥에 닿게 해준다. 무지의 신전(발목, 발등의 굴곡에 보조)에 관여한다.

· 신경지배 : 심비골신경

장지신근(긴발가락폄근)

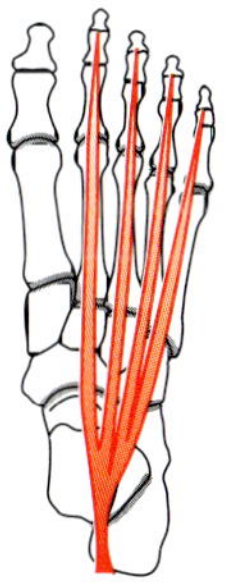

둘째에서 다섯째 발가락을 펴는 근육이다. 걸음을 걸을 때 발가락이 바르게 바닥에 닿게 해준다. 둘째에서 다섯째 발가락 신전(발목, 발등의 굴곡을 보조)에 관여한다.

· 신경지배 : 심비골신경

단무지신근(짧은엄지폄근)

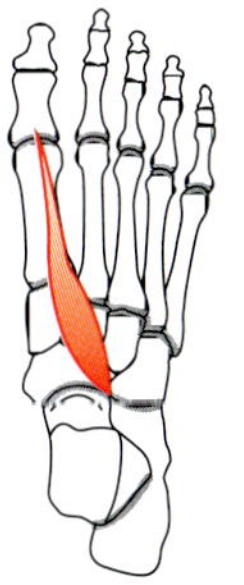

엄지발가락을 펴게 도와주는 기능을 하는 근육이다. 무지의 신전의 보조에 관여한다.

· 신경지배 : 심비골신경

단지신근(짧은발가락폄근)

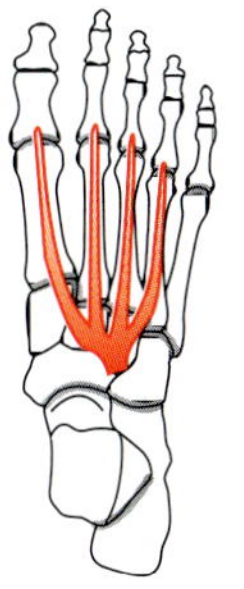

첫째에서 넷째 발가락을 펴는 근육이다. 장지신근을 지지하며 걸음을 걷는 것을 돕게 해준다. 첫째에서 넷째 발가락 신전에 관여한다.

· 신경지배 : 심비골신경

2) 중간근(발허리뼈 사이의 근육)

충양근(벌레근)

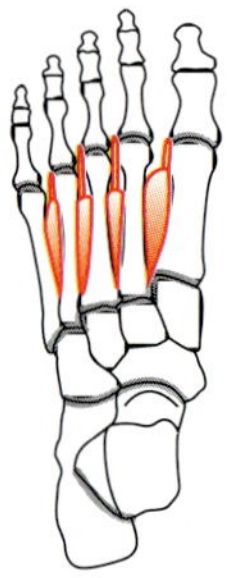

발허리발가락관절은 굽히고 발가락 뼈 사이관절은 펴는 근육이다. 둘째에서 다섯째 발가락의 발가락 뼈 사이관절의 신전에 관여, 발허리발가락관절의 굴곡에 관여한다.

· 신경지배 : 경골신경

배측골간근(발등쪽뼈사이근)

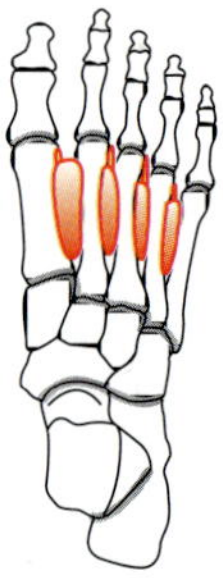

둘째에서 다섯째 발가락을 벌리는 근육이다. 둘째에서 다섯째 발가락의 외전에 관여한다.

· 신경지배 : 경골신경

저측골간근(발바닥뼈사이근)

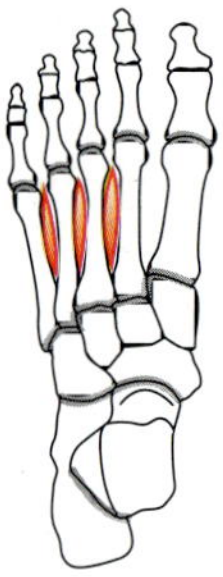

셋째에서 다섯째 발가락을 모으는 근육이다. 셋째에서 다섯째 발가락의 내전에 관여한다.

· 신경지배 : 경골신경

3) 족저근(발바닥 근육)

장지굴근(긴발가락굽힘근)

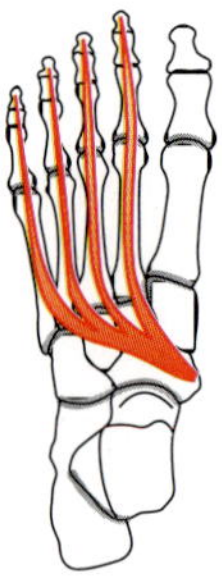

둘째에서 다섯째 발가락을 굽히는 근육이다. 균형을 잡거나 걸음을 걸을 때 발이 바닥에 단단하게 닿게 한다. 둘째에서 다섯째 발가락의 굴곡(족 관절의 저측 굴곡, 발목관절의 발바닥 굽힘을 보조)에 관여한다.

· 신경지배 : 경골신경

단지굴근(짧은발가락굽힘근)

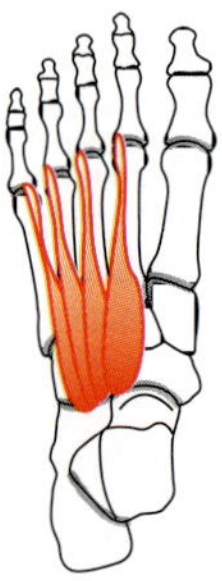

둘째에서 다섯째 발가락을 굽히는 근육이다. 둘째에서 다섯째 발가락 근위지 관절 굴곡에 관여한다.

· 신경지배 : 경골신경

무지외전근(엄지벌림근)

엄지발가락의 벌리는 근육이다. 무지의 외전에 관여한다.

· 신경지배 : 경골신경

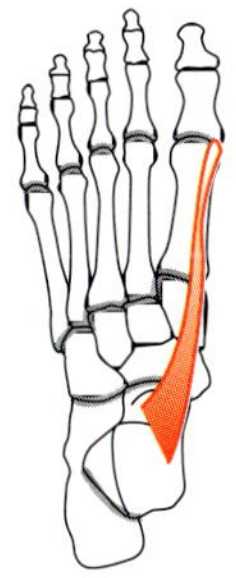

무지내전근(엄지모음근)

엄지발가락을 모으는 근육이다. 무지의 내전에 관여한다.

· 신경지배 : 경골신경

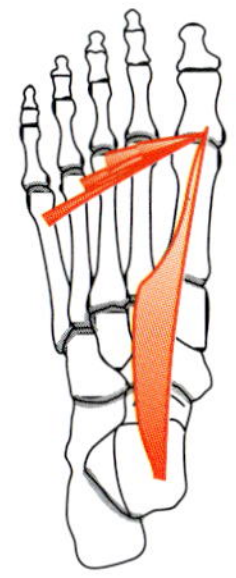

소지외전근(새끼발가락벌림근)

새끼발가락의 벌리는 근육이다. 소지의 외전에 관여한다.

· 신경지배 : 경골신경

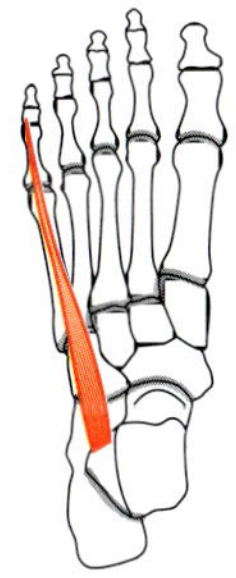

족저방형근/족척방형근(발바닥네모근)

발가락을 발바닥 쪽으로 구부리도록 하는 근육이다. 장지굴근의 보조에 관여한다.

· 신경지배 : 경골신경

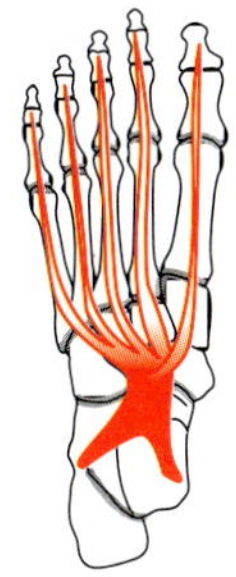

장무지굴근(긴엄지굽힘근)

엄지발가락과 발목관절을 굽히는 근육이다. 발의 안쪽 발바닥궁을 지탱한다. 무지의 전체 굴곡(발목 저측 굴곡의 보조)에 관여한다.

· 신경지배 : 경골신경

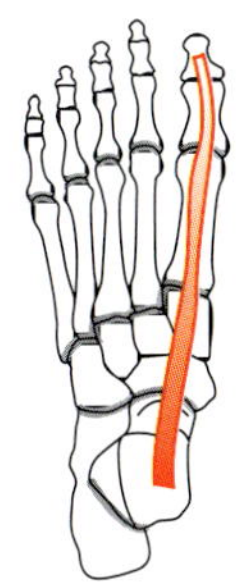

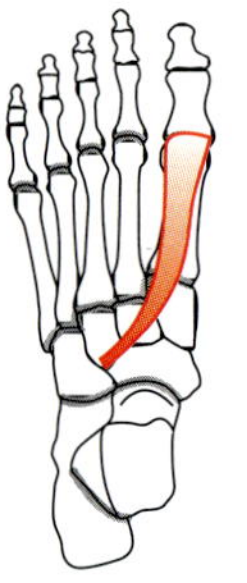

단무지굴근(짧은엄지굽힘근)

엄지발가락을 굽히는 근육이다. 무지의 굴곡에 관여한다.

· 신경지배 : 경골신경

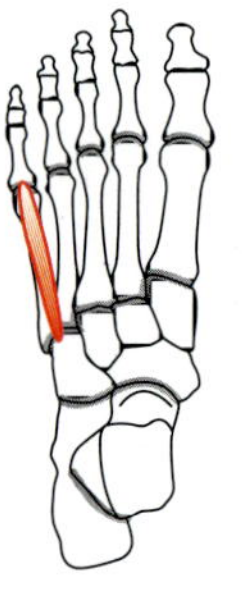

단소지굴근(짧은소지굽힘근)

새끼손가락을 굽히는 근육이다. 소지의 굴곡에 관여한다.

· 신경지배 : 경골신경

04 발의 특성

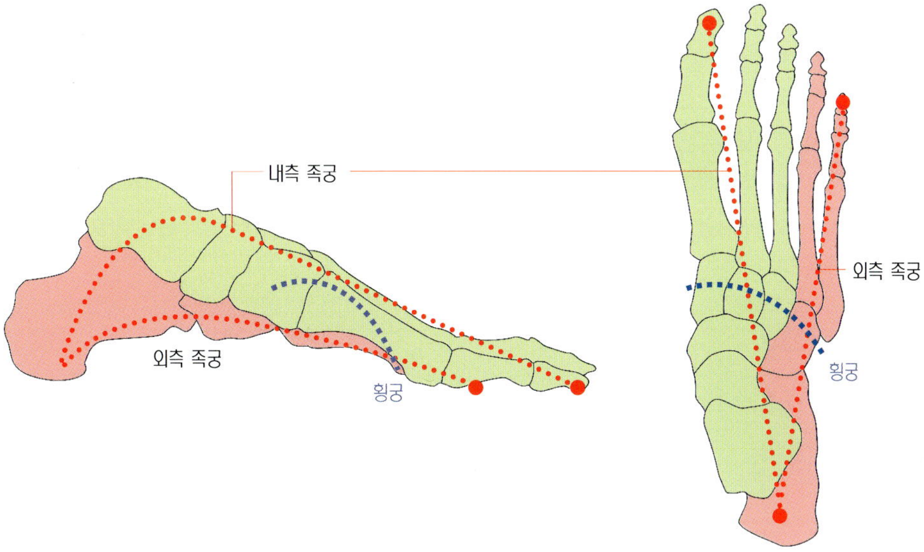

[족궁과 횡궁의 구조]

1) 족궁(아치)

족궁은 발바닥에 생기는 활 모양으로 휘어져 있는 발아치를 말한다. 걸음을 걸을 때 완충작용을 하여 하체의 체중을 효율적으로 분산시켜 체중이 바닥에 닿는 충격을 흡수하여 발에 무리한 힘이 실리지 않도록 펌프 역할을 담당한다. 인대는 족궁을 유지하는 기본적인 역할을 한다.

① 내측 족궁 : 충격을 완화시키는 데 도움을 주는 역할을 하며 내측의 아치가 소실되면 평편족이 될 수 있다.
② 외측 족궁 : 체중을 지탱하며 걸음을 걸을 때 체중의 이동을 연결하며 도와주는 역할을 한다.
③ 횡궁 : 엄지발가락에서 소지발가락까지 가로로 연결시켜주며 발끝이 지면에 잘 닿을 수 있게 도와주는 역할을 한다.

2) 편평족(평발)

선천적 원인으로 생길 수 있으며, 후천적 원인으로는 족부의 기능 이상으로 족궁이 변형되어 발바닥의 안쪽 아치가 비정상적으로 낮아지거나 소실되는 변형이다. 평발인 사람은 발이 쉽게 피로해지거나 심한 경우 통증을 유발할 수도 있다.

① 유연성 편평족 : 체중 부하 시 편평해지고 체중을 없애면 아치가 나타난다.
② 강직성 편평족 : 체중의 부하에 상관없이 편평하다.

05 손 · 발의 신경조직과 기능

1. 신경계

신경은 신경세포의 돌기가 모인 신경세포들의 그물망으로 구성된 결합조직이다. 신경계는 신체 내부와 외부에서 일어나는 정보를 받아들이고 신체활동을 조절하는 역할을 한다. 외부나 체내에 가해진 자극과 정보를 신경계 세포들의 신호로 전달하여 반응을 일으키며 뉴런이라고 하는 신경세포가 신호전달의 기본이 된다.

1) 신경조직의 구조

신경세포는 '뉴런'이라고 하며 뉴런을 지지하는 보호하는 본체인 신경교세포로 되어있다.

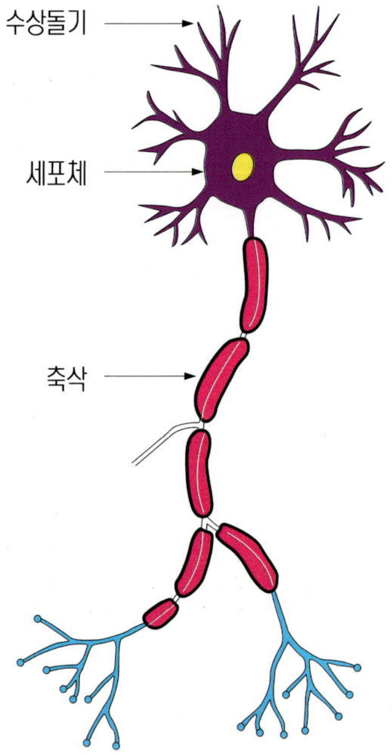

[뉴런의 구조]

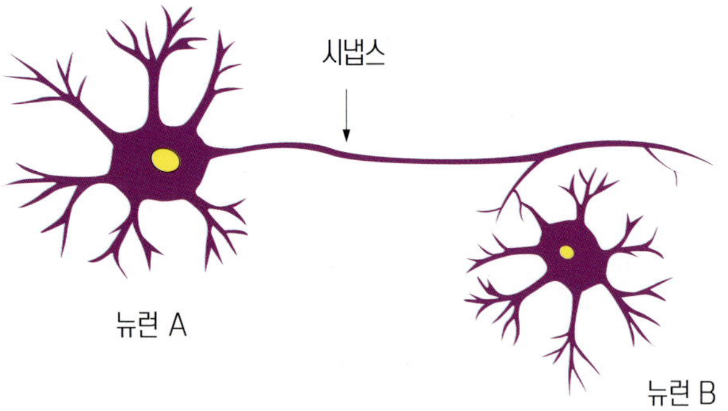

[뉴런의 연결]

(1) 뉴런(신경원)

뉴런은 구조적 최소 단위인 신경세포이며 자극을 신경세포체에 전달한다.

① 수상돌기 : 다른 뉴런에게 자극을 받는 돌기로, 받은 자극을 세포체로 전달
② 세포체 : 수상돌기를 통해 받은 자극을 축삭에게 전달(핵이 있는 뉴런의 본체)
③ 축삭(축삭돌기) : 세포체에서 받은 자극을 다른 뉴런의 수상돌기로 신호를 전달

> 시냅스 : 1개의 신경세포(뉴런)와 다른 신경세포(뉴런)를 연결해주는 접촉부위

(2) 신경교세포

뉴런을 지지하고 보호하는 역할로 신경세포 주변에서 식세포 작용을 하여 신경섬유를 보호하고 신경섬유의 재생에도 관여한다.

신경초 : 말초신경섬유의 재생에 중요한 부분으로 말초신경에 있는 신경교세포

2) 신경계의 기능

① 운동기능 : 세포의 수축과 이완을 통한 운동기능을 한다.
② 감각기능 : 외부나 체내에 가해진 자극을 받아들인다.
③ 흥분기능 : 자극을 받은 부위는 감각기에 발생한 신경흥분으로 활동 전류가 발생한다.
④ 자극의 전달기능 : 발생된 활동 전류는 일정한 방향으로 전달하는 기능을 한다.
⑤ 통합기능 : 감지된 정보를 처리하고 조절하여 감각신경과 운동신경을 연결하고 적절한 반응을 하도록 결정한다.

3) 신경계의 분류

신경계는 뇌와 척수를 포함한 중추신경계와 뇌신경, 척수신경, 교감신경, 부교감신경으로 구성된 말초신경계로 분류한다.

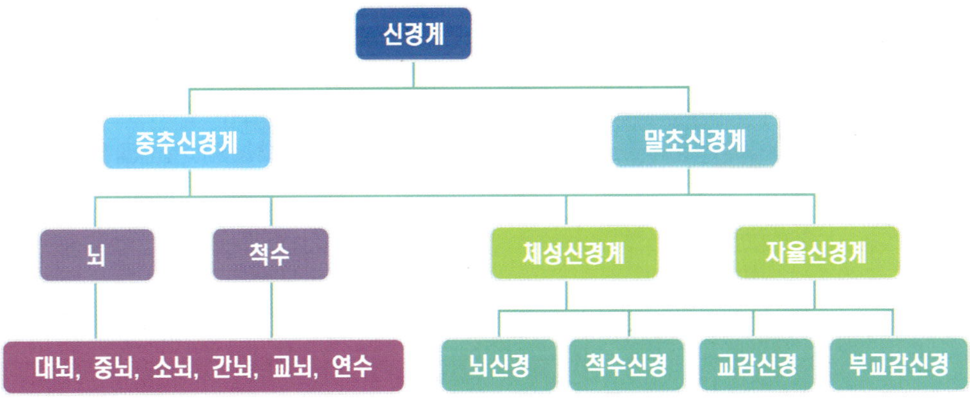

[신경계 구조도]

2. 팔과 손의 신경

액와신경, 근피신경, 정중신경, 요골신경, 척골신경, 지골신경 근육으로 구성된다.

① 액와신경(겨드랑이신경) : 겨드랑이 부위의 신경으로 삼각근과 소원근에 분포한다.
② 근피신경(근육피부신경) : 위쪽 팔 근육의 운동기능과 아래팔 일부 피부의 감각기능을 담당하는 근육, 피부신경으로 굴근에 분포한다.

③ 정중신경(중앙신경) : 일부 손바닥의 감각, 움직임, 손목의 뒤집힘 등의 운동기능을 담당하는 신경으로 팔의 중앙부를 관통해서 손가락으로 들어간다. 아래팔 앞쪽의 대부분 근육과 엄지손가락 근육 및 손바닥의 피부에 분포한다.

④ 요골신경(노뼈신경) : 팔과 손등의 외측 엄지손가락 쪽을 지배하는 혼합성 신경으로 신근에 분포한다.

⑤ 척골신경(자뼈신경) : 손바닥 안쪽의 근을 지배하고 피부감각을 주관하는 신경으로 팔꿈치를 통과하며 팔뚝과 손의 소지 쪽에 분포한다.

⑥ 지골신경(손가락신경) : 손가락의 열, 한기, 촉감, 압박감, 통증 등의 감각을 느끼며 손과 손가락에 분포하며 특히 검지에는 신경이 많이 분포한다.

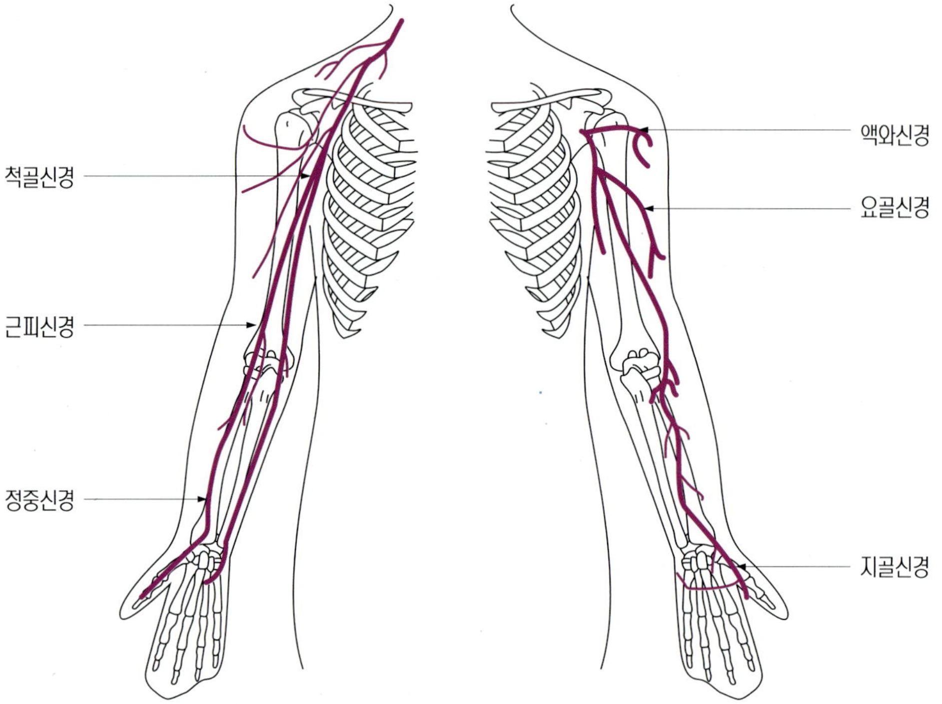

[팔과 손의 신경]

3. 다리와 발의 신경

대퇴신경, 좌골신경, 경골신경, 총비골신경, 천비골신경, 심비골신경, 비복신경, 복재신경으로 구성된다.

① 대퇴신경(넙다리신경) : 근육을 지배하고 감각을 느끼는 신경으로 대퇴부의 신근과 하부의 피부에 분포하고 있다.

② 좌골신경(궁둥신경) : 다리의 감각을 느끼고 근육의 운동을 조절하는 신경으로 다리 뒤쪽을 따라 아래로 분포하고 있다.

③ 경골신경(정강신경) : 근육을 지배하고 피지를 하퇴의 후면과 발바닥의 피부로 보내는 기능을 하는 신경으로 정강이뼈 뒤쪽과 무릎 뒤로 발바닥으로 연결되어 다리, 무릎 종아리, 발바닥의 피부 및 발가락 밑에 분포한다.

④ 총비골신경(온종아리신경) : 궁둥신경에서 분지되어 종아리 바깥쪽과 발등으로 연결되는 종아리신경으로 좌골신경의 한 분지로, 무릎 뒤에서 경골의 머리까지 내려가 둘로 나뉜다.

· 천비골신경(얕은종아리신경) : 주로 감각을 느끼고 발 피부에 분포한다.

· 심비골신경(깊은종아리신경) : 주로 운동성으로 하퇴의 근육을 지배하고 발등에 분포한다.

⑤ 비복신경(장딴지신경) : 장딴지의 바깥 부분, 발목, 발뒤꿈치 등에 감각을 느끼고 종아리 뒤쪽으로 연결되는 장딴지에 분포한다.

⑥ 복재신경(두렁신경) : 다리 안쪽과 무릎에 신경 감각을 전하며 대퇴신경의 갈래이자 끝부분으로 정강이 안쪽과 발등 안쪽의 피부를 다스린다.

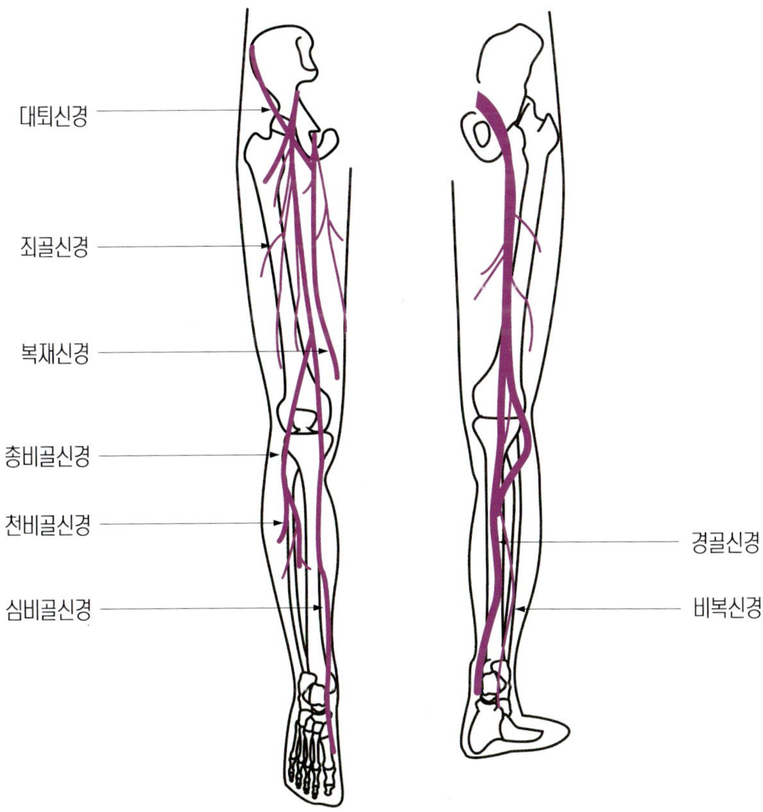

[하지의 신경]

Chapter 03.

컬러링

컬러링이란 네일 폴리시나 젤 네일 폴리시를 사용하여 네일에 다양한 컬러를 입히는 것을 말한다. 예전에는 대부분 네일 폴리시만 사용했지만 NCS에서는 젤 네일 폴리시도 포함하고 있다. 컬러링에 앞서 네일 폴리시와 젤 네일 플리시의 특성에 대하여 숙지하고 다양한 컬러링 기법을 익히도록 한다.

본 챕터에서는 다양한 컬러링 기법과 컬러링의 작업 순서, 도포방법에 대해 알아본다.

01 네일 폴리시의 이해

1. 네일 폴리시(Nail Polish)

1) 네일 폴리시의 특성

폴리시란(Polish) 닦기, 윤내기, 광택이라는 사전적 의미로 네일 폴리시란 네일에 칠해 여러 가지 컬러를 내는 광택제를 말한다. 다른 말로 네일 에나멜(Nail Enamel)로 부르기도 한다.

네일 폴리시는 자연적으로 건조하여 건조가 느리고 빨리 벗겨지는 것이 단점이나 제거가 용이하다. 인화성과 휘발성이 있어 취급 시 주의해야 한다.

· 휘발성이 낮은 제품 : 잘 굳지 않고 발림성이 용이하나 건조가 느리다.
· 휘발성이 높은 제품 : 빨리 굳고 발림성이 용이하지 않으나 건조가 빠르다는 특징이 있다.

[다양한 네일 폴리시]

[네일 폴리시의 주요 성분과 역할]

역할	성분
대표적인 피막형성제	니트로셀룰로오스
가소제, 현탁화제	토실아마이드
기포방지제	이소프로필알코올
자외선 차단제, 변색방지제	벤조페논
유색 착색제	안료
용제	톨루엔, 에틸아세테이트, 부틸아세테이트
	트리메틸올프로판

2) 네일 폴리시의 구비 조건

① 네일에 바르기 적당한 점도가 있을 것
② 신속히 건조하고 균일한 막을 형성할 것
③ 일상생활로 네일 폴리시가 잘 벗겨지지 않을 것
④ 네일 폴리시 리무버로 용이하게 제거될 것
⑤ 네일을 파손시키거나 독성을 나타내지 않을 것
⑥ 안료가 균일하게 분산되고 일정한 컬러와 광택을 유지할 것

2. 베이스코트(Base Coat)

네일 폴리시의 밀착력을 높이고 네일에 색소가 침착되거나 변색되는 것을 방지하기 위해 사용하는 제품이다.

네일 폴리시를 도포하기 전 얇게 1회 도포한다.

3. 톱코트(Top Coat)

네일 폴리시를 보호하고 광택을 부여하기 위해 사용하는 제품이다.

네일 폴리시의 도포 후 마지막에 1회 도포한다.

네일 상식

네일 폴리시 건조 : 페인트 속에 들어있는 희석용제(솔벤트)가 증발하여 모두 날아가고 순수한 페인트 성분만 남아 페인트가 마른 현상이다.

젤 네일 폴리시 경화 : 젤 램프기기에서 나오는 빛으로 젤이 딱딱하게 굳는 현상이다.

02 네일 폴리시 컬러링

1. 작업자의 복장 및 작업대 준비

[작업자 복장 및 작업대 준비물품]

준비물품	위생가운, 보안경, 마스크, 수건, 손목 받침대, 키친타월, 위생봉지, 재료 정리함

① 작업자는 위생가운과 보호안경, 마스크를 착용한다.
② 작업대를 기구 소독제로 소독한다.
③ 위생 처리된 흰색 수건을 작업대 위에 깐다.
④ 고객의 방향에 손목 받침대를 올려놓고 손목 받침대 앞쪽으로 키친타월을 깐다.
⑤ 재료 정리함을 사용하기 편한 위치에 놓는다.
⑥ 재료정리함에는 네일 폴리시 컬러링에 필요한 네일 재료들을 준비하고 소독용기에 네일 도구의 소독을 마친다.
⑦ 위생 봉지를 재료 정리함 앞쪽에 붙인다.

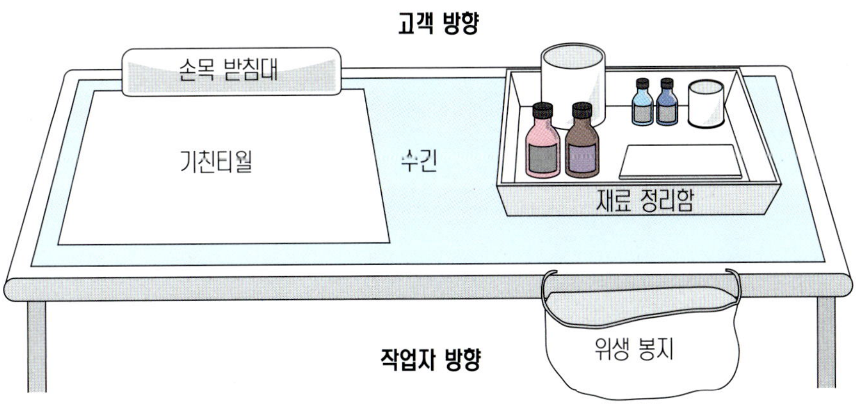

2. 재료 정리함 준비

① 소독용기 바닥에 탈지면을 깔고 오렌지 우드스틱를 넣고 에탄올수용액 70%에 10분 이상 담가준다.
② 스펀지를 적당한 크기로 잘라둔다.
③ 뚜껑이 있는 용기에 소독용 탈지면과 제거용 탈지면, 멸균거즈, 스펀지를 넣어둔다.

[재료 정리함 준비물품]

준비물품	에탄올, 손 소독제, 소독용기(오렌지 우드스틱), 네일 폴리시 리무버, 용기(소독용 탈지면, 제거용 탈지면, 멸균거즈, 스펀지), 베이스코트, 네일 폴리시(빨간색, 흰색), 톱코트

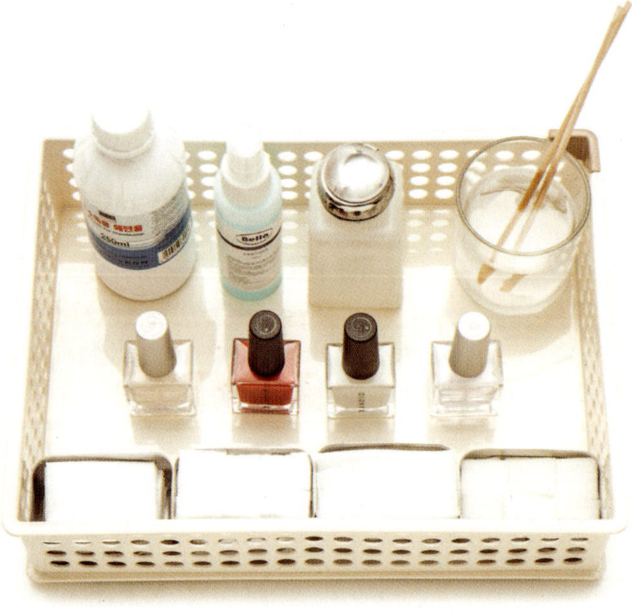

3. 다양한 컬러링 기법

풀 코트(Full Coat)

일반적으로 네일 전체에 네일 폴리시를 도포하는 기법

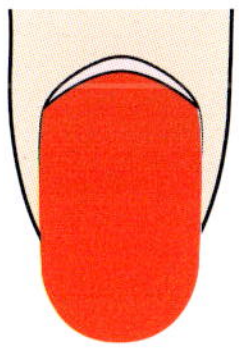

프렌치(French)

프리에지 부분에만 네일 폴리시를 도포하는 기법

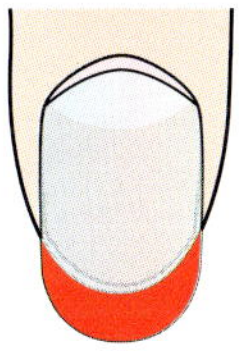

딥 프렌치(Deep French)

네일의 전체 길이 1/2 이상에서 루눌라를 넘지 않게 네일 폴리시를 도포하는 기법

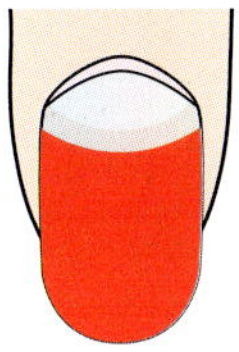

하프문. 루눌라(Half Moon, Lunula)

네일의 루눌라 부분을 남겨 놓고 네일 폴리시를 도포하는 기법

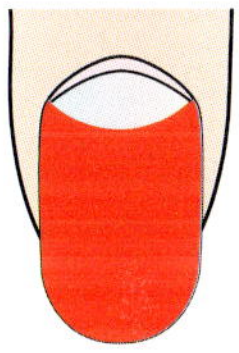

프리에지(Free Edge)

벗겨지기 쉬운 프리에지 부분에 네일 폴리시를 도포하지 않는 기법

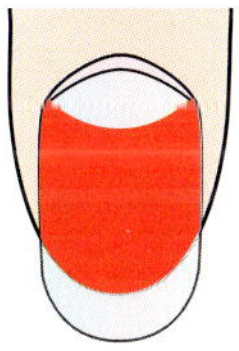

헤어라인 팁(Hairline Tip)

네일 폴리시를 전체 도포한 후 벗겨지기 쉬운 프리에지 부분을 얇게(약 1mm 정도) 지우는 기법

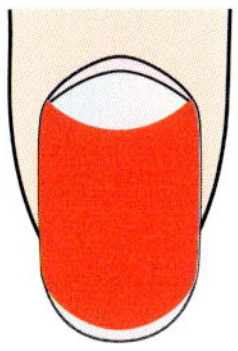

슬림 라인, 프리 월 (Slim Line, Free Wall)

네일이 길고 가늘게 보이도록 하는 방법으로 네일의 양쪽 옆면을(약 1mm 정도) 남기고 도포하는 기법

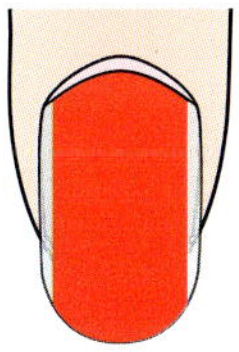

그러데이션(Gradation)

스펀지를 사용하여 네일의 전체 길이 1/2 이상에서 루눌라를 넘지 않게 프리에지로 갈수록 컬러가 자연스럽게 진해지는 컬러링 기법

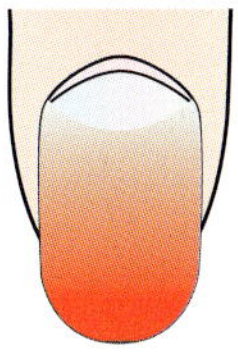

4. 풀 코트 컬러링 순서

① 베이스코트를 프리에지 단면에 도포한다.
② 베이스코트를 네일 전체에 1회 도포한다.
③ 빨간색 네일 폴리시를 프리에지 단면에 도포한다.
④ 빨간색 네일 폴리시를 네일 전체에 1회 도포한다.
네일 크기에 맞게 네일 폴리시의 양을 적절하게 조절하고 네일 폴리시 브러시의 각도를 45°로 유지하며 힘을 주지 않고 도포하여 얼룩이 생기지 않도록 유의한다.

[풀 코트 2가지 도포 방법]

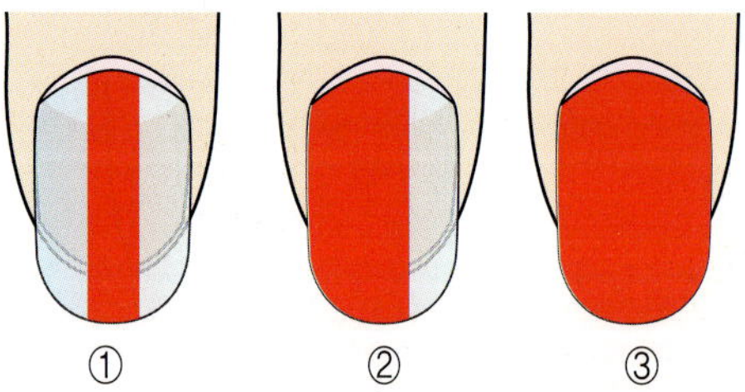

① 큐티클 라인의 중앙부터 프리에지까지 도포
② 큐티클 라인의 왼쪽부터 프리에지까지 도포
③ 큐티클 라인의 오른쪽부터 프리에지까지 도포

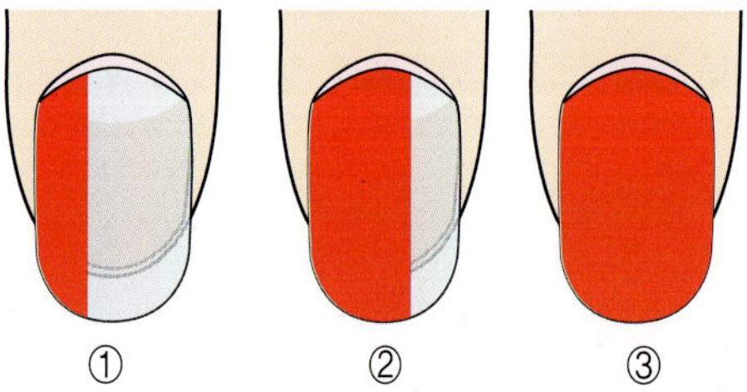

① 큐티클 라인의 왼쪽부터 프리에지까지 도포
② 큐티클 라인의 중앙부터 프리에지까지 도포
③ 큐티클 라인의 오른쪽부터 프리에지까지 도포

⑤ 빨간색 네일 폴리시를 프리에지 단면에 도포한다.
⑥ 빨간색 네일 폴리시를 네일 전체에 2회 도포한다.
⑦ 톱코트를 프리에지 단면에 도포한다.
⑧ 톱코트를 네일 전체에 1회 도포한다.

주변에 네일 폴리시가 넘친 경우에는 오렌지 우드스틱이나 멸균거즈를 사용하여 작업 중에 수정할 수 있다.

5. 프렌치 컬러링 순서

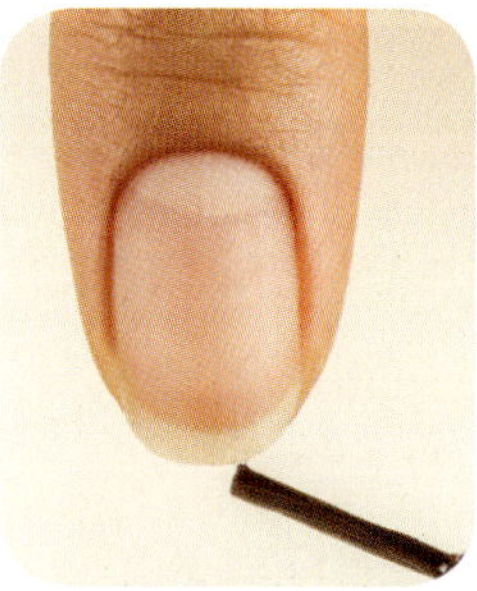
①

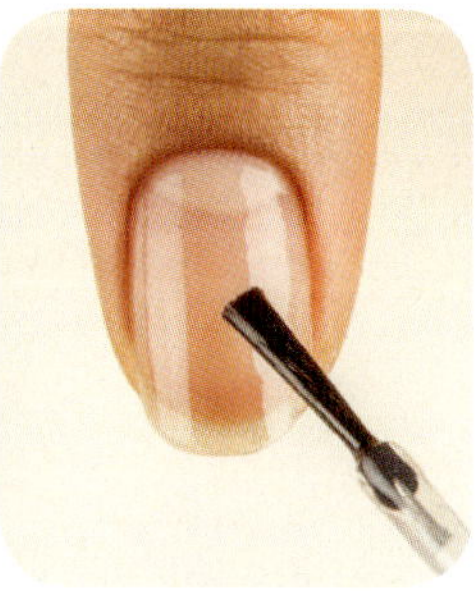
②

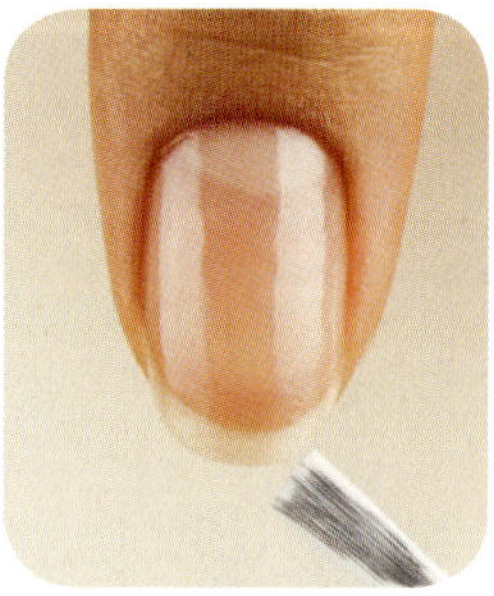
③

④

⑤

⑥

⑦

⑧

① 베이스코트를 프리에지 단면에 도포한다.
② 베이스코트를 네일 전체에 1회 도포한다.
③ 흰색 네일 폴리시를 프리에지 단면에 도포한다.
④ 흰색 네일 폴리시를 프렌치 라인에 1회 도포한다.
프렌치 라인에 맞게 네일 폴리시의 양을 적절하게 조절하고 네일 폴리시 브러시의 각도를 45°로 유지하며 힘을 주지 않고 도포하여 얼룩이 생기지 않도록 유의한다.

[프렌치 도포 방법]

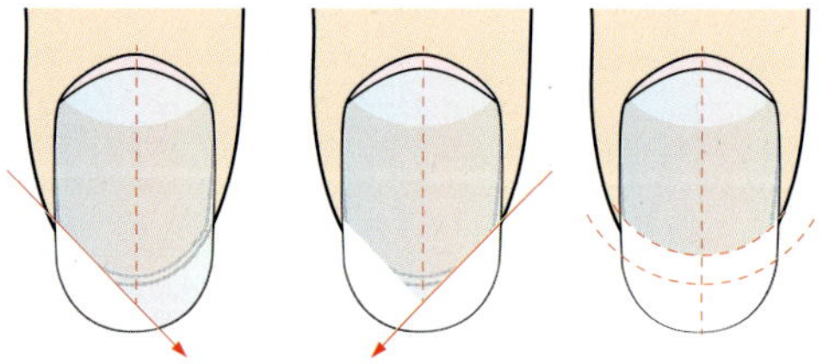
①　②　③

① 스트레스 포인트의 왼쪽부터 프리에지의 중앙을 향하여 프렌치 라인을 도포
② 스트레스 포인트의 오른쪽부터 프리에지의 중앙을 향하여 프렌치 라인을 도포
③ 옐로우 라인을 따라서 프렌치 라인을 연결하며 도포

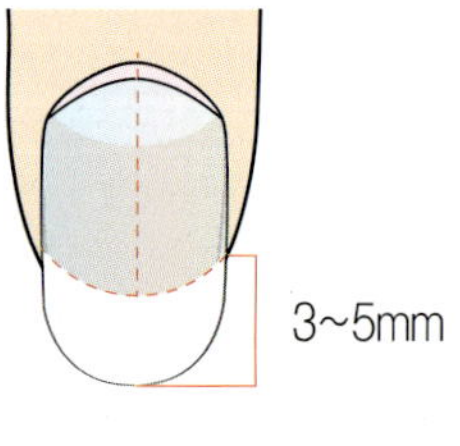

일반적인 프렌치 라인의 상하너비 : 3~5mm 이하

⑤ 흰색 네일 폴리시를 프리에지 단면에 도포한다.
⑥ 흰색 네일 폴리시를 프렌치 라인에 2회 도포한다.
⑦ 톱코트를 프리에지 단면에 도포한다.
⑧ 톱코트를 네일 전체에 1회 도포한다.

> 주변에 네일 폴리시가 넘친 경우에는 오렌지 우드스틱이나 멸균거즈를 사용하여 작업 중에 수정할 수 있다.

6. 딥 프렌치 컬러링 순서

① ② ③ ④ ⑤ ⑥ ⑦ ⑧

① 베이스코트를 프리에지 단면에 도포한다.
② 베이스코트를 네일 전체에 1회 도포한다.
③ 흰색 네일 폴리시를 프리에지 단면에 도포한다.
④ 흰색 네일 폴리시를 딥 프렌치 라인에 1회 도포한다.
딥 프렌치 라인에 맞게 네일 폴리시의 양을 적절하게 조절하고 네일 폴리시 브러시의 각도를 45°로 유지하며 힘을 주지 않고 도포하여 얼룩이 생기지 않도록 유의한다.

[딥 프렌치 도포 방법]

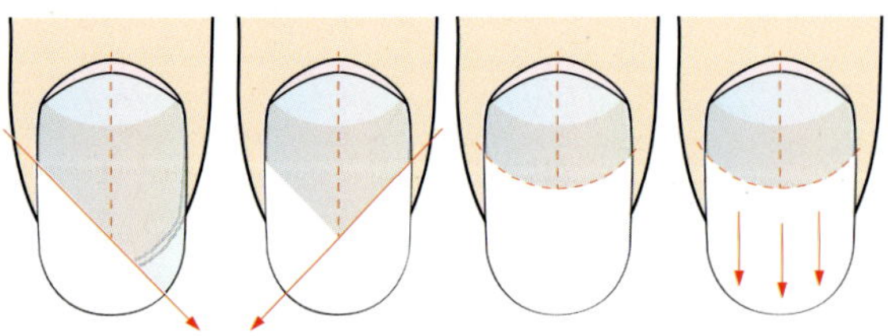

① ② ③ ④

① 네일 바디의 왼쪽 옆면에 1/2 이상부터 프리에지의 중앙을 향하여 딥 프렌치 라인을 도포
② 네일 바디의 오른쪽 옆면에 1/2 이상부터 프리에지의 중앙을 향하여 딥 프렌치 라인을 도포
③ 왼쪽 옆면부터 오른쪽 옆면까지 딥 프렌치 라인을 연결하며 도포
④ 딥 프렌치 라인부터 프리에지까지 연결하며 도포

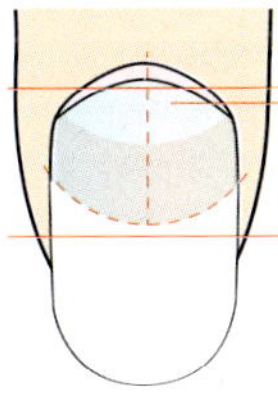

일반적인 딥 프렌치 라인의 상하너비 : 자연 네일 전체의 길이 2분의 1이상부터 루눌라 이하

⑤ 흰색 네일 폴리시를 프리에지 단면에 도포한다.
⑥ 흰색 네일 폴리시를 딥 프렌치 라인에 2회 도포한다.
⑦ 톱코트를 프리에지 단면에 도포한다.
⑧ 톱코트를 네일 전체에 1회 도포한다.

주변에 네일 폴리시가 넘친 경우에는 오렌지 우드스틱이나 멸균거즈를 사용하여 작업 중에 수정할 수 있다.

7. 그러데이션 컬러링 순서

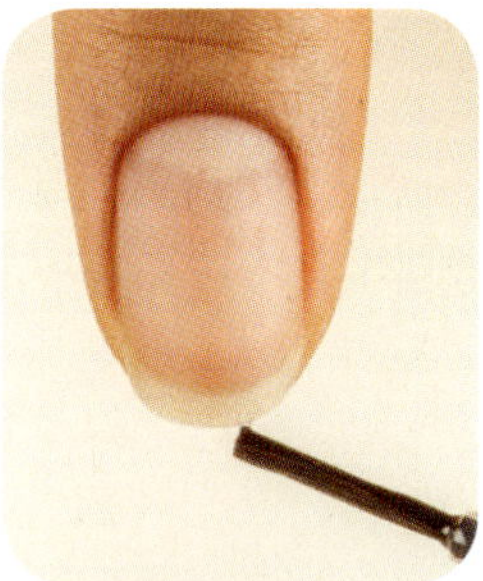
①

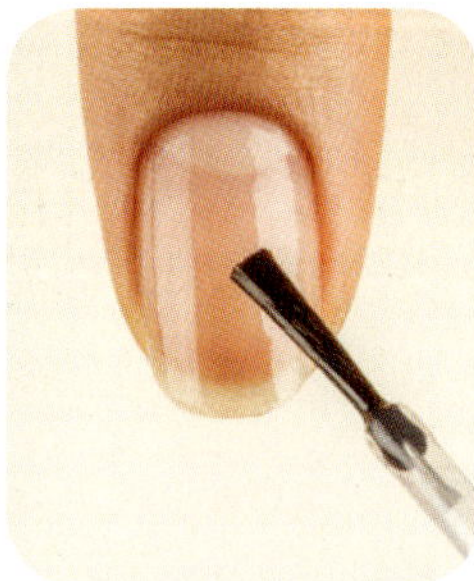
②

③

④

⑤

⑥

⑦

① 베이스코트를 프리에지 단면에 도포한다.

② 베이스코트를 네일 전체에 1회 도포한다.

③ 흰색 네일 폴리시로 스펀지에 그러데이션 한다.

[스펀지 도포방법]

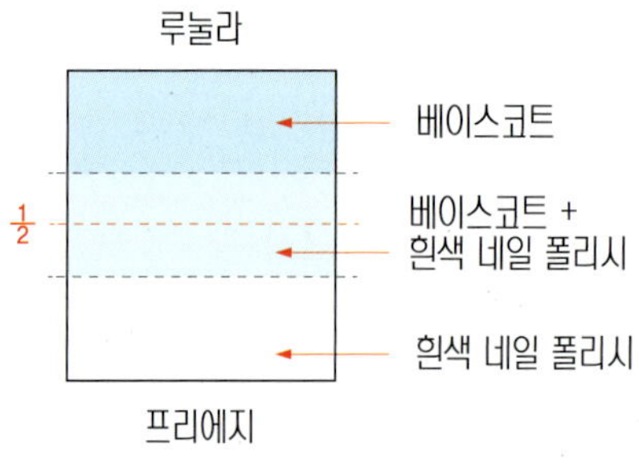

① 베이스코트를 스펀지 윗부분에 도포

② 베이스코트와 흰색 네일 폴리시를 스펀지 전체의 1/2 부분에 그러데이션하며 도포

③ 흰색 네일 폴리시를 스펀지 아랫부분에 도포

④ 흰색 네일 폴리시로 1회 그러데이션 한다.

[그러데이션 도포방법]

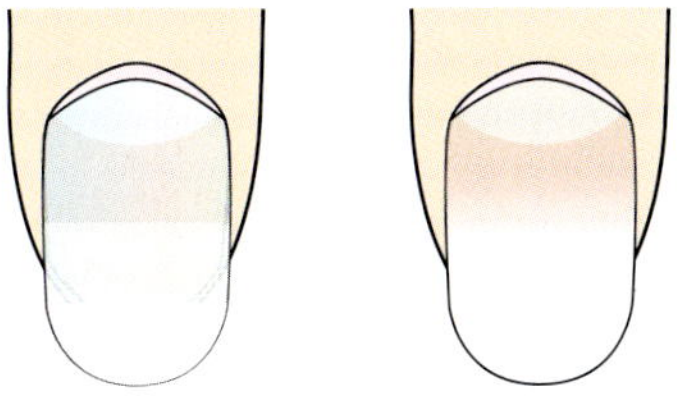

① 흰색 네일 폴리시가 프리에지에 베이스코트가 루눌라에 닿게 스펀지를 가볍게 두드리며 그러데이션 함.

② 반복적으로 두드려 컬러의 경계를 없애며 그러데이션 함.

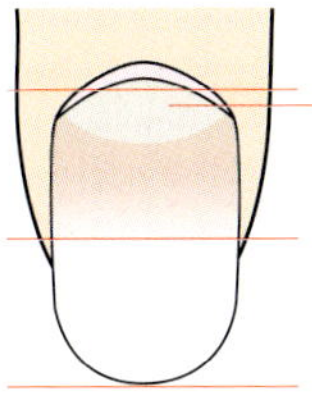

일반적인 그러데이션의 상하너비 : 자연 네일 전체의 길이 2분의 1이상부터 루눌라 이하

⑤ 흰색 네일 폴리시로 2회 그러데이션 한다.

⑥ 톱코트를 프리에지 단면에 도포한다.

⑦ 톱코트를 네일 전체에 1회 도포한다.

주변에 네일 폴리시가 넘친 경우에는 오렌지 우드스틱이나 멸균거즈를 사용하여 작업 중에 수정할 수 있다.

03 젤 네일 폴리시의 이해

1. 젤 네일 폴리시(Gel Nail Polish)

1) 젤 네일 폴리시의 특성

네일에 컬러를 부여하기 위해 사용하는 제품으로 젤 램프기기에 경화해야 한다. 경화가 빠르고 경화 전에는 수정이 가능하며 오래 유지되는 것이 장점이나 네일 폴리시에 비해 제거가 어렵다.

젤은 아크릴레이트의 올리고머라는 분자구조를 갖고 있는 액상형태의 콜로이드입자이다. 젤 네일 폴리시는 다양한 컬러를 부여하기 위해 안료를 첨가한 제품으로 접착력이 우수하여 리프팅이 쉽게 나타나지 않으며 탄력성과 지속력이 높다.

2) 젤 네일 폴리시의 주요성분

에틸아세테이트(Ethyl Acetate), 메틸아크릴레이트(Methyl Acrylate), 안료(Pigment)

3) 젤 네일 폴리시의 구비 조건

① 탄력성과 지속력 높을 것
② 제거 용액으로 제거가 용이할 것
③ 도포 시 얼룩이 없고 발림성이 용이할 것
④ 네일을 파손시키거나 독성을 나타내지 않을 것
⑤ 경화 시 수축 현상이 없고 컬러가 변색되지 않을 것
⑥ 안료가 균일하게 분산되고 일정한 컬러와 광택을 유지할 것

2. 베이스 젤(Base Gel)

네일과 젤이 잘 밀착되고 젤이 균일하게 도포될 수 있도록 처음에 도포하는 제품이다. 미 경화 젤의 여부에 따라서 젤 클렌저로 닦아서 사용하는 타입과 닦지 않고 사용하는 타입이 있다.

3. 톱 젤(Top Gel)

젤을 보호하고 표면에 광택을 부여하기 위해 마지막에 사용하는 제품이다. 미 경화 젤의 여부에 따라서 젤 클렌저로 닦아서 사용하는 타입과 닦지 않고 사용하는 타입이 있다.

4. 젤 램프기기

젤을 경화하는 기기이다. 젤의 특성에 젤 램프기기를 선택해야하며 알맞은 경화시간을 지켜야한다.

04 젤 네일 폴리시 컬러링

1. 작업자의 복장 및 작업대 준비

[작업자 복장 및 작업대 준비물품]

준비물품	위생가운, 보안경, 마스크, 수건, 손목 받침대, 키친타월, 위생봉지, 재료 정리함. 젤 램프기기

① 작업자는 위생가운과 보호안경, 마스크를 착용한다.
② 작업대를 기구 소독제로 소독한다.
③ 위생 처리된 흰색 수건을 작업대 위에 깐다.
④ 고객의 방향에 손목 받침대를 올려놓고 손목 받침대 앞쪽으로 키친타월을 깐다.
⑤ 재료 정리함을 사용하기 편한 위치에 놓는다.
⑥ 재료정리함에는 젤 네일 컬러링에 필요한 네일 재료들을 준비하고 소독용기에 네일 도구의 소독을 마친다.
⑦ 위생 봉지를 재료 정리함 앞쪽에 붙인다.

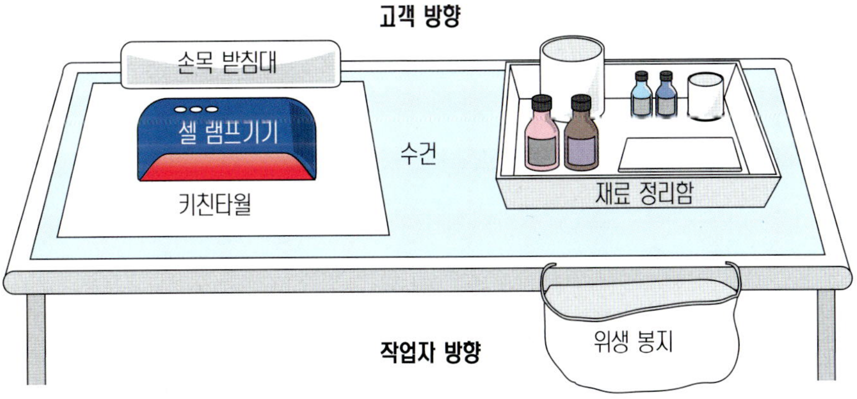

2. 재료 정리함 준비

① 소독용기 바닥에 탈지면을 깔고 오렌지 우드스틱을 에탄올수용액 70%에 10분 이상 담가 준다.
② 스펀지를 적당한 크기로 잘라둔다.
③ 뚜껑이 있는 용기에 소독용 탈지면과 제거용 탈지면, 멸균거즈, 젤 와이퍼, 스펀지를 넣어둔다.

[재료 정리함 준비물품]

준비물품	에탄올, 손 소독제, 소독용기(오렌지 우드스틱), 네일 폴리시 리무버, 용기(손 소독용 탈지면, 제거용 탈지면, 멸균거즈, 젤 와이퍼, 스펀지), 베이스 젤, 젤 네일 폴리시(빨간색, 흰색), 톱 젤, 젤 클렌저

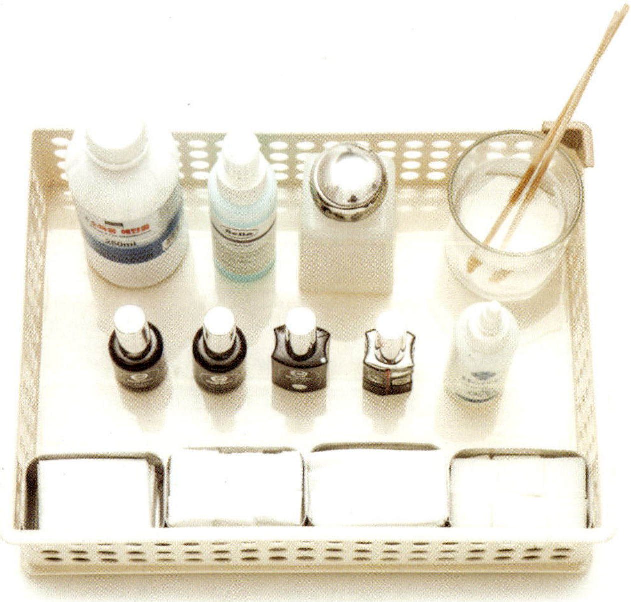

3. 젤 풀 코트 컬러링 순서

① ② ③ ④

⑤

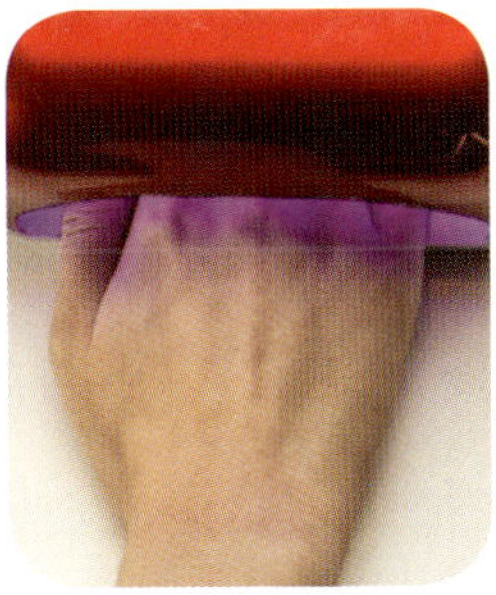
⑥

⑦

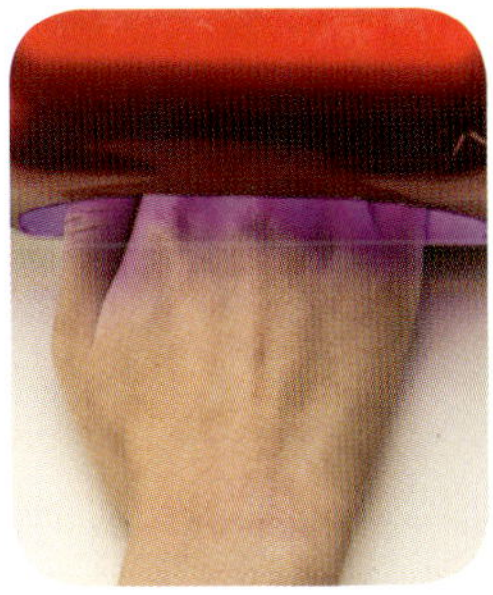
⑧

① 베이스 젤을 프리에지 단면과 네일 전체에 1회 도포한다.
② 오렌지 우드스틱이나 멸균거즈를 사용하여 수정 작업을 한 후 젤 램프기기에 경화한다.
③ 빨간색 젤 네일 폴리시를 프리에지 단면과 네일 전체에 1회 도포한다. 네일 크기에 맞게 젤 네일 폴리시의 양을 적절하게 조절하고 젤 네일 폴리시 브러시의 각도를 45° 로 유지하며 힘을 주지 않고 도포하여 얼룩이 생기지 않도록 유의한다.

[젤 풀 코트 2가지 도포방법]

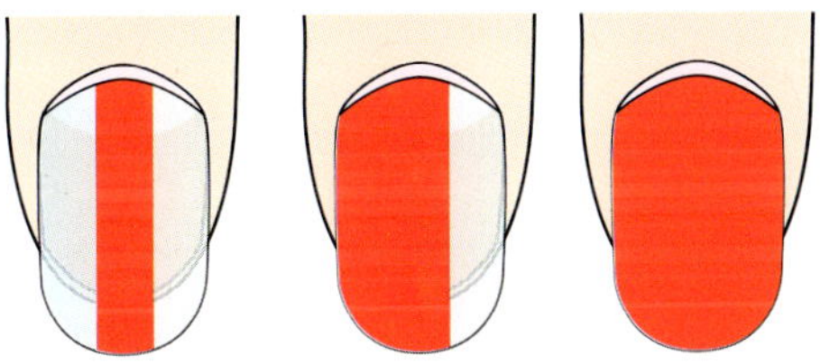
① ② ③

① 큐티클 라인의 중앙부터 프리에지까지 도포
② 큐티클 라인의 왼쪽부터 프리에지까지 도포
③ 큐티클 라인의 오른쪽부터 프리에지까지 도포

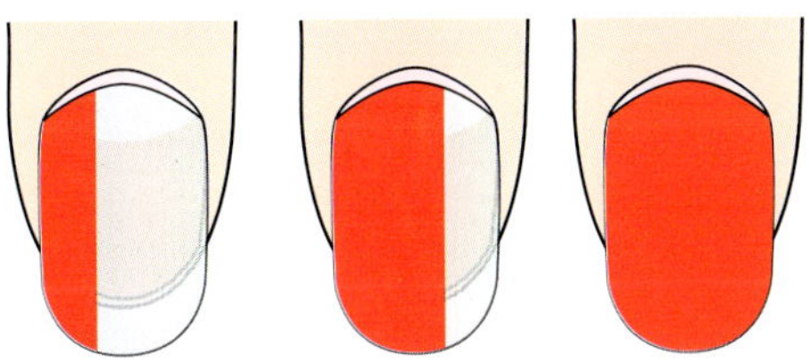
① ② ③

① 큐티클 라인의 왼쪽부터 프리에지까지 도포
② 큐티클 라인의 중앙부터 프리에지까지 도포
③ 큐티클 라인의 오른쪽부터 프리에지까지 도포

④ 오렌지 우드스틱이나 멸균거즈를 사용하여 수정 작업을 한 후 젤 램프기기에 경화한다.
⑤ 빨간색 네일 폴리시를 프리에지 단면과 네일 전체에 2회 도포한다.
⑥ 오렌지 우드스틱이나 멸균거즈를 사용하여 수정 작업을 한 후 젤 램프기기에 경화한다.
⑦ 톱 젤을 프리에지 단면과 네일 전체에 2회 도포한다.
⑧ 오렌지 우드스틱이나 멸균거즈를 사용하여 수정 작업을 한 후 젤 램프기기에 경화한다.

> 경화 후 미 경화 젤이 남은 경우에는 젤 클렌저를 젤 와이퍼에 적셔 미 경화 젤을 제거 할 수 있다.

4. 젤 프렌치 컬러링 순서

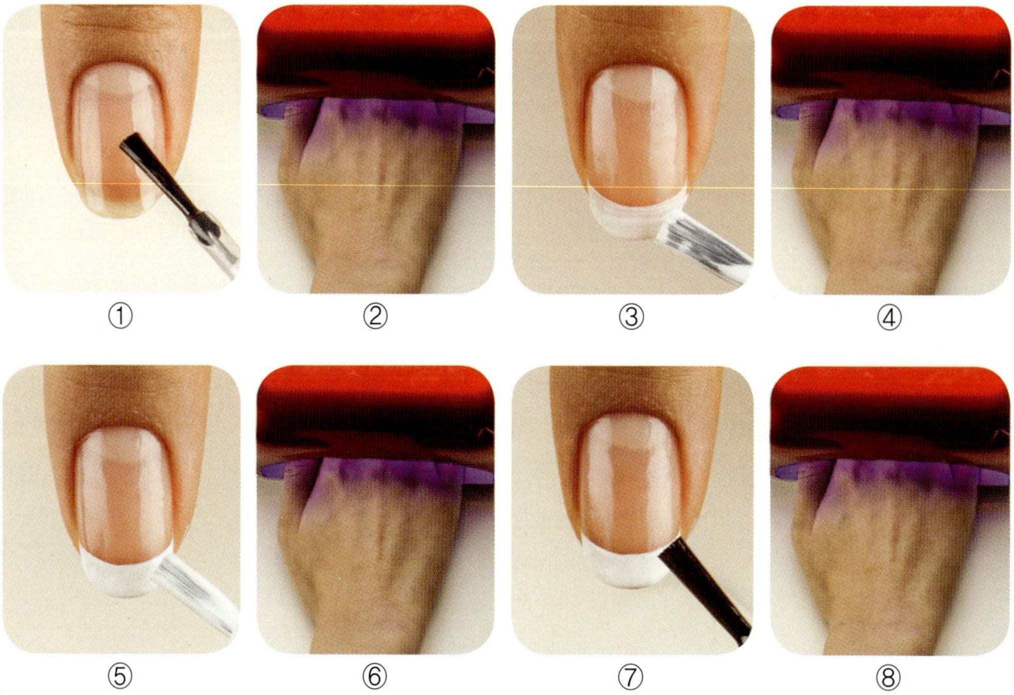

① 베이스 젤을 프리에지 단면과 네일 전체에 1회 도포한다.
② 오렌지 우드스틱이나 멸균거즈를 사용하여 수정 작업을 한 후 젤 램프기기에 경화한다.
③ 흰색 젤 네일 폴리시를 프리에지 단면과 프렌치 라인에 1회 도포한다.
프렌치 라인에 맞게 젤 네일 폴리시의 양을 적절하게 조절하고 젤 네일 폴리시 브러시의 각도를 45°로 유지하며 힘을 주지 않고 도포하여 얼룩이 생기지 않도록 유의한다.

[젤 프렌치 도포방법]

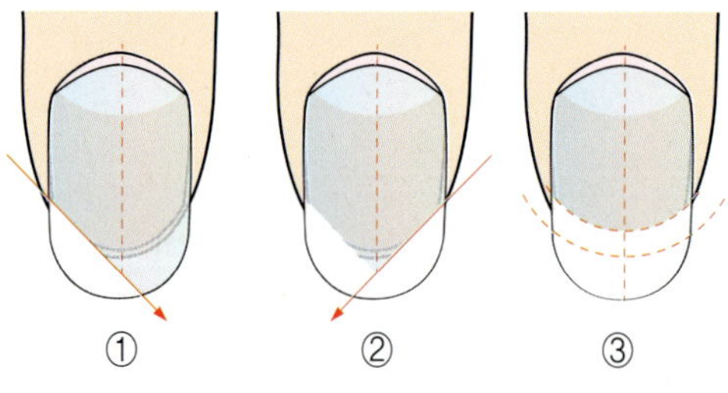

① 스트레스 포인트의 왼쪽부터 프리에지의 중앙을 향하여 프렌치 라인을 도포
② 스트레스 포인트의 오른쪽부터 프리에지의 중앙을 향하여 프렌치 라인을 도포
③ 옐로우 라인을 따라서 프렌치 라인을 연결하며 도포

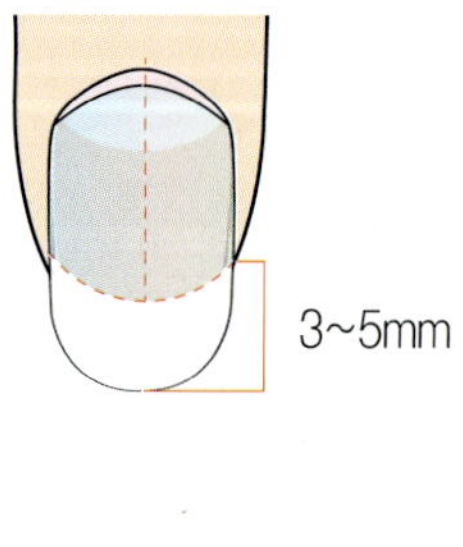

일반적인 젤 프렌치 라인의 상하너비 : 3~5mm 이하

④ 오렌지 우드스틱이나 멸균거즈를 사용하여 수정 작업을 한 후 젤 램프기기에 경화한다.
⑤ 흰색 젤 네일 폴리시를 프리에지 단면과 프렌치 라인에 2회 도포한다.
⑥ 오렌지 우드스틱이나 멸균거즈를 사용하여 수정 작업을 한 후 젤 램프기기에 경화한다.
⑦ 톱 젤을 프리에지 단면과 네일 전체에 1회 도포한다.
⑧ 오렌지 우드스틱이나 멸균거즈를 사용하여 수정 작업을 한 후 젤 램프기기에 경화한다.

> 경화 후 미 경화 젤이 남은 경우에는 젤 클렌저를 젤 와이퍼에 적셔 미 경화 젤을 제거 할 수 있다.

5. 젤 딥 프렌치 컬러링 순서

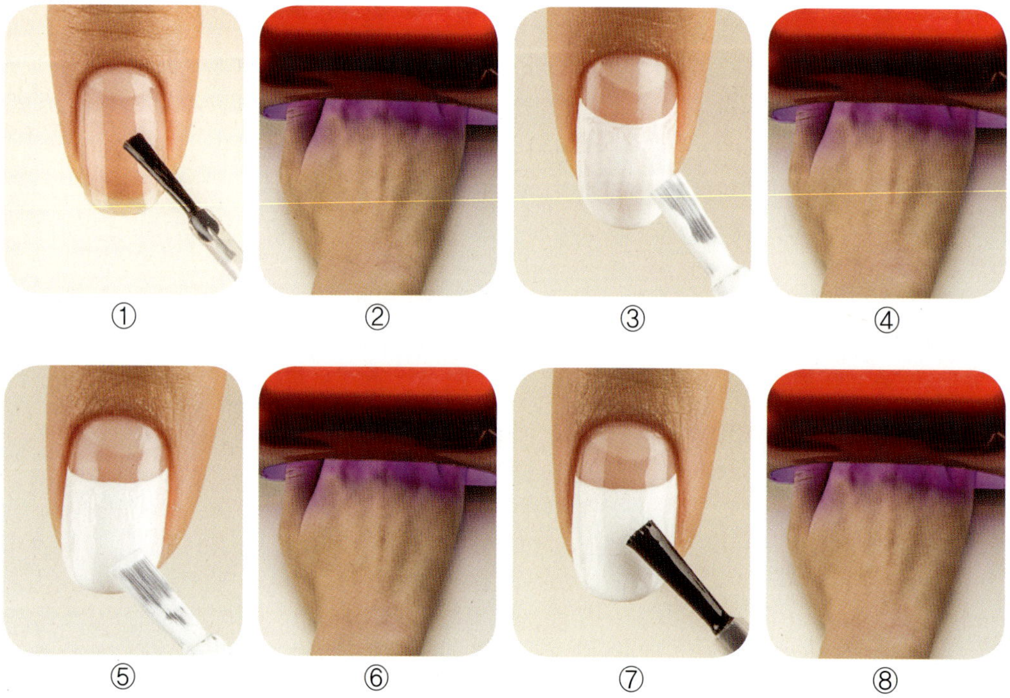

① 베이스 젤을 프리에지 단면과 네일 전체에 1회 도포한다.

② 오렌지 우드스틱이나 멸균거즈를 사용하여 수정 작업을 한 후 젤 램프기기에 경화한다.

③ 흰색 젤 네일 폴리시를 프리에지 단면과 딥 프렌치 라인에 1회 도포한다.
딥 프렌치 라인에 맞게 젤 네일 폴리시의 양을 적절하게 조절하고 젤 네일 폴리시 브러시의 각도를 45°로 유지하며 힘을 주지 않고 도포하여 얼룩이 생기지 않도록 유의한다.

[젤 딥 프렌치 도포방법]

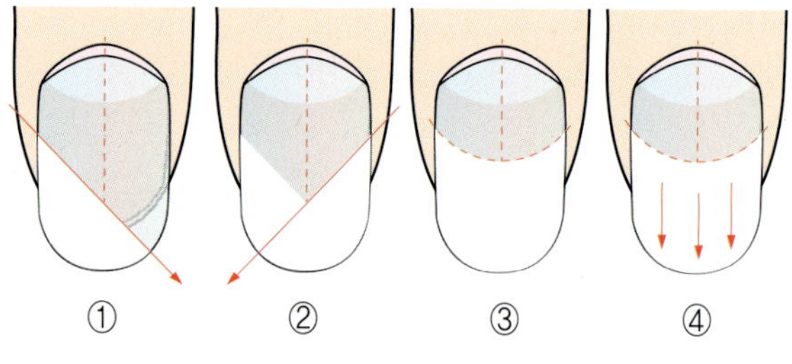

① 네일 바디의 왼쪽 옆면에 1/2 이상부터 프리에지의 중앙을 향하여 딥 프렌치 라인을 도포

② 네일 바디의 오른쪽 옆면에 1/2 이상부터 프리에지의 중앙을 향하여 딥 프렌치 라인을 도포

③ 왼쪽 옆면부터 오른쪽 옆면까지 딥 프렌치 라인을 연결하며 도포

④ 딥 프렌치 라인부터 프리에지까지 연결하며 도포

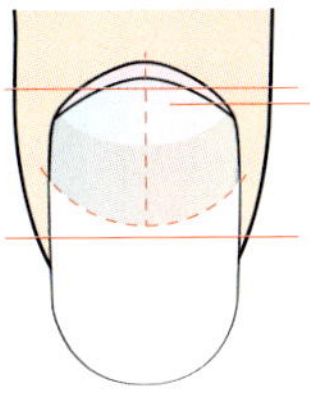

일반적인 딥 프렌치 라인의 상하너비 : 자연네일 전체의 길이 2분의 1이상부터 루눌라 이하

④ 오렌지 우드스틱이나 멸균거즈를 사용하여 수정 작업을 한 후 젤 램프기기에 경화한다.
⑤ 흰색 젤 네일 폴리시를 프리에지 단면과 딥 프렌치 라인에 2회 도포한다.
⑥ 오렌지 우드스틱이나 멸균거즈를 사용하여 수정 작업을 한 후 젤 램프기기에 경화한다.
⑦ 톱 젤을 프리에지 단면과 네일 전체에 1회 도포한다.
⑧ 오렌지 우드스틱이나 멸균거즈를 사용하여 수정 작업을 한 후 젤 램프기기에 경화한다.

> 경화 후 미 경화 젤이 남은 경우에는 젤 클렌저를 젤 와이퍼에 적셔 미 경화 젤을 제거 할 수 있다.

6. 젤 그라데이션 컬러링 순서

① ② ③ ④

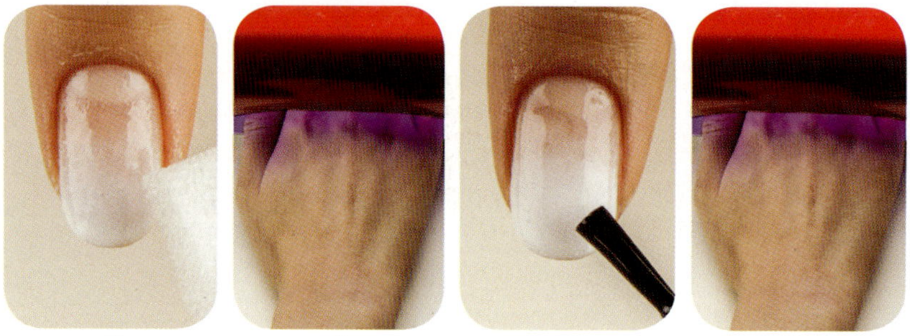

⑤ ⑥ ⑦ ⑧

① 베이스 젤을 프리에지 단면과 네일 전체에 1회 도포한다.

② 오렌지 우드스틱이나 멸균거즈를 사용하여 수정 작업을 한 후 젤 램프기기에 경화한다.

③ 흰색 젤 네일 폴리시로 스펀지에 그라데이션 한다.

[스펀지 도포방법]

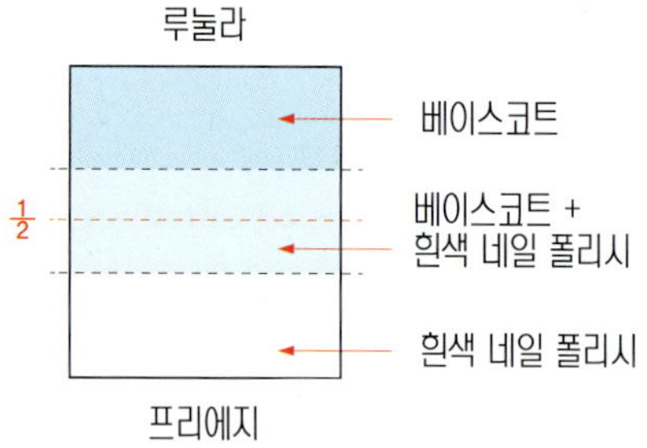

① 베이스 젤을 스펀지 윗부분에 도포

② 베이스 젤과 흰색 젤 네일 폴리시를 스펀지 전체의 1/2 부분에 그라데이션하며 도포

③ 흰색 젤 네일 폴리시를 스펀지 아랫부분에 도포

④ 흰색 네일 폴리시로 1회 그라데이션 한다.

[젤 그라데이션 도포방법]

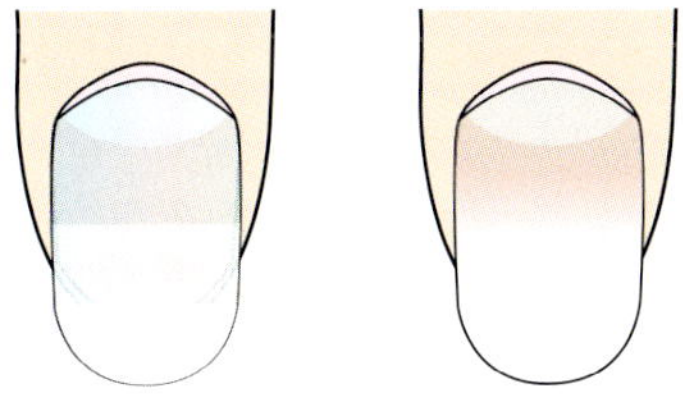

① 흰색 젤 네일 폴리시가 프리에지에 베이스 젤이 루눌라에 닿게 스펀지를 가볍게 두드리며 그러데이션 함.
② 반복적으로 두드려 컬러의 경계를 없애며 그러데이션 함.

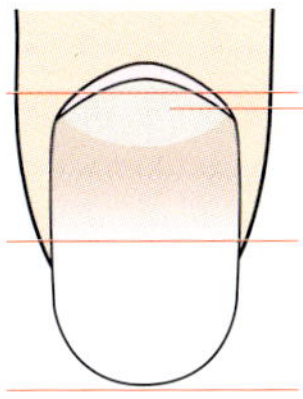

일반적인 그러데이션의 상하너비 : 자연 네일 전체의 길이 2분의 1이상부터 루눌라 이하

⑤ 오렌지 우드스틱이나 멸균거즈를 사용하여 수정 작업을 한 후 젤 램프기기에 경화한다.
⑥ 흰색 젤 네일 폴리시로 2회 그러데이션 한다.
⑦ 오렌지 우드스틱이나 멸균거즈를 사용하여 수정 작업을 한 후 젤 램프기기에 경화한다.
⑧ 톱 젤을 프리에지 단면과 네일 전체에 1회 도포한다.
⑨ 오렌지 우드스틱이나 멸균거즈를 사용하여 수정 작업을 한 후 젤 램프기기에 경화한다.

경화 후 미 경화 젤이 남은 경우에는 젤 클렌저를 젤 와이퍼에 적셔 미 경화 젤을 제거 할 수 있다.

Chapter 04.

네일 기본관리

네일 기본관리에는 매니큐어와 페디큐어가 있으며 이는 네일 미용인에게 가장 중요하면서도 기본이 되는 작업이다. 매니큐어와 페디큐어의 정의와 종류를 구분하여 고객에게 알맞은 네일 관리를 서비스해야하며 각 각의 특징을 이해해야 한다.

본 챕터에서는 지금까지 숙지했던 전 과정을 연결하여 매니큐어와 페디큐어를 학습한다.

01 매니큐어의 이해

1. 매니큐어의 정의

손톱의 형태를 다듬어주고 큐티클 정리, 마사지, 컬러링 등의 전체적인 손 관리를 의미하며 손톱을 가꾸고 손질해 주어 청결함과 아름다움을 유지시키는 것이다.

> 매니큐어의 어원 : 라틴어의 마누스(손)와 큐라(관리)의 합성어로 '손 관리'라는 뜻
>
> Manus(손) + Cura(관리) = Manicure(매니큐어) 손 관리의 총체적인 의미

2. 매니큐어의 종류

1) 습식 매니큐어

습식이란 용액이나 용제 따위의 액체를 써서 하는 방식으로 핑거볼이라는 도구를 이용하여 미온수를 사용하는 큐티클을 부드럽게 한 후 큐티클을 정리하는 것을 말한다. 미온수의 사용만으로 큐티클을 불리기 어려울 때는 다양한 큐티클 연화제(큐티클 리무버, 큐티클 오일, 큐티클 크림)를 함께 사용할 수 있다.

2) 건식 매니큐어

건식이란 물이나 액체 따위를 쓰지 않고 하는 방식으로 기본적인 과정은 습식 매니큐어와 동일하지만 유 · 수분이 많은 고객이나 인조 네일의 보존력을 높이기 위해 인조 네일의 작업 전에 미온수나 큐티클 연화제를 사용하지 않고 큐티클을 정리하는 것이 차이점이다.

3) 핫 크림 매니큐어

핫 크림 매니큐어는 습식 매니큐어와 과정니 동일하지만 핑거볼을 이용한 미온수 대신 크림 워머기에 크림을 넣어 데우고 큐티클을 부드럽게 해주어 큐티클을 정리하는 것이 차이점이다.

이 서비스는 크림 속에 오일이 포함되어 있는 제품을 사용함으로써 건조하고 갈라지는 손톱과 물어뜯는 손톱에 필요하며 큐티클의 과잉성장(표피조막, 테리지움) 등 건조한 손톱과 큐티클, 손톱 주위의 피부조직 상태를 부드럽게 연화시켜 준다. 여름철보다는 겨울철에 효과적이다. 최근에는 큐티클 연화제가 많이 보급함에 따라 이용하지 않는 경우가 많다.

4) 파라핀 매니큐어

파라핀 매니큐어는 파라핀 성분이 피부에 침투하여 거친 피부나 큐티클에 유 · 수분을 공급하고 부드럽게 해주는 것을 말한다.

파라핀 왁스 자체에 콜라겐 성분과 비타민 E, 유칼립투스, 맨틀 및 식물성 오일 등을 첨가하여 피부에 좋도록 개발된 것으로 뛰어난 보습력과 영양 침투력으로 피부에 충분한 영양과 수분을 공급하여 혈액순환을 촉진시켜 손과 발의 피로를 풀어주고 관절에 이상 징후가 있는 사람에게도 효과적이고 근육이완 작용이 있어 물리치료에도 사용된다. 소홀하기 쉬운 손 관리에 매우 이상적인 서비스 방법으로 여름철보다는 겨울철에 효과적이다.

손과 발을 관리함으로써 보습에 도움을 줄 수 는 있으나 뜨거워진 파라핀용액이 네일을 녹일 수 있으므로 매우 약하고 부드러운 네일을 가진 고객에게는 피하는 것이 좋다. 손 주위의 염증, 사마귀 등의 감염 위험이 있는 경우에도 사용을 금한다.

네일 상식

매니큐어와 인조 네일 작업 시 리프팅이 심해요!

같은 재료로 작업해도 유난히 빨리 리프팅이 되는 이유는 고객마다 네일의 수분 함유량과 수분 증발력이 다르기 때문이다. 또한 습식 매니큐어로 작업 시에는 손톱의 수분 함유량이 증가되기 때문에 컬러링 시 리프팅이 더 빨리 나타날 수 있다. 특히 인조 네일의 작업 전에 습식으로 큐티클 정리를 하면 네일의 수분이 완전히 제거되지 않기 때문에 리프팅과 더불어 평거스나 몰드 등 질병의 감염을 유발할 수 있으므로 주의해야 한다. 고객의 네일 상태에 따라 전 처리제를 도포하면 리프팅과 펑거스 방지에 도움을 줄 수 있다.

02 습식 매니큐어

1. 작업자의 복장 및 작업대 준비

[작업자 복장 및 작업대 준비물품]

준비물품	위생가운, 보안경, 마스크, 수건, 손목 받침대, 키친타월, 위생봉지, 재료 정리함, 핑거볼

① 작업자는 위생가운과 보호안경, 마스크를 착용한다.
② 작업대를 기구 소독제로 소독한다.
③ 위생 처리된 흰색 수건을 작업대 위에 깐다.
④ 고객의 방향에 손목 받침대를 올려놓고 손목 받침대 앞쪽으로 키친타월을 깐다.
⑤ 재료 정리함을 사용하기 편한 위치에 놓는다.
⑥ 재료정리함에는 습식 매니큐어에 필요한 네일 재료들을 준비하고 소독용기에 네일 도구의 소독을 마친다.
⑦ 위생 봉지를 재료 정리함 앞쪽에 붙인다.
⑧ 핑거볼을 고객의 왼손 앞쪽에 놓고 미온수를 넣어둔다.

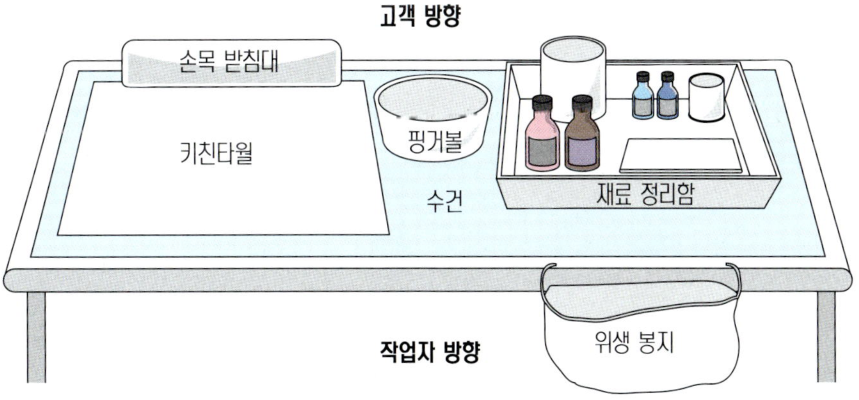

2. 재료 정리함 준비

① 소독용기 바닥에 탈지면을 깔고 큐티클 니퍼, 큐티클 푸셔, 네일 클리퍼, 오렌지 우드스틱, 네일 더스트 브러시를 넣고 에탄올수용액 70%에 10분 이상 담가준다.
② 네일 파일 꽂이에 자연 네일용 파일과 샌딩 파일을 꽂아준다.
③ 뚜껑이 있는 용기에 소독용 탈지면과 제거용 탈지면, 멸균거즈를 넣어둔다.
④ 보온병에 미온수를 넣어둔다.
⑤ 큐티클 연화제를 선택하여 준비한다.
⑥ 네일 폴리시 컬러를 선택하여 준비한다.

[재료 정리함 준비물품]

준비물품	소독용기(큐티클 니퍼, 큐티클 푸셔, 네일 클리퍼, 오렌지 우드스틱, 네일 더스트 브러시), 파일 꽂이(자연 네일용 파일, 샌딩 파일), 로션, 용기(소독용 탈지면, 제거용 탈지면, 멸균거즈), 수건, 에탄올, 손 소독제 지혈제, 보온병(미온수 포함), 큐티클 연화제(큐티클 오일, 큐티클 크림, 큐티클 리무버), 베이스코트, 네일 폴리시(빨간색), 톱코트, 네일 폴리시 리무버(디스펜서 포함)

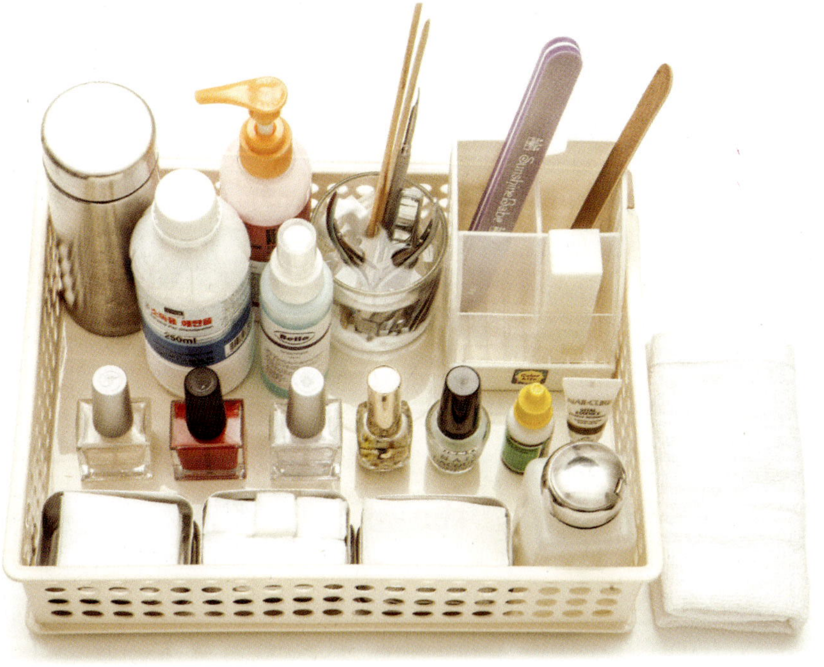

3. 습식 매니큐어 작업순서

① 손 소독제를 탈지면에 분사하여 작업자의 양손을 소독한다.
② 기구 소독제, 손 소독제를 탈지면에 분사하여 고객의 양손을 소독한다.
③ 네일 화장물이 도포되어 있는 경우 고객의 양손에 네일 화장물을 제거한다.
④ 자연 네일용 파일을 사용하여 고객의 왼손 프리에지의 형태를 라운드로 조형한다. 네일 클리퍼를 사용할 수 있다.
⑤ 샌딩 파일을 사용하여 네일의 표면을 다듬고 프리에지 밑 거스러미를 제거한다.
⑥ 네일 더스트 브러시를 사용하여 분진을 제거한다.

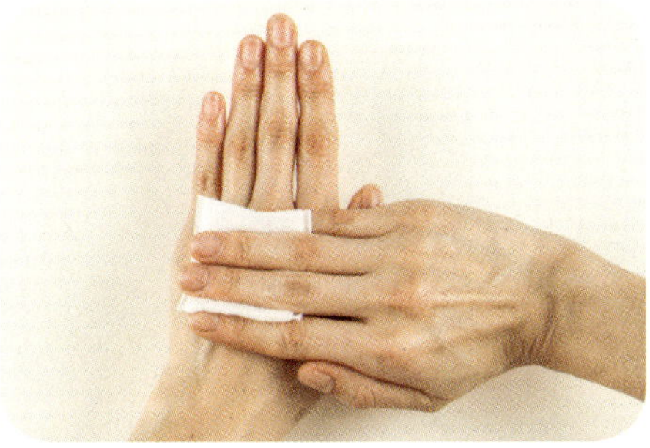
① 작업자 손 소독하기

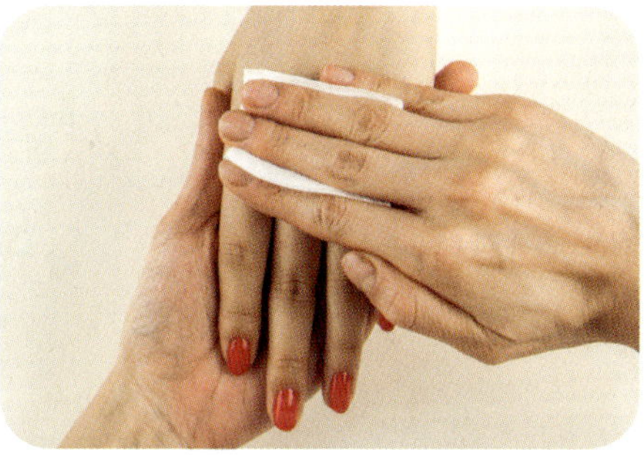
② 고객 손 소독하기

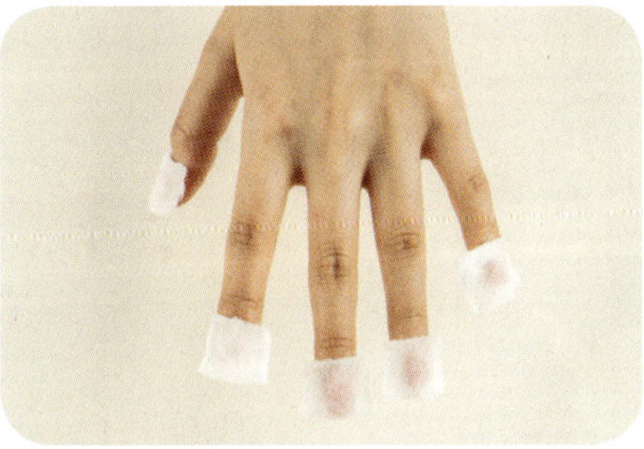
③ 네일 화장물 제거하기

④ 왼손 프리에지 형태 조형하기

⑤ 왼손 표면 다듬기

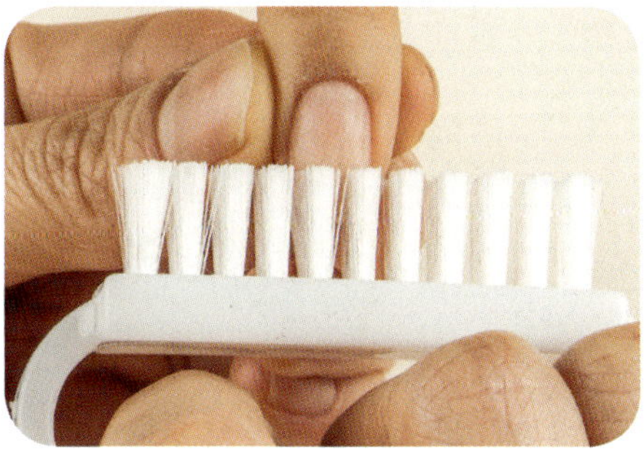
⑥ 왼손 분진 제거하기

⑦ 핑거볼에 고객의 왼손을 담근다. 큐티클이 충분히 연화될 때까지 오른손의 관리를 이어간다.
⑧ 자연 네일용 파일을 사용하여 고객의 오른손 프리에지의 형태를 라운드로 조형한다.
⑨ 샌딩 파일을 사용하여 네일의 표면을 다듬고 프리에지 밑 거스러미를 제거한다.
⑩ 네일 더스트 브러시를 사용하여 분진을 제거한다.
⑪ 핑거볼에서 고객의 왼손을 꺼내고 수건으로 물기를 제거한다.
⑫ 핑거볼에 고객의 오른손을 담근다. 큐티클이 충분히 연화될 때까지 왼손의 관리를 이어간다.

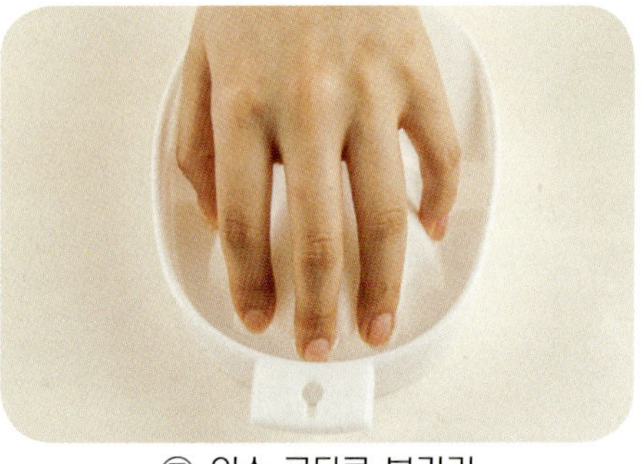
⑦ 왼손 큐티클 불리기

⑧ 오른손 프리에지 형태 조형하기

⑨ 오른손 표면 다듬기

⑩ 오른손 분진 제거하기

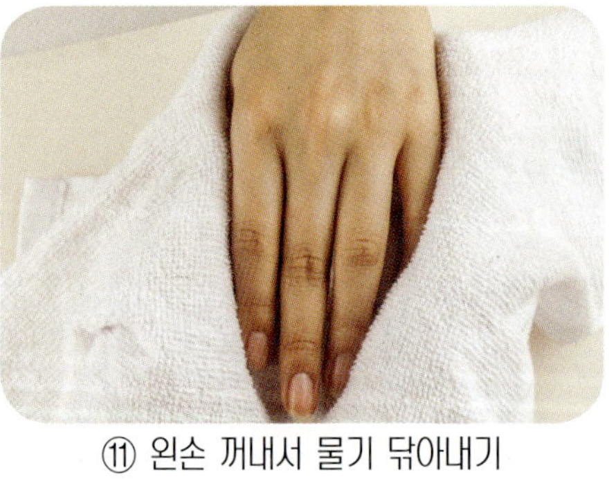
⑪ 왼손 꺼내서 물기 닦아내기

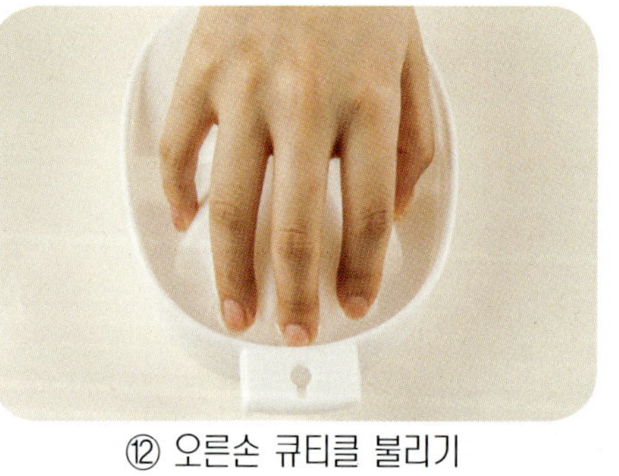
⑫ 오른손 큐티클 불리기

⑬ 고객의 오른손에 큐티클 연화제를 도포할 수 있다.
⑭ 큐티클 푸셔를 45°의 각도로 사용하여 큐티클을 부드럽게 밀어준다.
⑮ 큐티클 니퍼로 지저분한 손거스러미와 루즈 큐티클을 정리한다.
⑯ 핑거볼에서 고객의 오른손을 꺼내고 수건으로 물기를 제거한다.
⑰ 고객의 왼손에 큐티클 연화제를 도포할 수 있다.
⑱ 큐티클 푸셔를 45°의 각도로 사용하여 큐티클을 부드럽게 밀어준다.

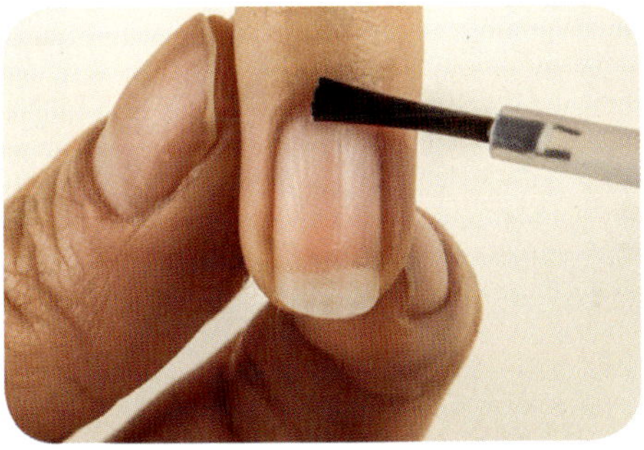
⑬ 왼손 큐티클 연화제 도포하기

⑭ 왼손 큐티클 밀어올리기

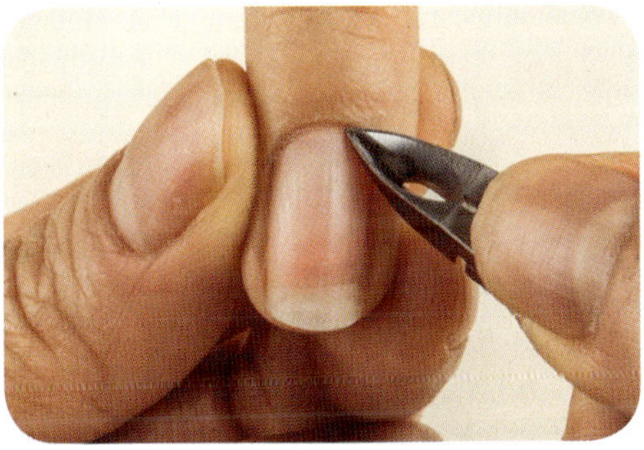
⑮ 왼손 큐티클 정리하기

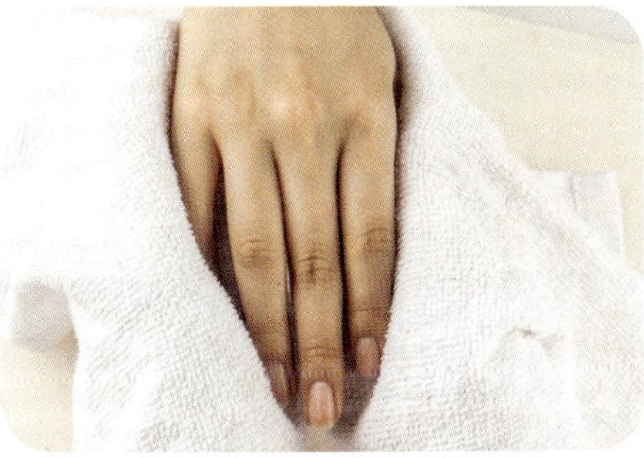
⑯ 오른손 꺼내서 물기 닦아내기

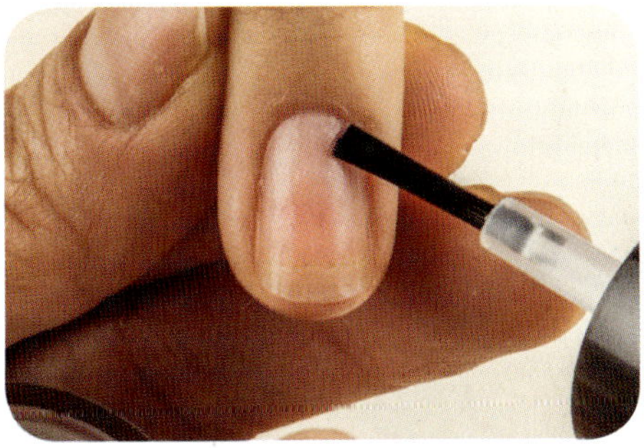
⑰ 오른손 큐티클 연화제 도포하기

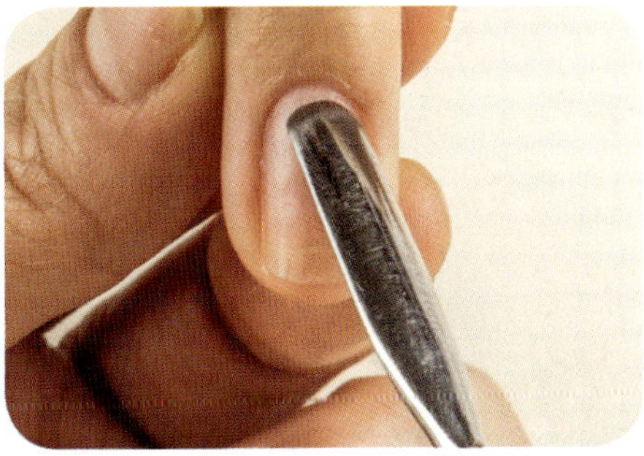
⑱ 오른손 큐티클 밀어올리기

⑲ 큐티클 니퍼로 지저분한 손거스러미와 루즈 큐티클을 정리한다.
⑳ 고객의 양손과 손톱주변을 소독한다.
㉑ 냉 · 온 수건으로 양손과 손톱 전체를 닦는다.
㉒ 오렌지 우드스틱에 네일 폴리시 리무버를 적시고 탈지면을 말아 손톱에 유분기를 제거한다.
㉓ 왼손에 베이스코트를 도포하고 오른손에 베이스코트를 도포한다.
㉔ 왼손에 네일 폴리시를 도포하고 오른손에 네일 폴리시를 도포한다.

⑲ 오른손 큐티클 정리하기

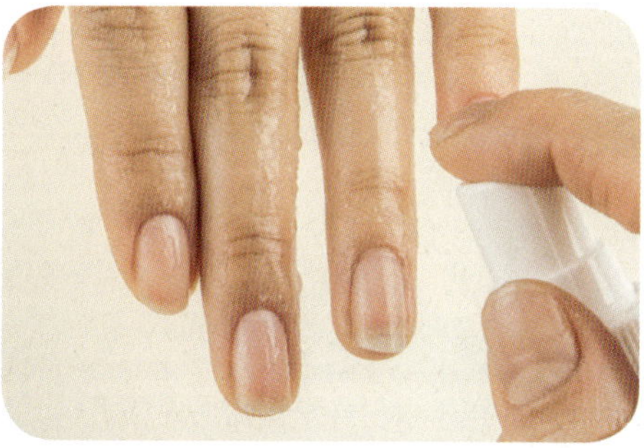
⑳ 양손 소독하기

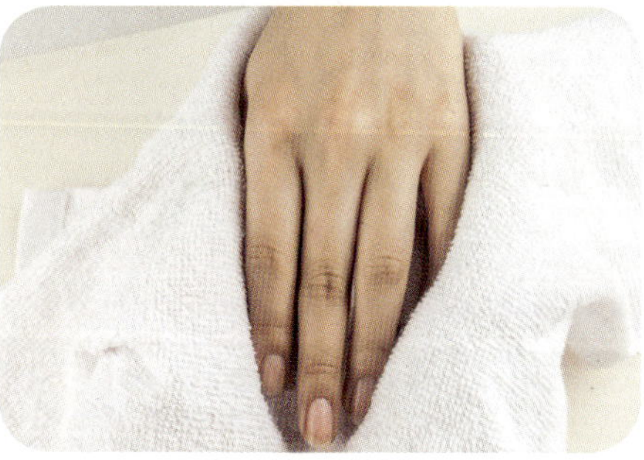
㉑ 양손 닦아내기

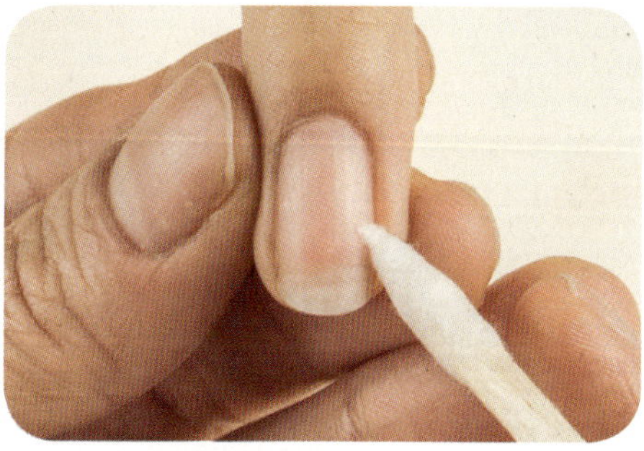
㉒ 양손 유분기 제거하기

㉓ 양손 베이스코트 도포하기

㉔ 양손 네일 폴리시 도포하기

㉕ 왼손에 톱코트를 도포하고 오른손에 톱코트를 도포한다.
㉖ 오렌지 우드스틱을 사용하여 주변에 넘친 네일 폴리시를 수정한다.
㉗ 보습제품을 작업자의 손에 덜고 손에 체온으로 보습제품이 잘 스며들도록 따뜻하게 핸드링한다.
㉘ 고객의 손톱주변에 보습제품이 닿지 않게 주의하며 양손에 보습제품을 도포한다.

사용한 제품의 뚜껑을 닫고 쓰레기를 위생 봉지에 넣어 주변을 깨끗하게 정리정돈 한다.

㉕ 양손 톱코트 도포하기

㉖ 수정하기

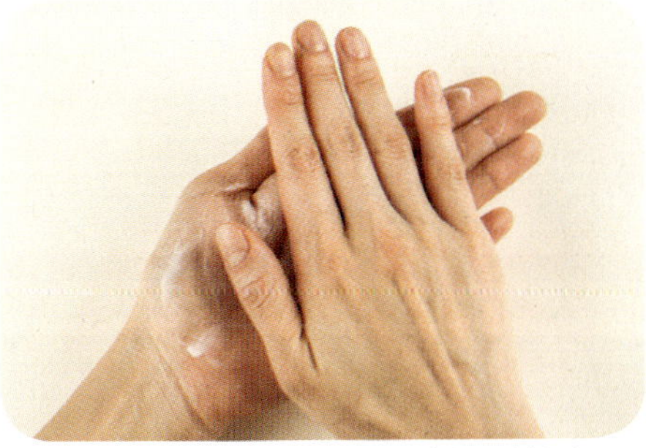
㉗ 작업자 손에 보습제품 핸드링하기

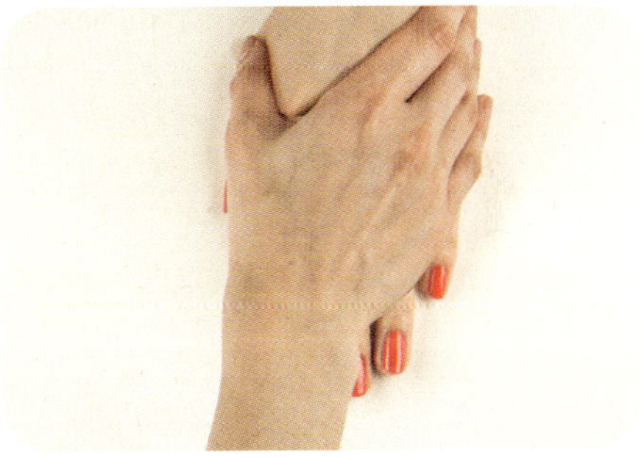
㉘ 고객 손에 보습제품 도포하기

4. 습식 매니큐어 순서정리

손 소독 → 양손 네일 폴리시 제거 → 왼손 형태 조형 → 표면 정리 → 분진 제거 → 큐티클 불리기 → 우른손(형태 조형 → 표면 정리 → 분진 제거) 물기 제거 → 큐티클 밀기 → 큐티클 정리 → 왼손(물기 제거 → 큐티클 밀기 → 큐티클 정리) → 손 소독 → 손 닦기 → 유분기 제거 → 베이스코트 도포 → 네일 폴리시 도 포→ 톱코트 도포 → 수정 → 보습제품 도포

* 고객 손의 순서는 작업자의 편리성에 맞추어 작업할 수 있다.

5. 습식 매니큐어 완성

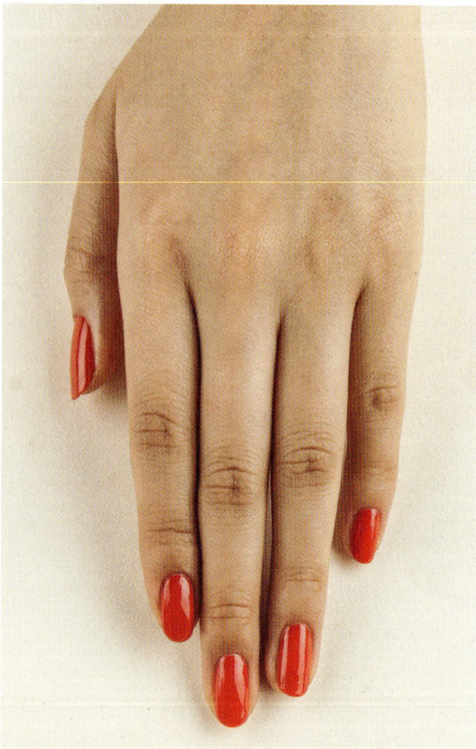

정면

옆면

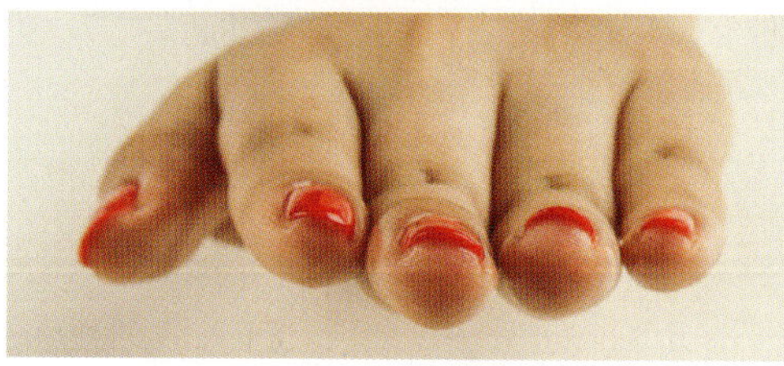

프리에지 단면

정면

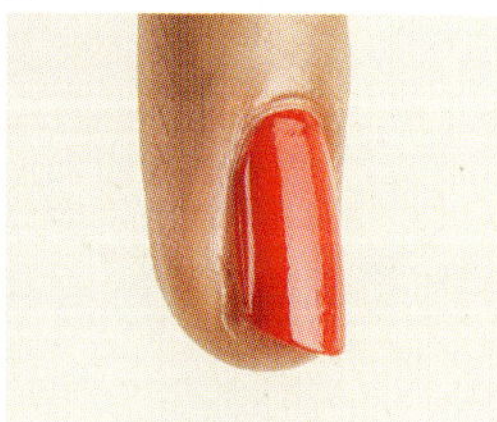

왼쪽 옆면

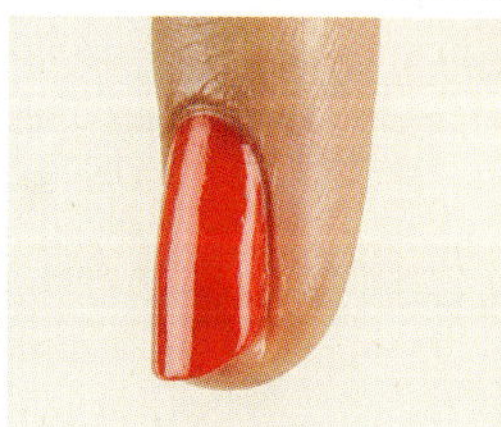

오른쪽 옆면

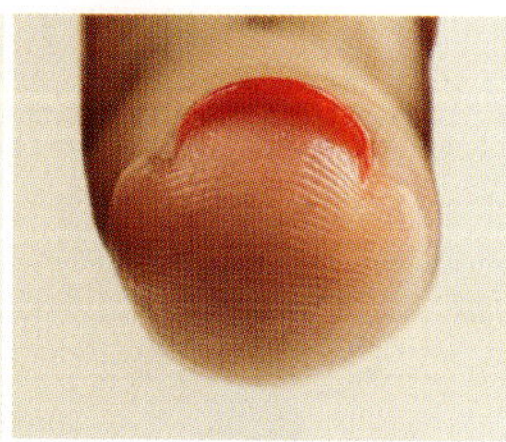

프리에지 단면

6. 습식 매니큐어 확인

순번	확인 사항	확인
①	프리에지가 라운드 형태를 유지하며 양손 형태가 전부 동일한지 확인	
②	큐티클이 올바르게 정리되고 출혈이 발생하지 않았는지 확인	
③	네일 폴리시가 큐티클 라인, 옆면, 프리에지 단면까지 도포 되었는지 확인	
④	네일 폴리시가 얼룩 없이 양손에 일정한 두께로 도포 되었는지 확인	
⑤	톱코트까지 전부 도포 되었는지 확인	
⑥	손톱 주변에 잔여물과 남아있는지 손톱 아래에 위생 상태를 확인	
⑦	작업대 위에 정리정돈 상태를 확인	

03 파라핀 매니큐어

1. 작업자의 복장 및 작업대 준비

[작업자 복장 및 작업대 준비물품]

준비물품	위생가운, 보안경, 마스크, 수건, 손목 받침대, 키친타월, 위생봉지, 재료 정리함. 핑거볼, 파라핀기기(파라핀 용액)

① 작업자는 위생가운과 보호안경, 마스크를 착용한다.
② 작업대를 기구 소독제로 소독한다.
③ 위생 처리된 흰색 수건을 작업대 위에 깐다.
④ 고객의 방향에 손목 받침대를 올려놓고 손목 받침대 앞쪽으로 키친타월을 깐다.
⑤ 재료 정리함을 사용하기 편한 위치에 놓는다.
⑥ 재료정리함에는 파라핀 매니큐어에 필요한 네일 재료들을 준비하고 소독용기에 네일 도구의 소독을 마친다.
⑦ 위생 봉지를 재료 정리함 앞쪽에 붙인다.
⑧ 핑거볼을 고객의 왼손 앞쪽에 놓고 미온수를 넣어둔다.
⑨ 파라핀기기를 재료 정리함 반대편에 놓는다. 파라핀 용액은 녹는 시간이 1~2시간 정도 걸리기 때문에 사전에 미리 녹여둔다.

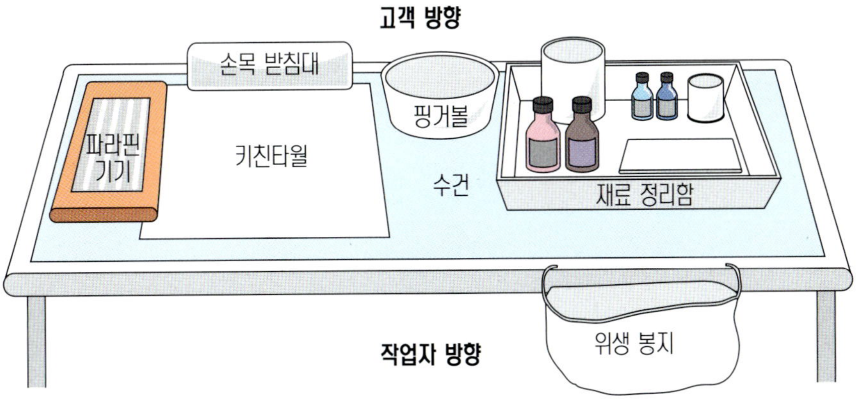

2. 재료 정리함 준비

① 소독용기 바닥에 탈지면을 깔고 큐티클 니퍼, 큐티클 푸셔, 네일 클리퍼, 오렌지 우드스틱, 네일 더스트 브러시를 넣고에탄올수용액 70%에 10분 이상 담가준다.
② 네일 파일 꽂이에 자연 네일용 파일과 샌딩 파일을 꽂아준다.
③ 뚜껑이 있는 용기에 소독용 탈지면과 제거용, 탈지면, 멸균거즈를 넣어둔다.
④ 보온병에 미온수를 넣어둔다.
⑤ 큐티클 연화제를 선택하여 준비한다.
⑥ 네일 폴리시를 컬러를 선택하여 준비한다.

[재료 정리함 준비물품]

준비물품	소독용기(큐티클 니퍼, 큐티클 푸셔, 네일 클리퍼, 오렌지 우드스틱, 네일 더스트 브러시), 파일 꽂이(자연 네일용 파일, 샌딩 파일), 용기(손 소독용 탈지면, 제거용 탈지면, 멸균거즈), 수건, 비닐장갑, 보온장갑, 에탄올, 손 소독제 지혈제, 보온병(미온수 포함), 큐티클 연화제(큐티클 오일, 큐티클 크림, 큐티클 리무버), 베이스코트, 네일 폴리시(빨간색), 톱코트, 네일 폴리시 리무버(디스펜서 포함)

3. 파라핀 매니큐어 작업순서

① 손 소독제를 탈지면에 분사하여 작업자의 양손을 소독한다.
② 기구 소독제, 손 소독제를 탈지면에 분사하여 고객의 양손을 소독한다.
③ 네일 화장물이 도포되어 있는 경우 고객의 양손에 네일 화장물을 제거한다.
④ 자연 네일용 파일을 사용하여 고객의 왼손 프리에지의 형태를 라운드로 조형한다. 네일 클리퍼를 사용할 수 있다.
⑤ 샌딩 파일을 사용하여 네일의 표면을 다듬고 프리에지 밑 거스러미를 제거한다.
⑥ 네일 더스트 브러시를 사용하여 분진을 제거한다.

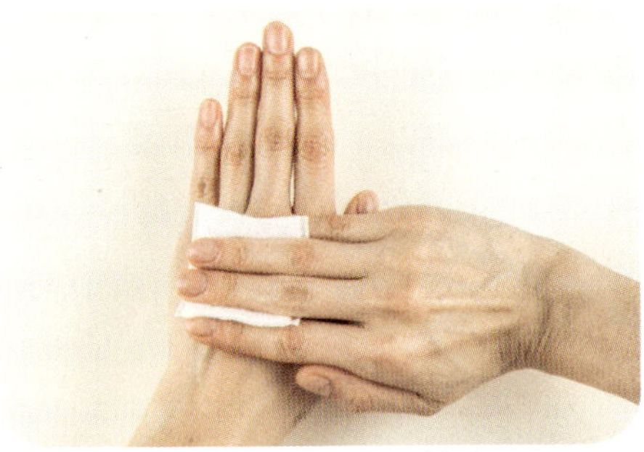

① 작업자 손 소독하기

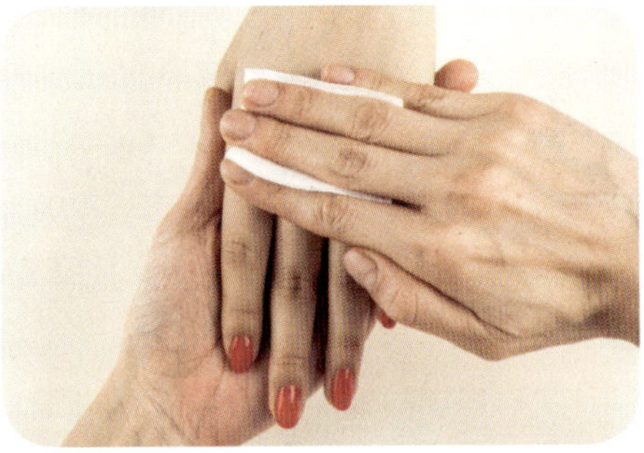

② 고객 손 소독하기

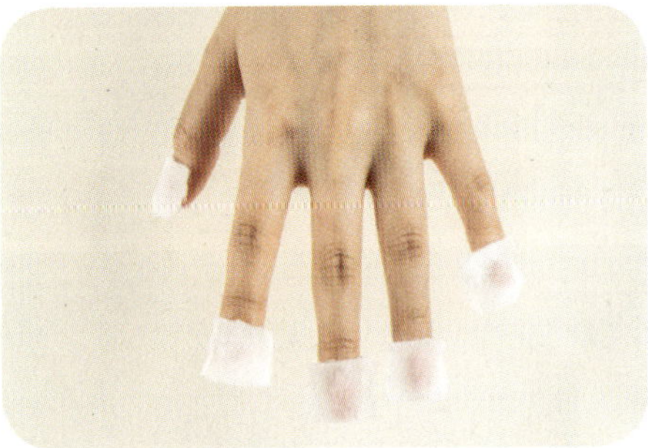

③ 네일 화장물 제거하기

④ 왼손 프리에지 형태 조형하기

⑤ 왼손 표면 다듬기

⑥ 왼손 분진 제거하기

⑦ 핑거볼에 고객의 왼손을 담근다. 큐티클이 충분히 연화될 때까지 오른손의 관리를 이어간다.
⑧ 자연 네일용 파일을 사용하여 고객의 오른손 프리에지의 형태를 라운드로 조형한다.
⑨ 샌딩 파일을 사용하여 네일의 표면을 다듬고 프리에지 밑 거스러미를 제거한다.
⑩ 네일 더스트 브러시를 사용하여 분진을 제거한다.
⑪ 핑거볼에서 고객의 왼손을 꺼내고 수건으로 물기를 제거한다.
⑫ 핑거볼에 고객의 오른손을 담근다. 큐티클이 충분히 연화될 때까지 왼손의 관리를 이어간다.

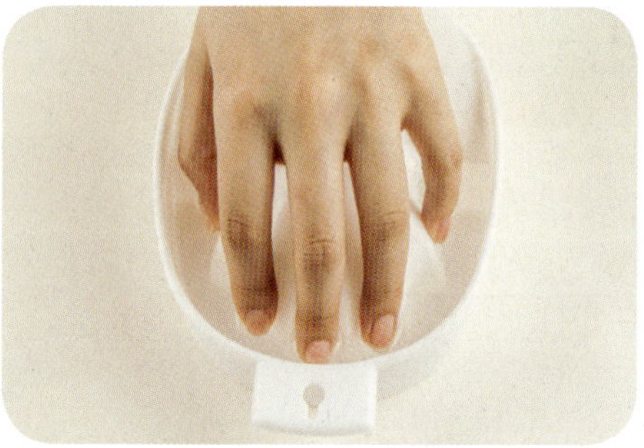
⑦ 왼손 큐티클 불리기

⑧ 오른손 프리에지 형태 조형하기

⑨ 오른손 표면 다듬기

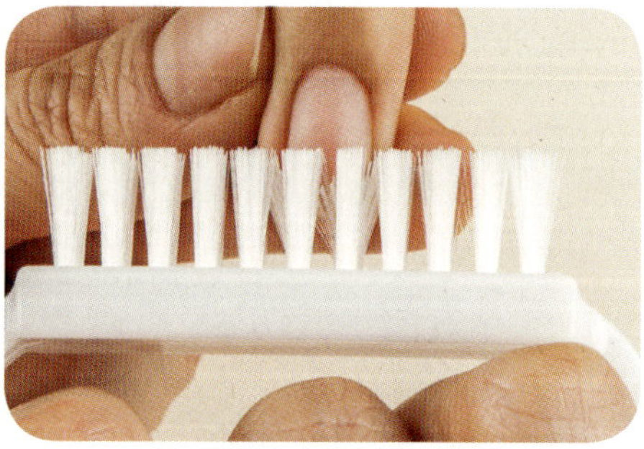
⑩ 오른손 분진 제거하기

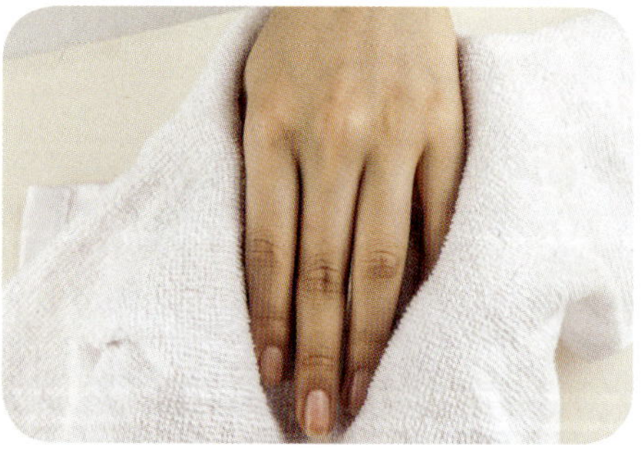
⑪ 왼손 꺼내서 물기 닦아내기

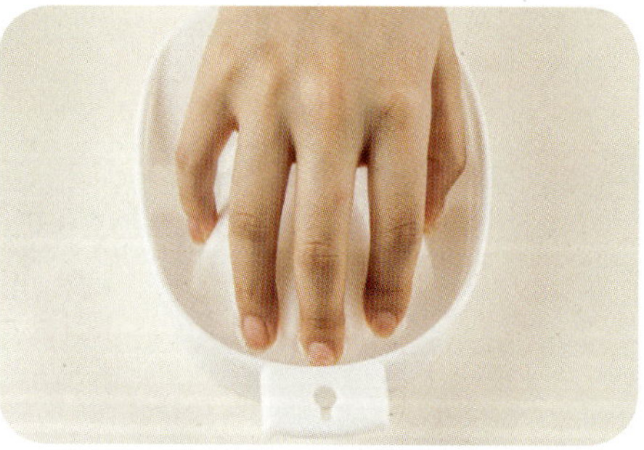
⑫ 오른손 큐티클 불리기

⑬ 고객의 오른손에 큐티클 연화제를 도포할 수 있다.
⑭ 큐티클 푸셔를 45°의 각도로 사용하여 큐티클을 부드럽게 밀어준다.
⑮ 큐티클 니퍼로 지저분한 손거스러미와 루즈 큐티클을 정리한다.
⑯ 핑거볼에서 고객의 오른손을 꺼내고 수건으로 물기를 제거한다.
⑰ 고객의 왼손에 큐티클 연화제를 도포할 수 있다.
⑱ 큐티클 푸셔를 45°의 각도로 사용하여 큐티클을 부드럽게 밀어준다.

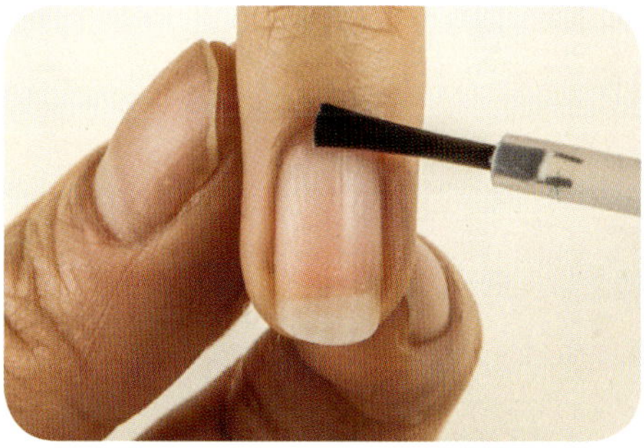

⑬ 왼손 큐티클 연화제 도포하기

⑭ 왼손 큐티클 밀어올리기

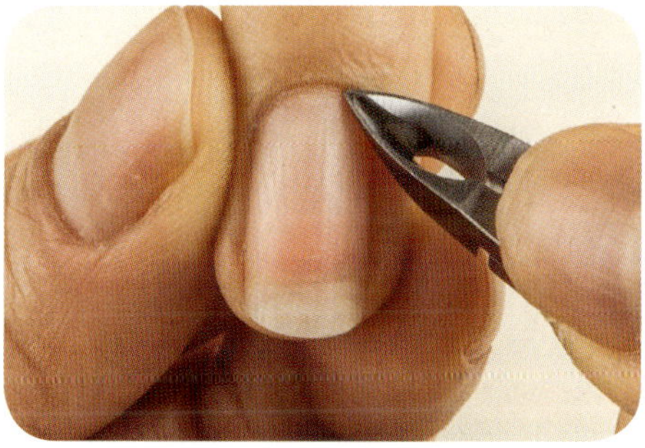

⑮ 왼손 큐티클 정리하기

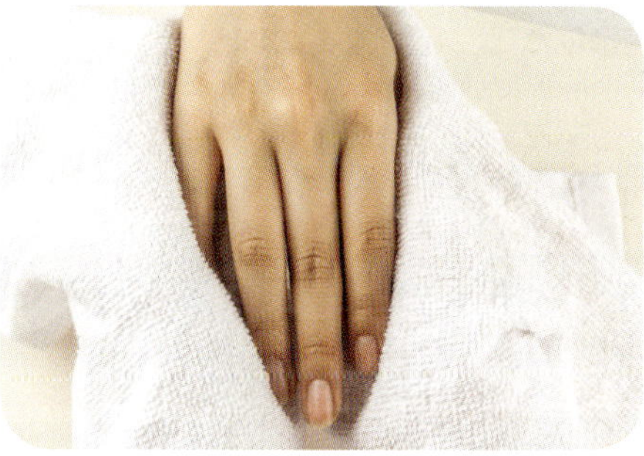

⑯ 오른손 꺼내서 물기 닦아내기

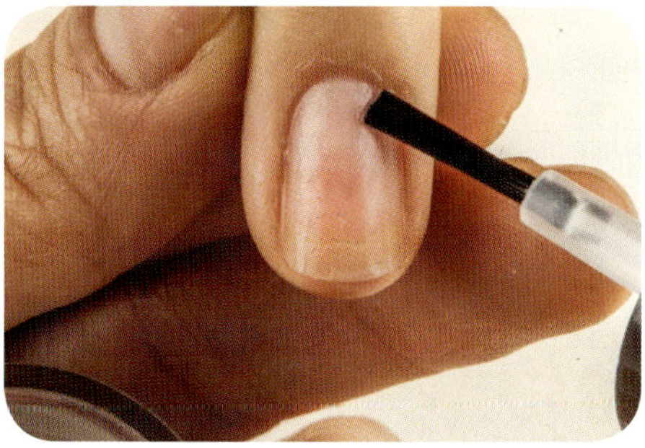

⑰ 오른손 큐티클 연화제 도포하기

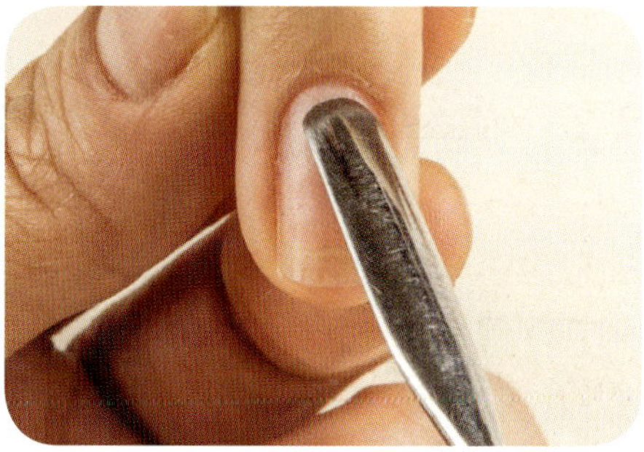

⑱ 오른손 큐티클 밀어올리기

⑲ 큐티클 니퍼로 지저분한 손거스러미와 루즈 큐티클을 정리한다.
⑳ 고객의 양손과 손톱주변을 소독한다.
㉑ 냉 · 온 수건으로 양손과 손톱 전체를 닦는다.
㉒ 파라핀 유분기 제거를 용이하게 해주기 위해 양손에 베이스코트를 도포한다.
㉓ 베이스 코트 네일 폴리시 드라이에 건조한다.
㉔ 파라핀의 온도와 손 넣는 방법 등의 전체적인 매뉴얼을 설명한다.

⑲ 오른손 큐티클 정리하기

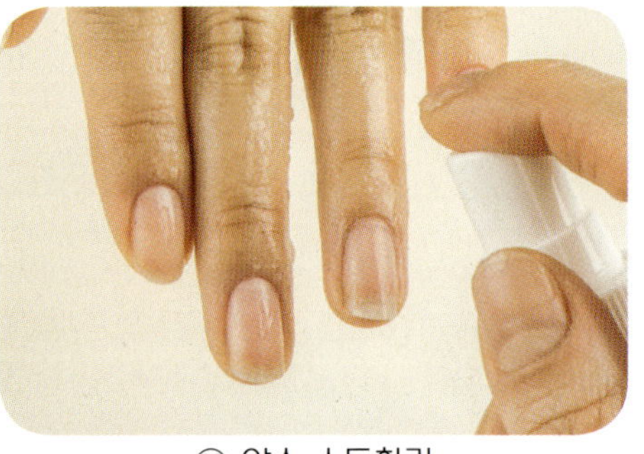

⑳ 양손 소독하기

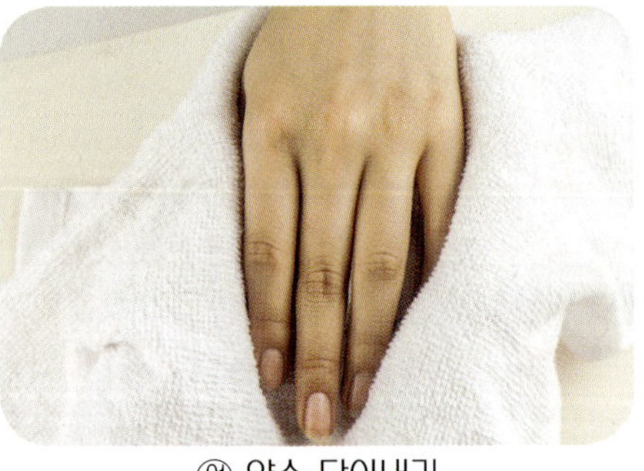

㉑ 양손 닦아내기

㉒ 양손 베이스코트 도포하기

㉓ 베이스 코트 건조하기

㉔ 베이스코트 건조 확인하기

㉕ 파라핀기기에 고객의 왼손 손목 윗부분까지 약 3회 정도 담가준다.
㉖ 약 30초 정도 용액이 떨어트리고 파라핀을 건조시킨다.
㉗ 파라핀 용액이 건조된 후 비닐장갑을 착용한 후 공기가 통하지 않게 묶어 준 후 반대편 손도 같은 동작으로 파라핀 작업을 한다.
㉘ 보온장갑으로 덮어주고 약 10~20분정도 유지한다.
㉙ 양손에 보온장갑을 벗긴다.
㉚ 비닐장갑에 매듭을 풀고 비닐장갑과 파라핀을 동시에 벗겨낸다.

[파라핀 사용 방법]

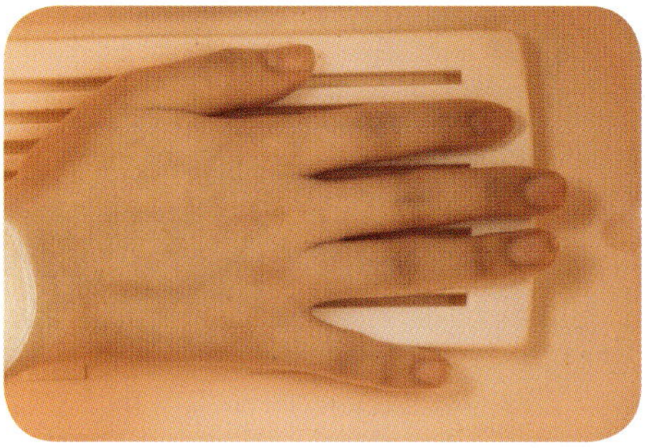
㉕ 파라핀기기에 손 담그기

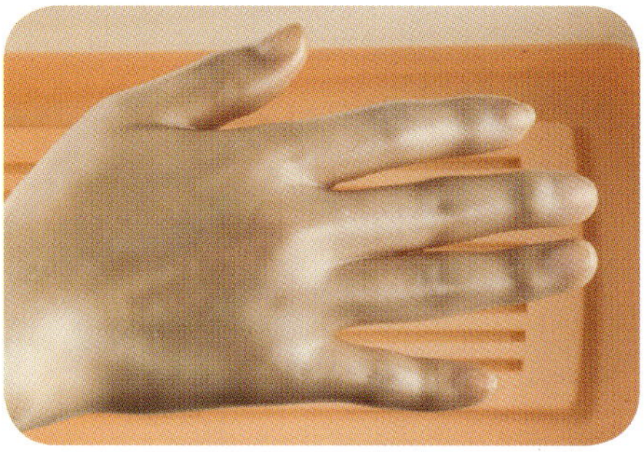
㉖ 파라핀 건조시키기

㉗ 비닐장갑 착용하기

㉘ 보온장갑 착용하기

㉙ 보온장갑 벗겨내기

㉚ 양손 파라핀 벗겨내기

㉛ 사전에 도포되어진 베이스코트와 파라핀 유분기를 제거한다.
㉜ 양손에 베이스코트를 도포한다.
㉝ 양손에 네일 폴리시를 도포한다.
㉞ 양손에 톱코트를 도포한다.

> 사용한 제품의 뚜껑을 닫고 쓰레기를 위생 봉지에 넣어 주변을 깨끗하게 정리정돈 한다.

㉛ 양손 베이스코트 제거하기

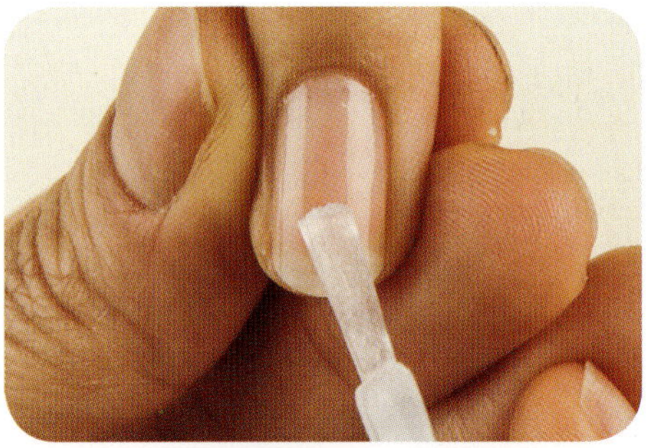

㉜ 양손 베이스코트 도포하기

㉝ 양손 네일 폴리시 도포하기

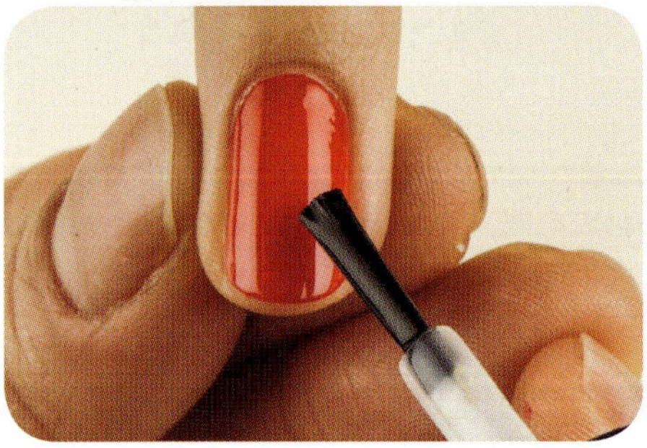

㉞ 양손 톱코트 도포하기

4. 파라핀 매니큐어 순서정리

손 소독 → 양손 네일 폴리시 제거 → 왼손 형태 조형 → 표면 정리 → 분진 제거 → 큐티클 불리기 → 오른손(형태 조형 → 표면 정리 → 분진 제거) 물기 제거 → 큐티클 밀기 → 큐티클 정리 → 왼손(물기 제거 → 큐티클 밀기 → 큐티클 정리) → 손 소독 → 손 닦기 → 유분기 제거 → 베이스코트 도포 → 파리핀 하기(파라핀에 손 담그기 → 비닐장갑, 보온장갑 착용 10~20분유지 → 파라핀 제거) → 유분기 제거 → 네일 폴리시 도포 → 톱코트 도포 → 수정

04 페디큐어

1. 작업자의 복장 및 작업대 준비

[작업자 복장 및 작업대 준비물품]

준비물품	위생가운, 보안경, 마스크, 수건, 손목 받침대, 키친타월, 위생봉지, 재료 정리함, 족욕기 또는 분무기

① 작업자는 위생가운과 보호안경, 마스크를 착용한다.
② 작업대를 기구 소독제로 소독한다.
③ 위생 처리된 흰색 수건을 작업대 위에 깐다.
④ 재료 정리함을 사용하기 편한 위치에 놓는다.
⑤ 재료정리함에는 페디큐어에 필요한 네일 재료들을 준비하고 소독용기에 네일 도구의 소독을 마친다.
⑥ 위생 봉지를 재료 정리함 앞쪽에 붙인다.
⑦ 족욕기를 작업자 의자 옆쪽에 두고 미온수를 넣어둔다.
⑧ 고객이 작업대 위에 앉는다.
⑨ 의자에 작업자가 앉고 작업자 무릎위에 수건을 덮는다.
⑩ 수건위에 키친타월을 깔고 발목받침대를 올린다. 고객에 발을 발목받침대에 올린다.

[작업대에서 관리할 경우와 국가자격증 실기시험 시 작업 자세]

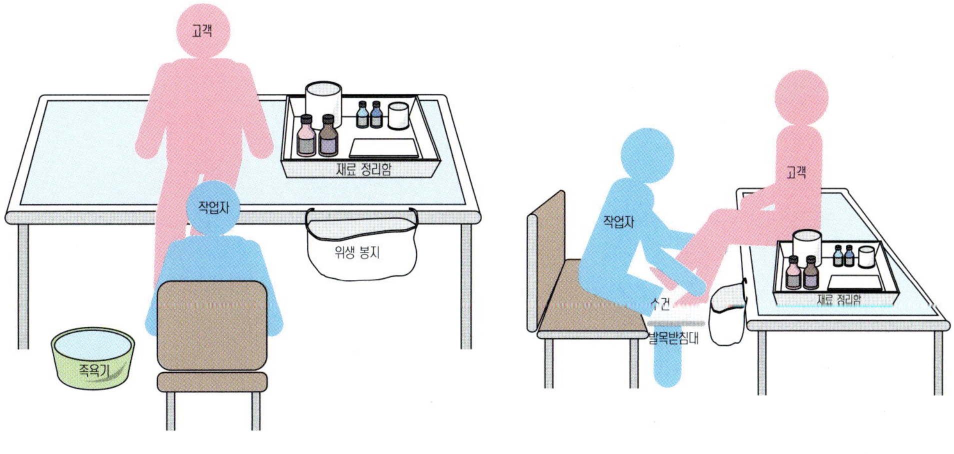

2. 재료 정리함 준비

① 소독용기 바닥에 탈지면을 깔고 큐티클 니퍼, 큐티클 푸셔, 네일 클리퍼, 오렌지 우드스틱, 네일 더스트 브러시를 넣고 에탄올수용액 70%에 10분 이상 담가준다.
② 네일 파일 꽂이에 자연 네일용 파일과 샌딩 파일을 꽂아준다.
③ 뚜껑이 있는 용기에 소독용 탈지면과 제거용, 탈지면 멸균거즈를 넣어둔다.
④ 족욕기가 없는 경우 분무기를 준비하고 보온병에 미온수를 넣어둔다.
⑤ 큐티클 연화제를 선택하여 준비한다.
⑥ 네일 폴리시 컬러를 선택하여 준비한다.

[재료 정리함 준비물품]

준비물품	소독용기(큐티클 니퍼, 큐티클 푸셔, 네일 클리퍼, 오렌지 우드스틱, 네일 더스트 브러시), 파일 꽂이(자연 네일용 파일, 샌딩 파일), 토 세퍼레이터, 로션, 용기(손 소독용 탈지면, 제거용 탈지면, 멸균거즈), 수건, 에탄올, 발 소독제, 지혈제, 보온병(미온수 포함), 분무기, 큐티클 연화제(큐티클 오일, 큐티클 크림, 큐티클 리무버), 베이스코트, 네일 폴리시(빨간색), 톱코트, 네일 폴리시 리무버(디스펜서 포함)

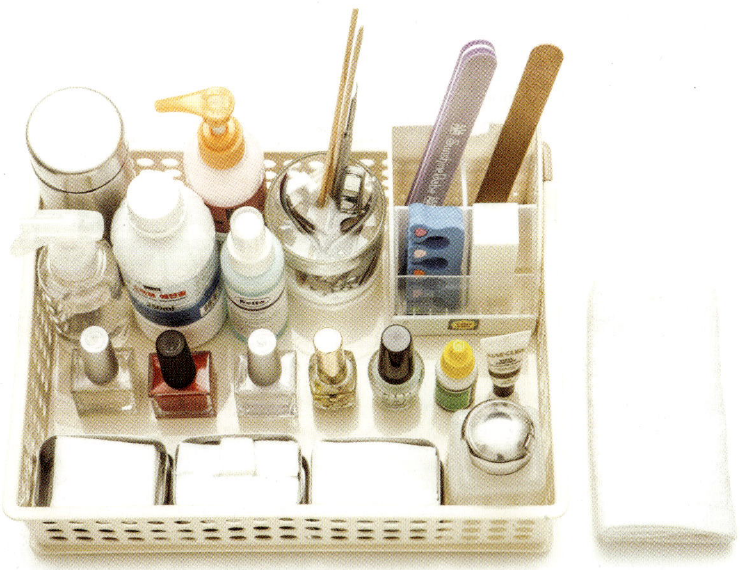

3. 페디큐어 작업순서

① 손 소독제를 탈지면에 분사하여 작업자의 양손을 소독한다.
② 발 소독제를 탈지면에 분사하여 고객의 양발을 소독한다.
③ 네일 화장물이 도포되어 있는 경우 고객의 양발에 네일 화장물을 제거한다.
④ 자연 네일용 파일을 사용하여 고객의 왼발 프리에지의 형태를 스퀘어로 조형한다. 네일 클리퍼를 사용할 수 있다.
⑤ 샌딩 파일을 사용하여 발톱의 표면을 다듬고 프리에지 밑 거스러미를 제거한다.
⑥ 네일 더스트 브러시를 사용하여 분진을 제거한다.

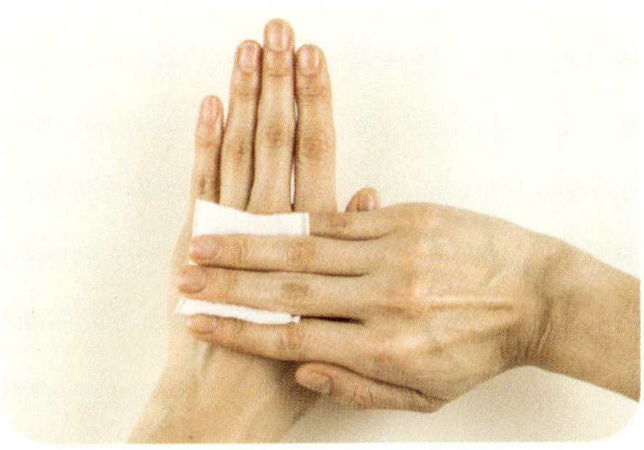
① 작업자 손 소독하기

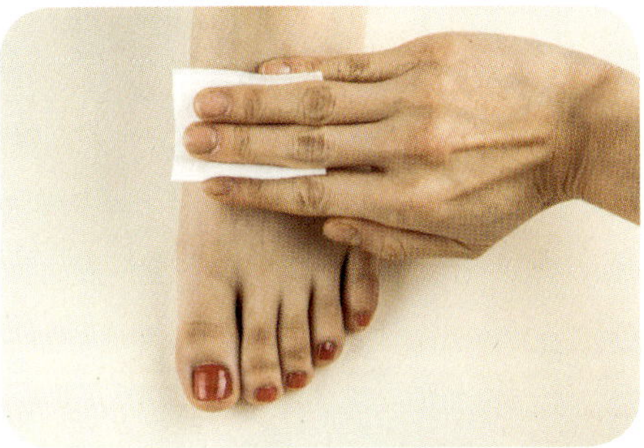
② 고객 발 소독하기

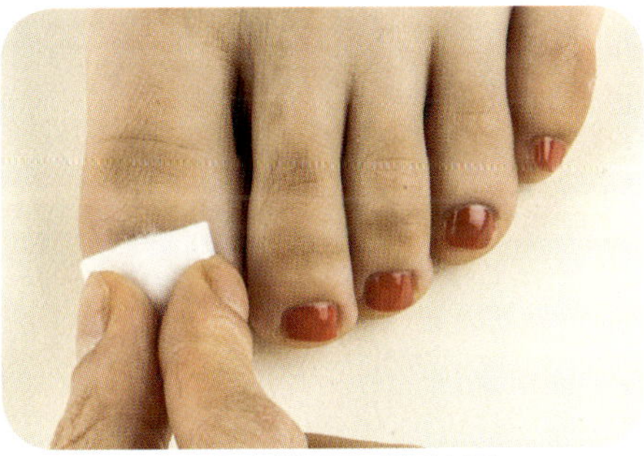
③ 네일 화장물 제거하기

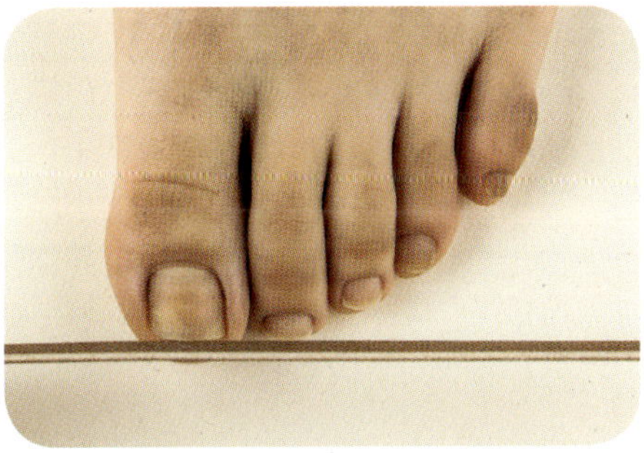
④ 왼발 프리에지 형태 조형하기

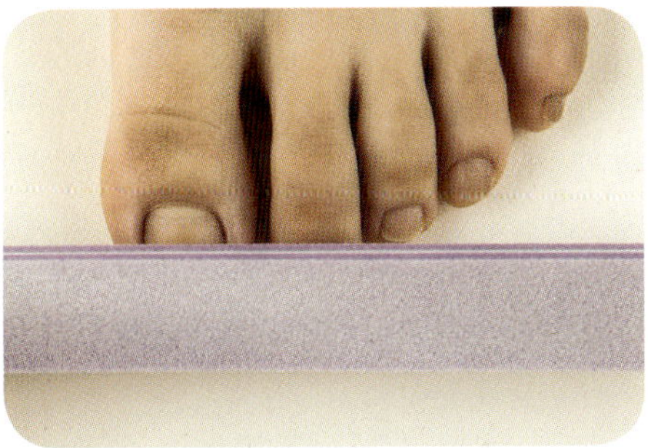
⑤ 왼발 표면 다듬기

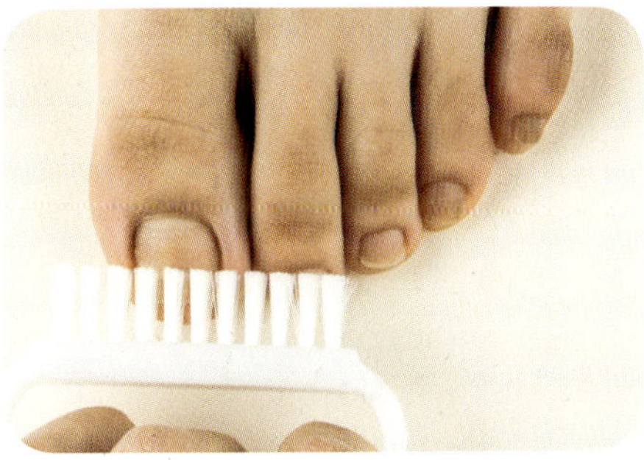
⑥ 왼발 분진 제거하기

⑦ 족욕기에 고객의 왼발을 담근다. 큐티클이 충분히 연화될 때까지 오른발의 관리를 이어간다. 분무기로 대체할 수 있으며 분무기를 고객의 발에 분사한다.
⑧ 자연 네일용 파일을 사용하여 고객의 오른발 프리에지의 형태를 스퀘어로 조형한다.
⑨ 샌딩 파일을 사용하여 발톱의 표면을 다듬고 프리에지 밑 거스러미를 제거한다.
⑩ 네일 더스트 브러시를 사용하여 분진을 제거한다.
⑪ 족욕기에서 고객의 왼발을 꺼내고 수건으로 물기를 제거한다. 멸균거즈로 대체할 수 있다.
⑫ 족욕기에 고객의 오른발을 담근다. 큐티클이 충분히 연화될 때까지 왼발의 관리를 이어간다.

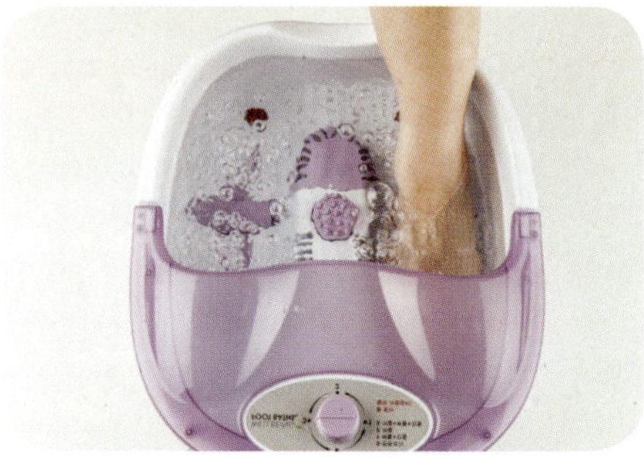
⑦ 왼발 큐티클 불리기

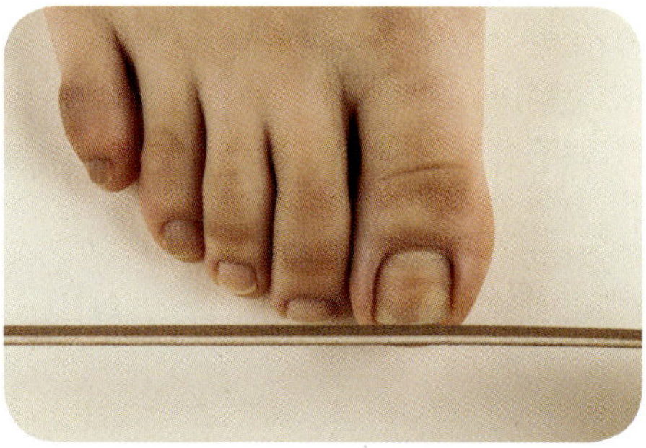
⑧ 오른발 프리에지 형태 조형하기

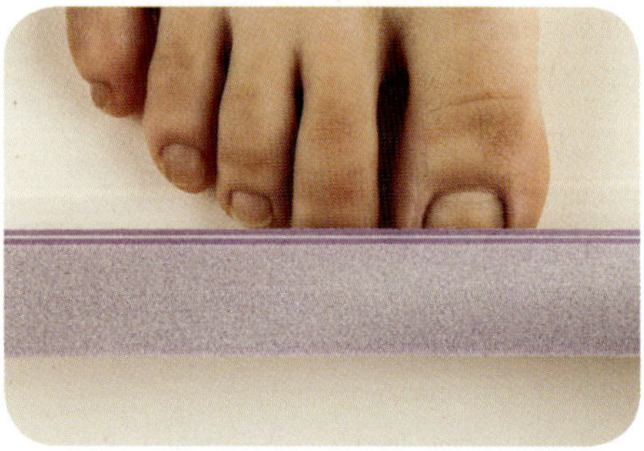
⑨ 오른발 표면 다듬기

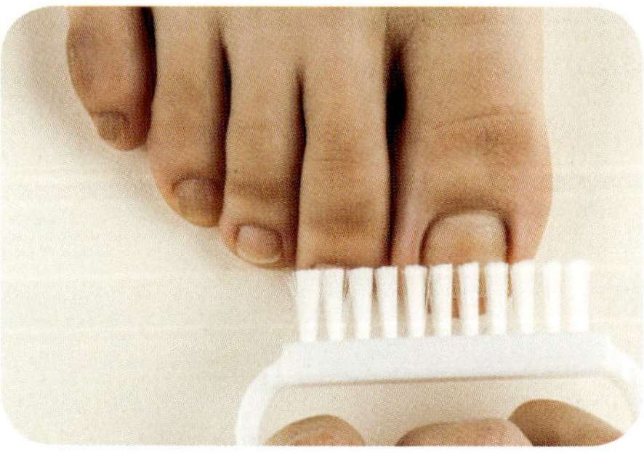
⑩ 오른발 분진 제거하기

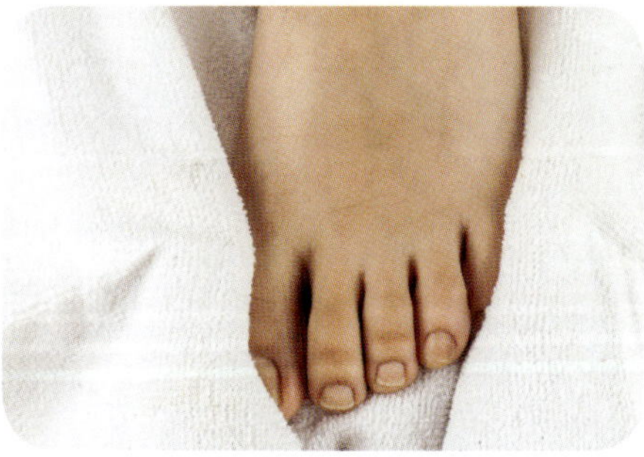
⑪ 왼발 꺼내서 물기 닦아내기

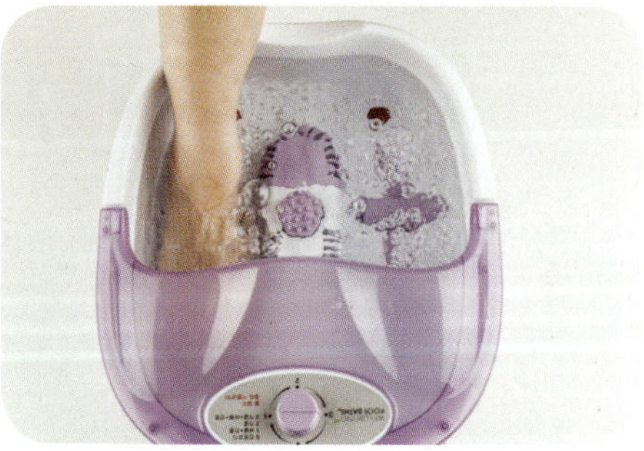
⑫ 오른발 큐티클 불리기

⑬ 고객의 오른발에 큐티클 연화제를 도포할 수 있다.
⑭ 큐티클 푸셔를 45°의 각도로 사용하여 큐티클을 부드럽게 밀어준다.
⑮ 큐티클 니퍼로 지저분한 발 거스러미와 루즈 큐티클을 정리한다.
⑯ 족욕기에서 고객의 오른발을 꺼내고 수건으로 물기를 제거한다.
⑰ 고객의 왼발에 큐티클 연화제를 도포할 수 있다.
⑱ 큐티클 푸셔를 45°의 각도로 사용하여 큐티클을 부드럽게 밀어준다.

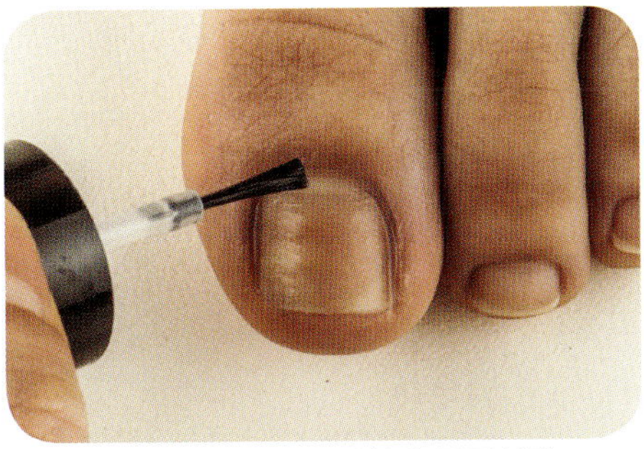
⑬ 왼발 큐티클 연화제 도포하기

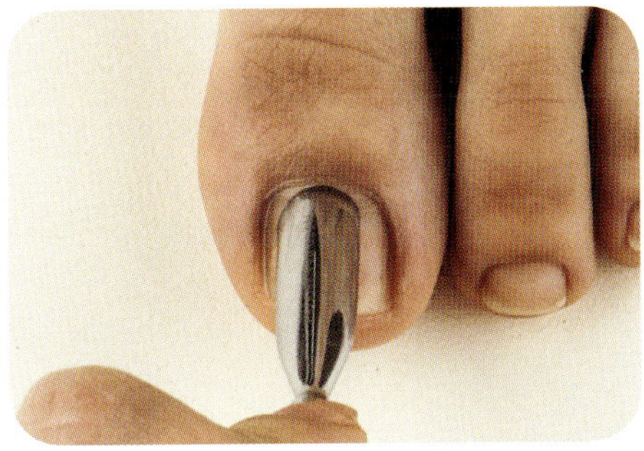
⑭ 왼발 큐티클 밀어올리기

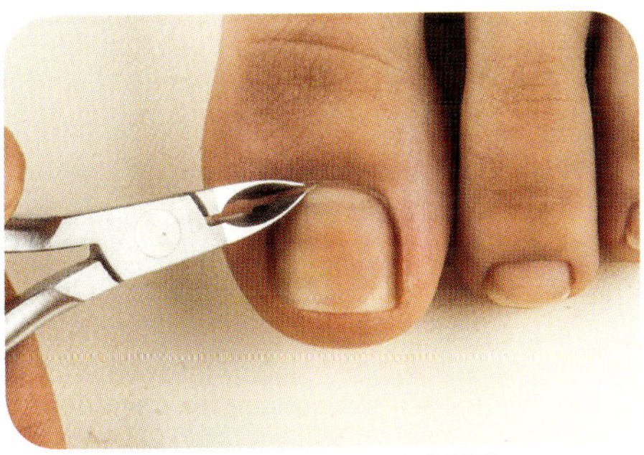
⑮ 왼발 큐티클 정리하기

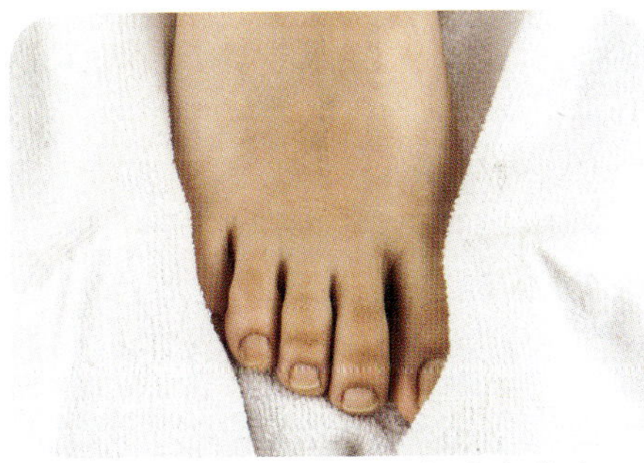
⑯ 오른발 꺼내서 물기 닦아내기

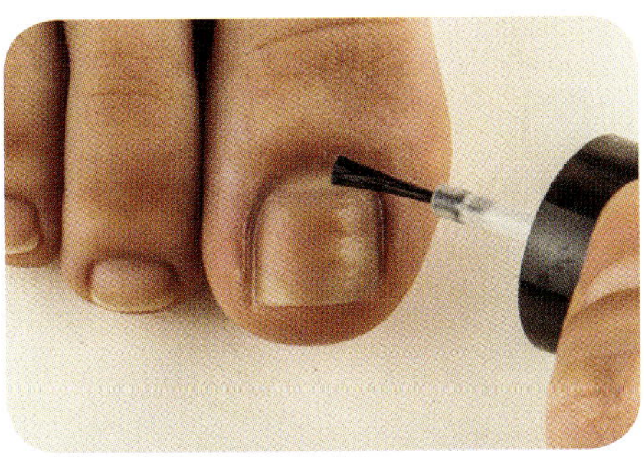
⑰ 오른발 큐티클 연화제 도포하기

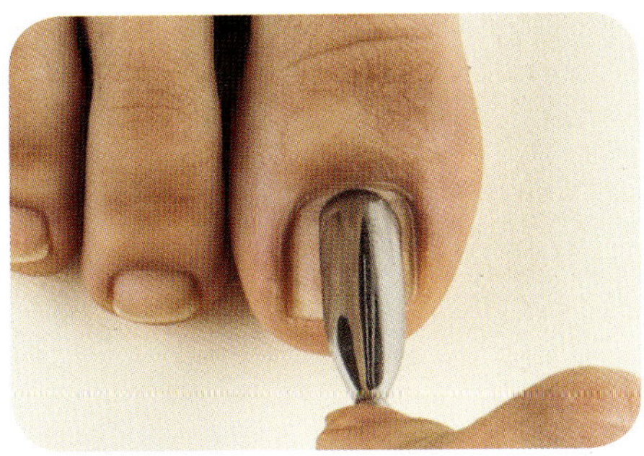
⑱ 오른발 큐티클 밀어올리기

⑲ 큐티클 니퍼로 지저분한 발 거스러미와 루즈 큐티클을 정리한다.
⑳ 고객의 양발과 발톱주변을 소독한다.
㉑ 냉 · 온 수건으로 양발과 발톱 전체를 닦는다.
㉒ 탈지면에 네일 폴리시 리무버를 적시고 오렌지 우드스틱에 말아 발톱에 유분기를 제거한다.
㉓ 왼발에 베이스코트를 도포하고 오른발에 베이스코트를 도포한다.
㉔ 왼발에 네일 폴리시를 도포하고 오른발에 네일 폴리시를 도포한다.

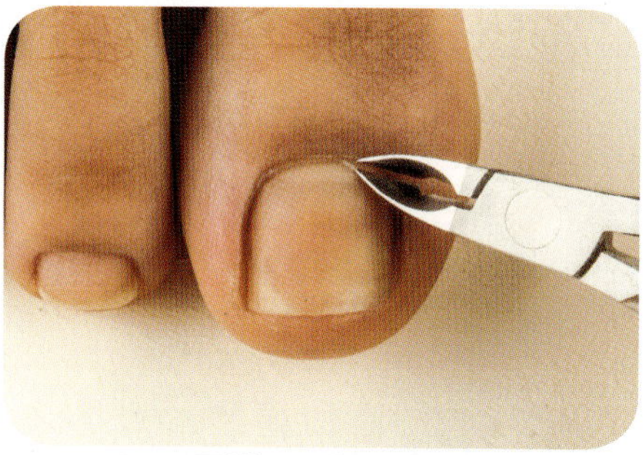
⑲ 오른발 큐티클 정리하기

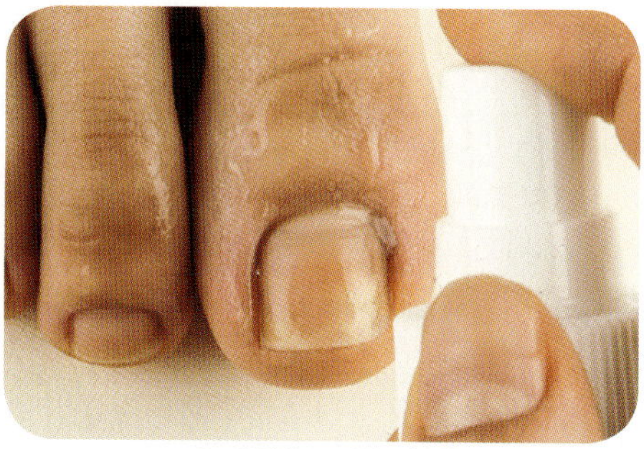
⑳ 양발 소독하기

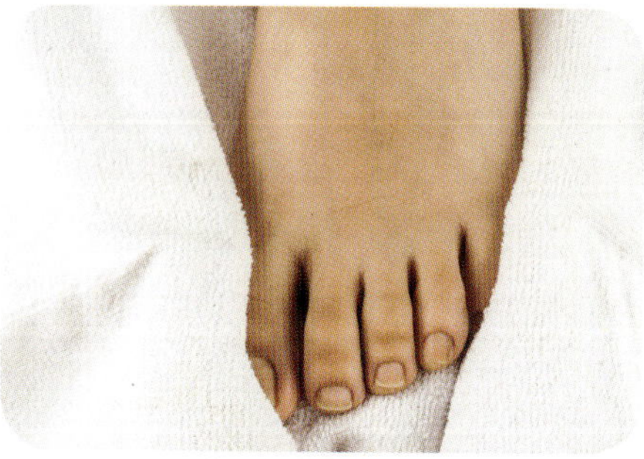
㉑ 양발 닦아내기

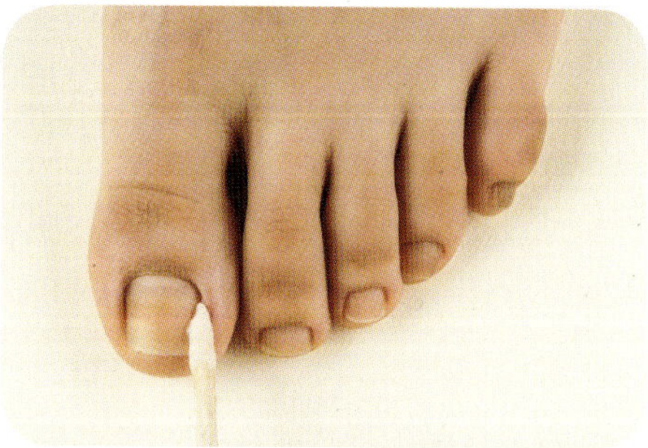
㉒ 양발 유분기 제거하기

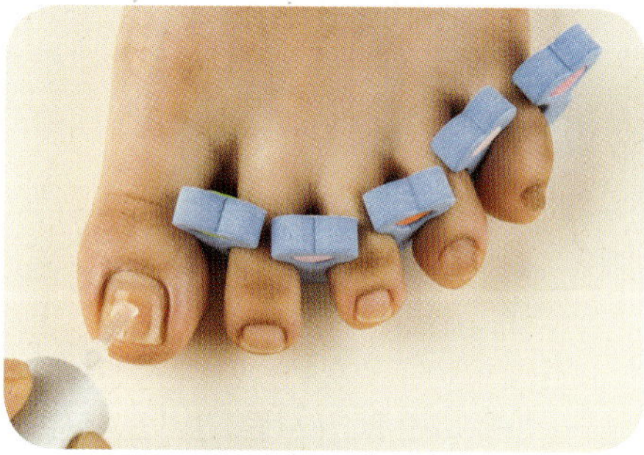
토 세퍼레이트 장착 후
㉓ 양발 베이스코트 도포하기

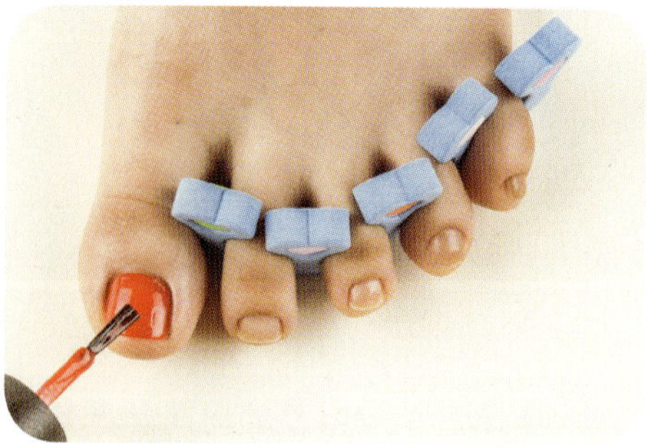
㉔ 양발 네일 폴리시 도포하기

㉕ 왼발에 톱코트를 도포하고 오른발에 톱코트를 도포한다.
㉖ 오렌지 우드스틱을 사용하여 주변에 넘친 네일 폴리시를 수정한다.
㉗ 보습제품을 작업자의 손에 덜고 손에 체온으로 보습제품이 잘 스며들도록 따뜻하게 핸드링한다.
㉘ 고객의 발톱주변에 보습제품이 닿지 않게 주의하며 양발에 보습제품을 도포한다.

사용한 제품의 뚜껑을 닫고 쓰레기를 위생 봉지에 넣어 주변을 깨끗하게 정리정돈 한다.

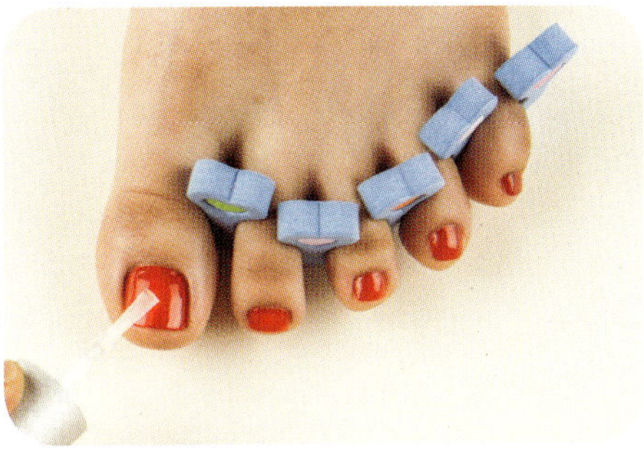
㉕ 양발 톱코트 도포하기

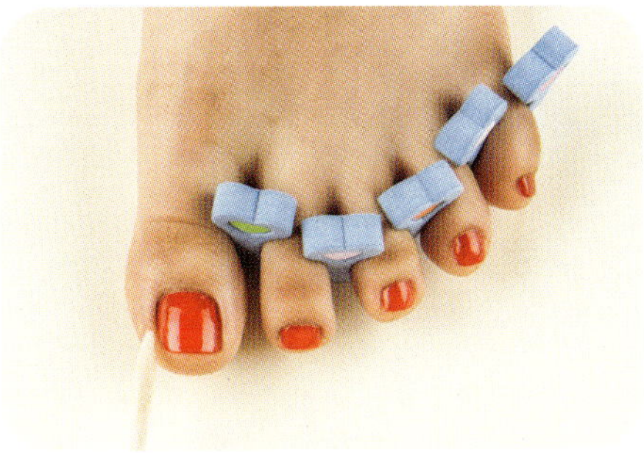
㉖ 수정하기

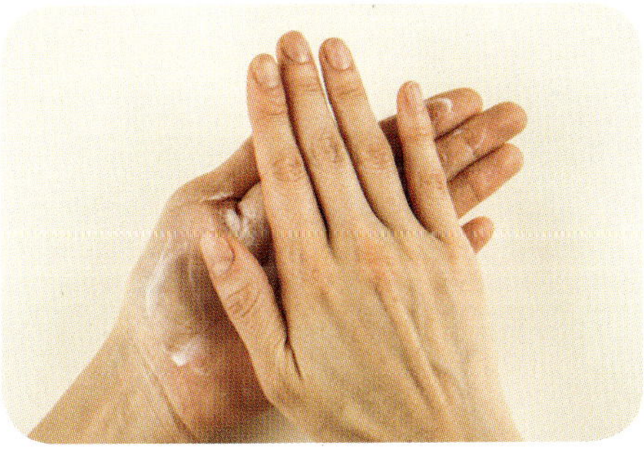
㉗ 작업자 손에 보습제품 핸드링하기

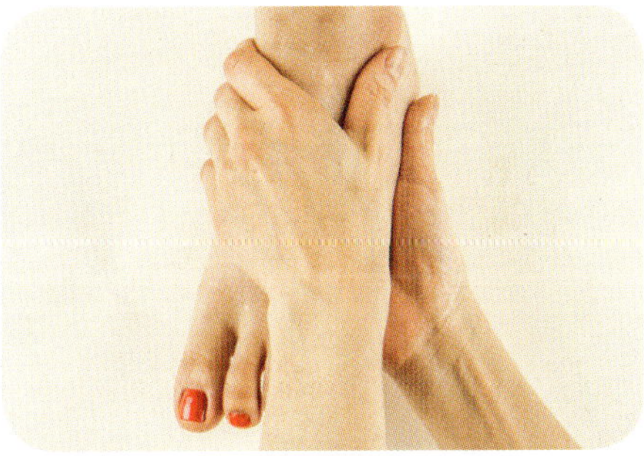
㉘ 고객 발에 보습제품 도포하기

4. 페디큐어 순서정리

발 소독 → 양발 네일 폴리시 제거 → 왼발 형태 조형 → 표면 정리 → 분진 제거 → 큐티클 불리기 → 오른발(형태 조형 → 표면 정리 → 분진 제거) 물기 제거 → 큐티클 밀기 → 큐티클 정리 → 왼발(물기 제거 → 큐티클 밀기 → 큐티클 정리) → 발 소독 → 발 닦기 → 유분기 제거 → 토 세퍼레이터 장착 → 베이스코트 도포 → 네일 폴리시 도포 → 톱코트 도포 → 수정 → 보습제품 도포

* 고객의 발을 족욕기에 담그는 순서는 작업자의 편리성에 맞추어 작업할 수 있으며, 프리에지 형태 조형 후 양발을 동시에 족욕기에 넣어 관리할 수도 있다.

5. 페디큐어 완성

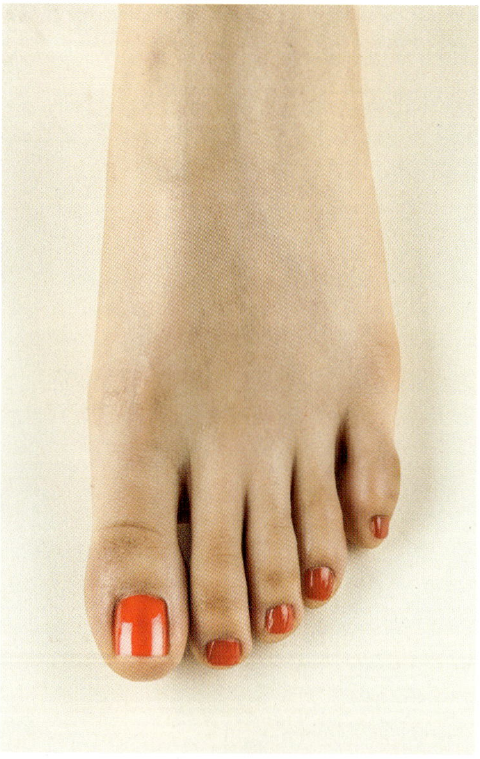

정면

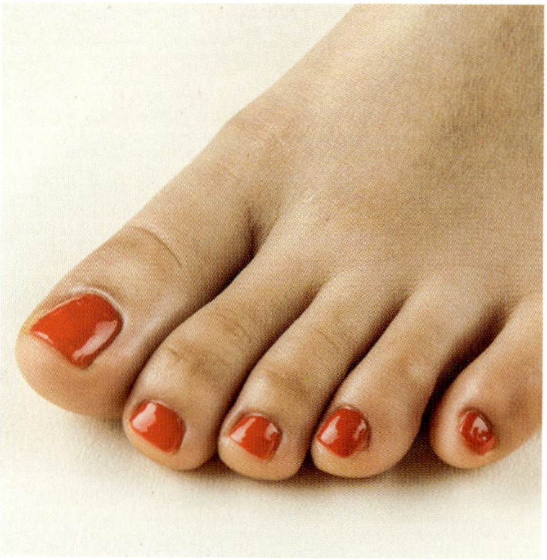

옆면

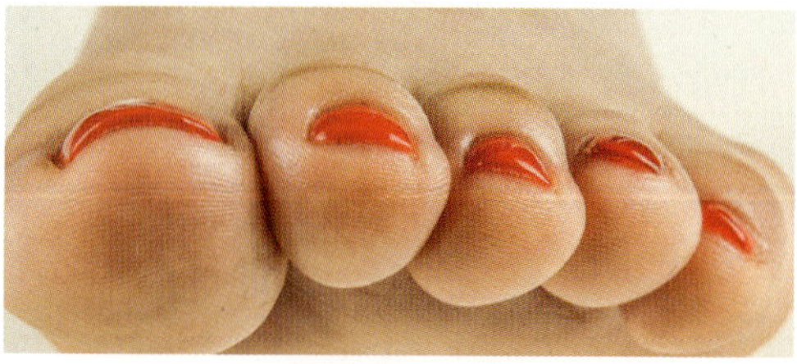

프리에지 단면

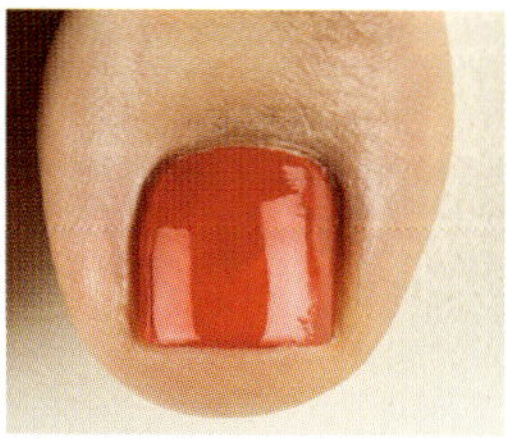

정면

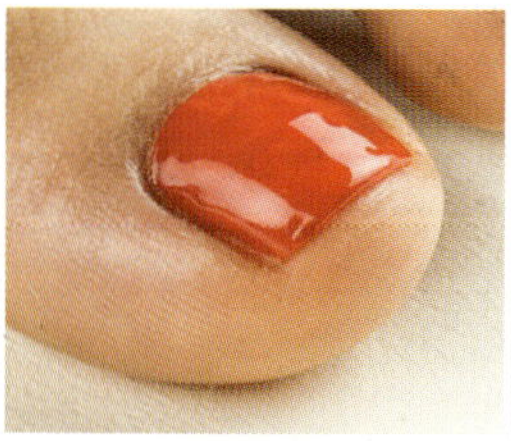

왼쪽 옆면

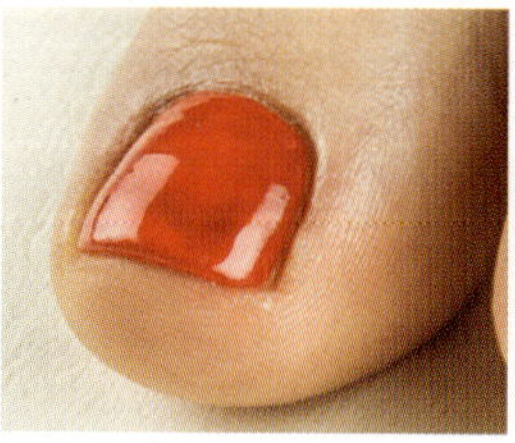

오른쪽 옆면

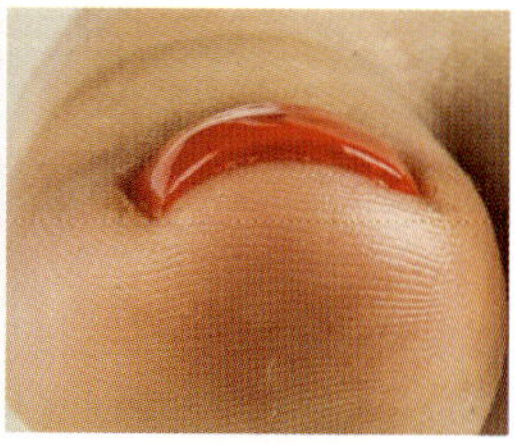

프리에지 단면

6. 페디큐어 확인

순번	확인 사항	확인
①	프리에지가 스퀘어 형태를 유지하며 양발 형태가 전부 동일한지 확인	
②	큐티클이 올바르게 정리되고 출혈이 발생하지 않았는지 확인	
③	네일 폴리시가 큐티클 라인, 옆면, 프리에지 단면까지 도포 되었는지 확인	
④	네일 폴리시가 얼룩 없이 양손에 일정한 두께로 도포 되었는지 확인	
⑤	톱코트까지 전부 도포 되었는지 확인	
⑥	발톱 주변에 잔여물과 남아있는지 발톱 아래에 위생 상태를 확인	
⑦	작업대 위에 정리정돈 상태를 확인	

PART 4.

팁 네일

정의 : 네일 연장을 통한 고객의 네일 보호와 미적 요구 충족을 위하여 네일 위에 전 처리, 네일 팁 접착 및 표면 정리, 오버레이, 마무리할 수 있는 능력이다.

능력단위요소	수 행 준 거
팁 네일 전 처리하기	1.1 작업 매뉴얼에 따라 작업에 적합한 네일 길이 및 형태를 만들 수 있다. 1.2 네일 상태에 따라 표면정리를 통하여 제품의 밀착력을 높일 수 있다. 1.3 작업 매뉴얼에 따라 네일과 네일 주변의 각질 · 거스러미를 정리할 수 있다. 1.4 작업 매뉴얼에 따라 접착력을 높이기 위하여 전 처리제를 도포할 수 있다.
네일 팁 접착하기	2.1 고객 네일 크기에 따라 정확한 네일 팁 크기를 선택할 수 있다. 2.2 작업 매뉴얼에 따라 공기가 들어가지 않도록 네일 팁을 접착할 수 있다. 2.3 고객의 손 모양에 따라 네일 팁의 방향이 비틀어지지 않게 접착할 수 있다. 2.4 고객에 요구에 따라 네일 팁을 적당한 길이로 자를 수 있다.
네일 팁 표면 정리하기	3.1 작업 매뉴얼에 따라 네일의 손상 없이 내추럴 팁 턱을 정리할 수 있다. 3.2 작업 매뉴얼에 따라 컬러 팁 표면을 정리할 수 있다. 3.3 접착된 네일 팁의 종류에 따라 네일 파일링 방법을 선택할 수 있다. 3.4 네일 주변의 잔여물을 정리할 수 있다. 3.5 굴곡진 표면을 매끄럽게 채울 수 있다.
오버레이하기	4.1 네일 랩을 사용하여 오버레이를 할 수 있다. 4.2 아크릴 네일 제품을 사용하여 오버레이를 할 수 있다. 4.3 젤을 사용하여 오버레이를 할 수 있다. 4.4 제품의 종류에 따라 오버레이 방법을 활용할 수 있다. 4.5 경화 방법에 따라 적정한 경화 유형을 선택할 수 있다.
팁 네일 마무리하기	5.1 작업 매뉴얼에 따라 인조 네일 표면을 인조 네일 구조에 맞추어 네일 파일링할 수 있다. 5.2 고객의 요구에 따라 모양과 길이에 맞게 마무리할 수 있다. 5.3 작업 매뉴얼에 따라 인조 네일 표면을 매끄럽게 네일 파일링할 수 있다. 5.4 작업 매뉴얼에 따라 마무리를 위해 큐티클 오일을 바를 수 있다. 5.5 작업 매뉴얼에 따라 광택으로 마무리할 수 있다. 5.6 작업 매뉴얼에 따라 광택 후 컬러링으로 마무리할 수 있다.

Chapter 01.

자연 네일의 전 처리

인조 네일이란 네일 팁, 네일 랩, 젤, 아크릴 등의 다양한 네일 재료를 사용하여 인위적으로 만든 손톱과 발톱을 말한다. 모든 인조 네일의 보전력을 높이기 위하여 가장 중요한 전처리 과정과 전 처리제의 성분과 특성을 알아야 한다.

본 챕터에서는 인조 네일의 전 처리 과정에 대해 알아본다.

01 전 처리 작업의 이해

1. 전 처리 작업(프레퍼레이션, Preparation)

전 처리 작업이란 인조 네일에 앞서 자연 네일을 인조 네일 관리에 적합하게 하는 준비 과정을 말하며 프레퍼레이션이라고 한다.

전처리 과정은 자연 네일의 광택을 없애주고 불필요한 각질을 제거함으로서 인조 네일이 들뜨거나 벗겨지는 현상을 방지하기 위한 중요한 작업이다.

네일 파일을 사용하여 광택을 제거하고 전 처리제를 도포하는 과정을 선택적으로 에칭(Etching)이라고도 한다.

네일 상식

전 처리 작업 시 큐티클 니퍼를 사용하여 큐티클을 정리 할 수는 있으나 과도하게 큐티클을 정리하면 큐티클 부분이 약해져 각종 화학물질에 노출될 수 있으며, 네일 파일링 시 상처가 날 수 있다.

큐티클이 심하게 많은 경우를 제외하고는 가능한 네일 파일을 사용하며 불필요한 각질만 제거하는 것이 바람직하다.

2. 전 처리제

전 처리제는 네일 프리 프라이머, 네일 프라이머, 네일 본더로 구분되는데, 네일의 유 · 수분을 조절해 줌으로서 밀착력을 높여주는 제품을 말한다. 인조 네일의 작업 전 자연 네일에 유 · 수분이 많은 경우에는 전 처리제를 도포할 수 있다. 전 처리제는 이물질에 오염되거나 빛에 노출되면 변질될 우려가 있으므로 어두운 색의 작은 유리용기를 사용한다. 또한 온도로 인하여 변질될 수도 있기 때문에 서늘하고 통풍이 잘되는 공간에 보관하여야 한다.

[다양한 전 처리제]

1) 네일 프라이머(Nail Primer)

네일 프라이머는 케라틴 단백질을 화학작용으로 녹임으로써 아크릴 네일의 접착효과를 높여주는 제품이다. 네일 표면의 유 · 수분을 제거하고 네일 표면의 pH(4.5~5.5) 밸런스를 맞춰주어 박테리아 성장을 억제하는 방부제 역할을 한다. 산성 제품으로 피부에 화상을 초래하고 네일을 부식시킬 수 있어 최소량을 자연 네일에만 도포한다.

· 주요성분 : 메타크릴애시드(Methacrylic Acid), 아크릴레이트(Acrylate), 부틸아세테이트(Butyl Acetate)

2) 논 애시드 프라이머(Non-acid Primer)

논 애시드 프라이머는 자연 네일의 유 · 수분만 제거하는 탈수제 작용을 하는 제품이다.

인조 네일의 작업 전이나 컬러링의 작업 전에도 사용할 수 있으며 산성 제품이 아니므로 피부에 닿아도 화상을 초래하지 않고 네일을 부식시키지 않는다.

· 주요성분 : 아크릴레이트(Acrylate), 부틸아세테이트(Butyl Acetate)

3) 네일 본더(Nail Bonder)

네일 본더는 산성성분을 포함한 제품과 포함하지 않은 제품으로 구분되며, 젤 네일 작업 시 자연 네일의 유 · 수분을 제거하고 젤 네일의 밀착력을 높여주는 역할을 한다.

02 자연 네일의 전처리 작업

1. 작업자의 복장 및 작업대 준비

① 작업자는 위생가운과 보호안경, 마스크를 착용한다.
② 작업대를 기구 소독제로 소독한다.
③ 위생 처리된 흰색 수건을 작업대 위에 깐다.
④ 고객의 방향에 손목 받침대를 올려놓고 손목 받침대 앞쪽으로 키친타월을 깐다.
⑤ 재료 정리함을 사용하기 편한 위치에 놓는다.
⑥ 재료정리함에는 전 처리 작업에 필요한 네일 재료들을 준비하고 소독용기에 네일 도구의 소독을 마친다.
⑦ 위생 봉지를 재료 정리함 앞쪽에 붙인다.

[작업자 복장 및 작업대 준비물품]

준비물품	위생가운, 보안경, 마스크, 수건, 손목 받침대, 키친타월, 위생봉지, 재료 정리함

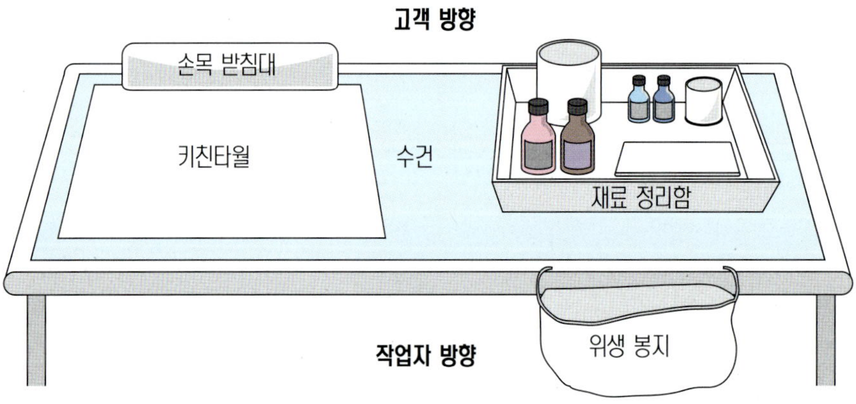

2. 재료 정리함 준비

① 소독용기에 네일 더스트 브러시를 넣고 에탄올수용액 70%에 10분 이상 담가준다.
② 네일 파일 꽂이에 자연 네일용 파일, 샌딩 파일을 꽂아준다.
③ 용기에 손 소독용 탈지면을 준비한다.
④ 전 처리제를 선택하여 준비한다.

[재료 정리함 준비물품]

준비물품	소독용기(네일 더스트 브러시), 파일 꽂이(자연 네일용 파일, 인조 네일용 파일, 샌딩 파일), 용기(소독용 탈지면) 에탄올, 손 소독제, 지혈제, 전 처리제(네일 프라이머, 젤 본더)

3. 자연 네일의 전처리

① 손 소독제를 탈지면에 분사하여 작업자의 양쪽 손을 소독한다.
② 손 소독제를 탈지면에 분사하여 고객의 양쪽 손을 소독한다.
③ 네일 화장물이 도포되어 있는 경우 고객의 양쪽 손에 네일 화장물을 제거한다.
④ 자연 네일용 파일을 사용하여 프리에지의 형태를 라운드 또는 오발로 조형한다. 프리에지 길이는 약 0.1cm정도로 조형한다. 네일 클리퍼를 사용할 수 있다.
⑤ 큐티클 푸셔를 45°의 각도로 사용하여 큐티클을 부드럽게 밀어준다.
⑥ 선택사항 : 큐티클 니퍼를 사용하여 큐티클을 조금 정리할 수 있다.

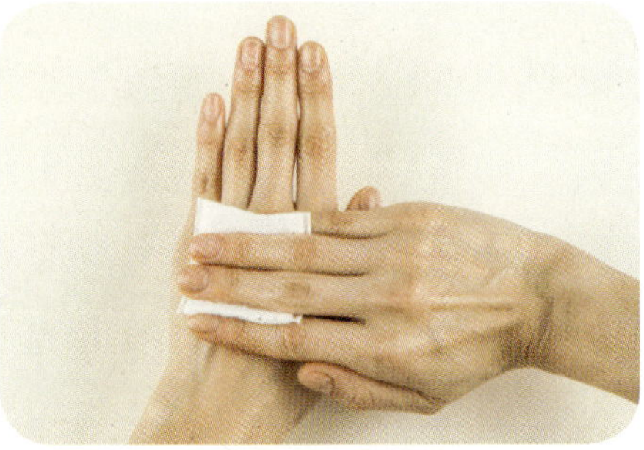
① 작업자 손 소독하기

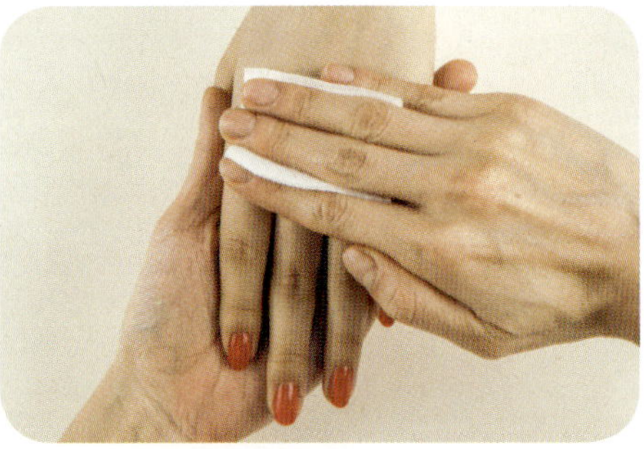
② 고객 손 소독하기

③ 네일 화장물 제거하기

④ 프리에지 형태 조형하기

⑤ 큐티클 밀어올리기

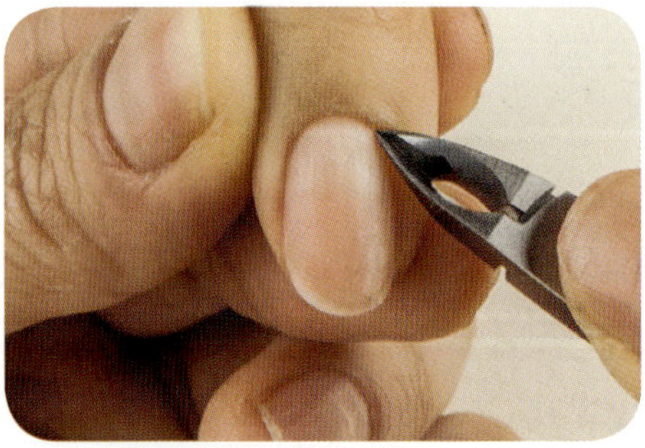
⑥ 큐티클 정리하기(선택사항)

⑦ 네일 파일을 사용하여 큐티클 주변에 불필요한 각질을 제거한다.

⑧ 샌딩 파일을 사용하여 네일 표면의 광택을 제거하고 프리에지 밑 거스러미를 제거한다.

⑨ 네일 더스트 브러시를 사용하여 분진을 제거한다.

⑩ 오버레이하는 네일 재료에 따라 전 처리제를 선택하여 소량 도포할 수 있다. 네일 팁 턱 제거 후나 네일 폼 접착 이후에 도포할 수도 있다.

⑦ 불필요한 각질 제거하기

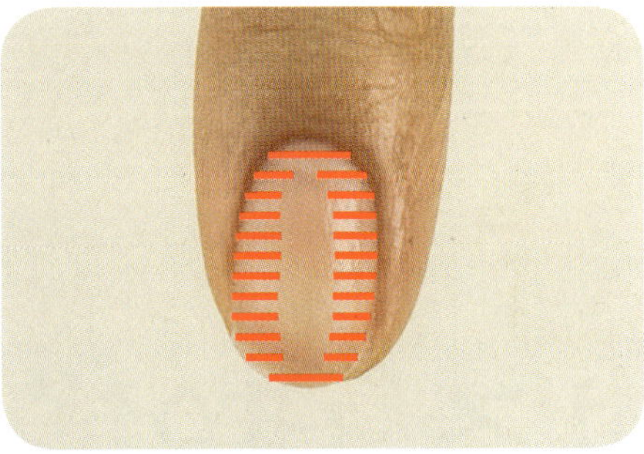
네일 파일 사용부위

⑧ 자연 네일 광택 제거하기

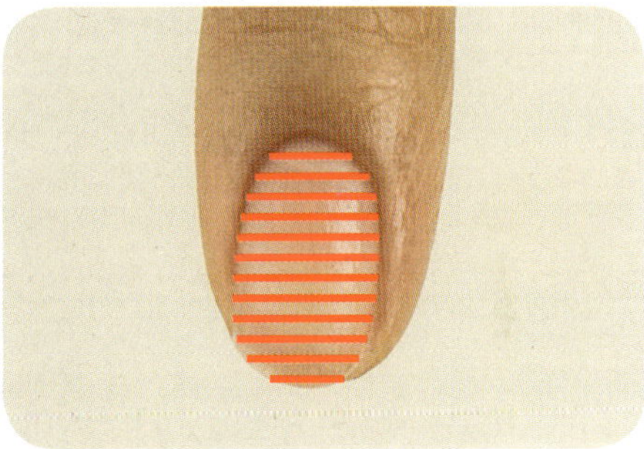
샌딩 파일 사용부위

⑨ 분진 제거하기

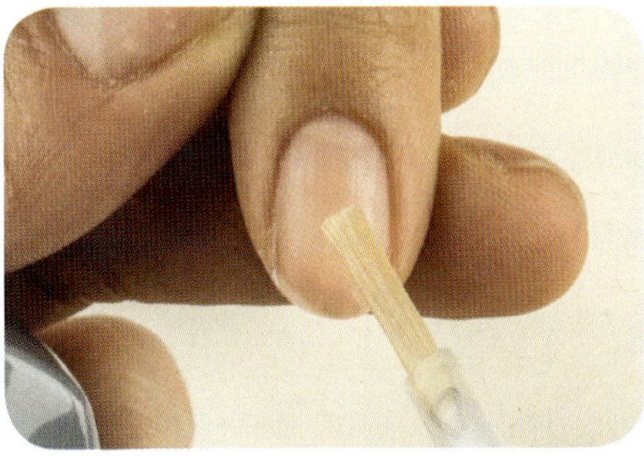
⑩ 전 처리제 도포하기

Chapter 02.

인조 네일의 구조

인조 네일은 각각의 구조에 따라 정확하게 조형해야 한다. 인조 네일의 구조에 따른 분류와 특징을 인조 네일의 다양한 프리에지의 형태의 조형방법을 숙지한다.

본 챕터에서는 인조 네일의 구조와 프리에지의 형태 조형방법에 대해 알아본다.

01 인조 네일의 프리에지 형태 조형

1. 인조 네일의 형태별 분류

이미지	형태	내용
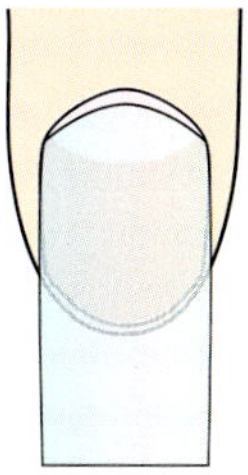	스퀘어 Square	· 프리에지의 양쪽 끝 부분이 사각 형태로 스트레스 포인트에서부터 프리에지까지 직선이며 옆면 인과 프리에지 단면이 90° 의 각도를 유지해야 한다.
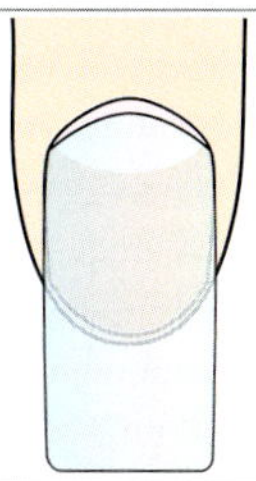	스퀘어 오프 Square Off	· 스퀘의 형태에서 양쪽 끝 모서리의 각을 제거한 형태로 양쪽 끝 모서리 부분의 각을 부드럽게 제거한 상태이다.
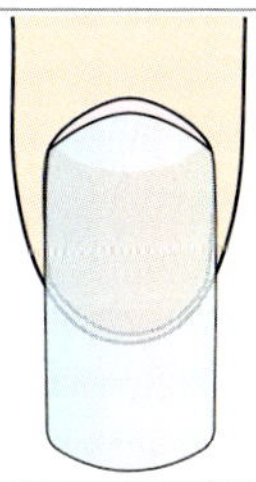	라운드 Round	· 프리에지에 원의 일부가 있는 듯 자연스러운 동그란 형태로 스트레스 포인트에서부터 프리에지까지 직선으로 프리에지는 라운드 형태를 이루어야 하며, 프리에지의 어느 곳에서도 각이 없어야한다.
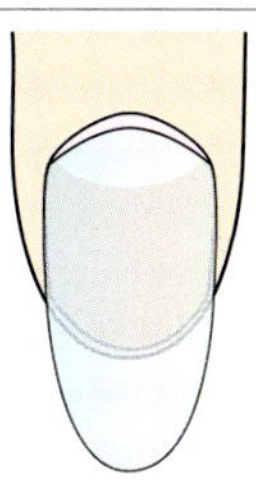	오발 Oval	· 프리에지에 타원의 일부가 있는 듯 자연스러운 타원의 형태로 스트레스 포인트에서부터 곡선으로 프리에지는 오발 형태를 이루어야 하며, 프리에지 전체가 곡선을 유지해야 한다.
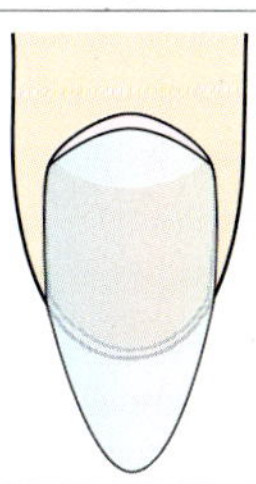	아몬드 Almond	· 프리에지에 아몬드의 일부가 있는 듯 자연스러운 아몬드의 형태이다. · 스트레스 포인트에서부터 곡선으로 네일 파일링한다. 프리에지 끝 부분이 날카롭지 않은 곡선을 유지해야 한다.

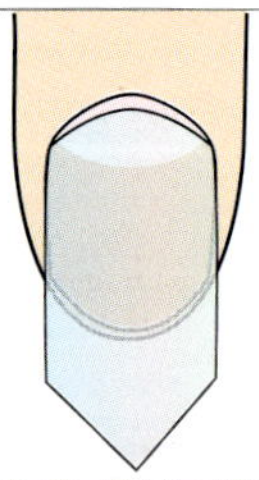	에지 Edge	· 프리에지가 스퀘어 형태를 유지하면서 끝부분은 뾰족한 형태이다. · 스트레스 포인트부터 프리에지까지 직선이며 프리에지 끝 부분은 뾰족한 상태를 유지해야 한다.
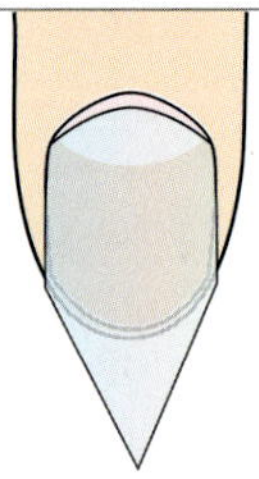	스틸레토 Stiletto	· 프리에지 전체가 뾰족한 형태이다. · 스트레스 포인트부터 뾰족한 상태로 프리에지가 점차 가늘어져서 끝부분을 날카롭게 유지해야 한다.

2. 스퀘어 형태 조형방법

① 정면에서 보았을 때 큐티클 라인 중앙과 프리에지 단면이 수평이 되게 일직선으로 네일 파일링 한다.

② 왼쪽 외관라인을 스트레스 포인트에서부터 프리에지까지 일직선으로 네일 파일링한다.

③ 오른쪽 외관라인을 스트레스 포인트에서부터 프리에지까지 일직선으로 네일 파일링한다.

④ 손가락을 옆으로 돌려 옆면 직선라인과 프리에지 단면이 90° 의 각도를 유지하게 네일 파일링한다.

⑤ 반대편도 옆면 직선라인이 프리에지 단면가 90° 의 각도를 유지하게 네일 파일링한다.

⑥ 프리에지의 양쪽 끝부분이 사각의 형태를 유지하는지 확인하다.

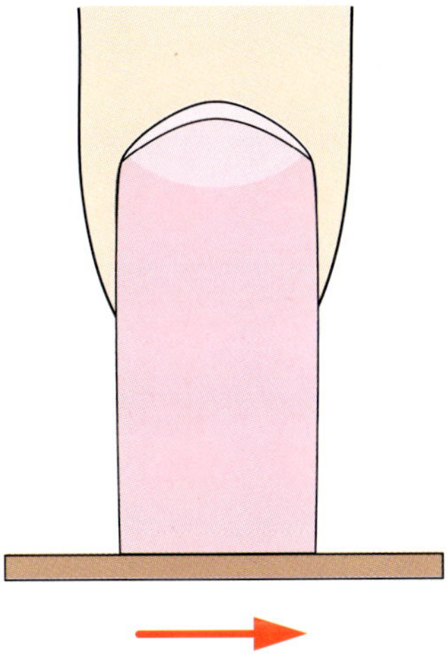

①

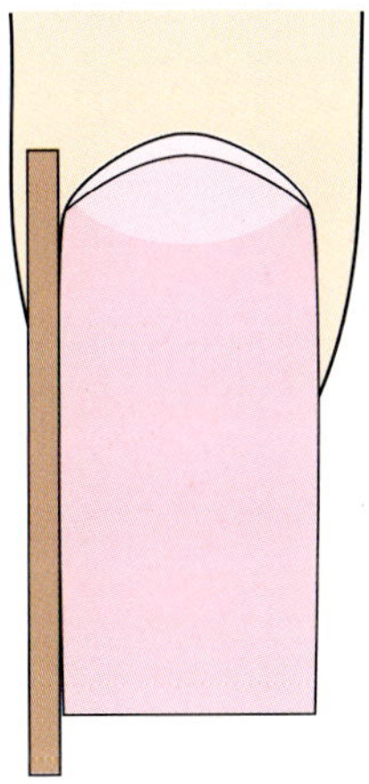

②

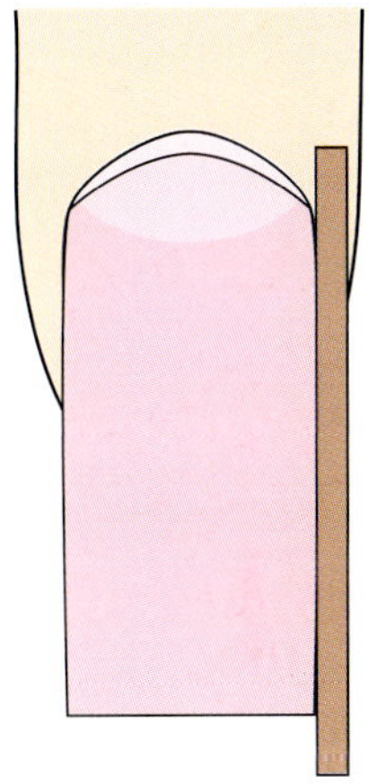

③

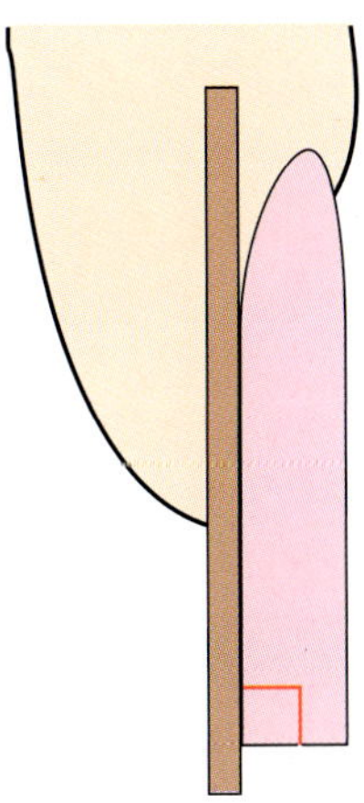

④

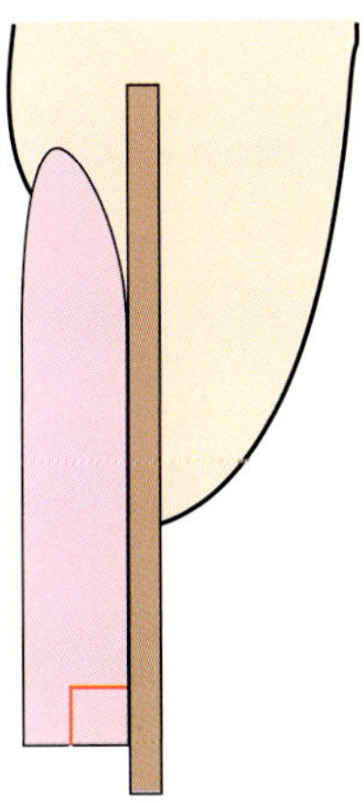

⑤

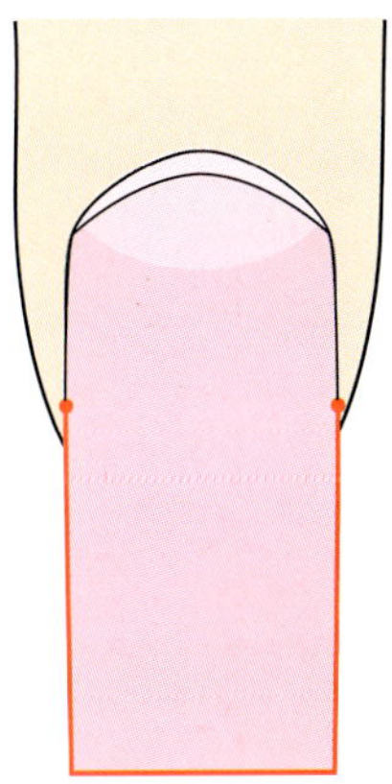

⑥

3. 스퀘어 오프 형태 조형방법

① 정면에서 보았을 때 큐티클 라인 중앙과 프리에지 단면이 수평이 되게 일직선으로 네일 파일링 한다.

② 양쪽 외관라인을 스트레스 포인트에서부터 프리에지까지 일직선으로 네일 파일링한다.

③ 손가락을 옆으로 돌려 옆면 직선라인과 프리에지 단면이 90° 의 각도를 유지하게 네일 파일링하며 반대편도 같은 각도로 네일 파일링한다.

④ 왼쪽 끝 모서리 부분의 직각을 부드럽게 제거하며 네일 파일링한다.

⑤ 오른쪽 끝 모서리 부분의 직각을 부드럽게 제거하며 네일 파일링한다.

⑥ 스퀘어 형태에서 양쪽 모서리 부분의 각만 제거 되었는지 확인한다.

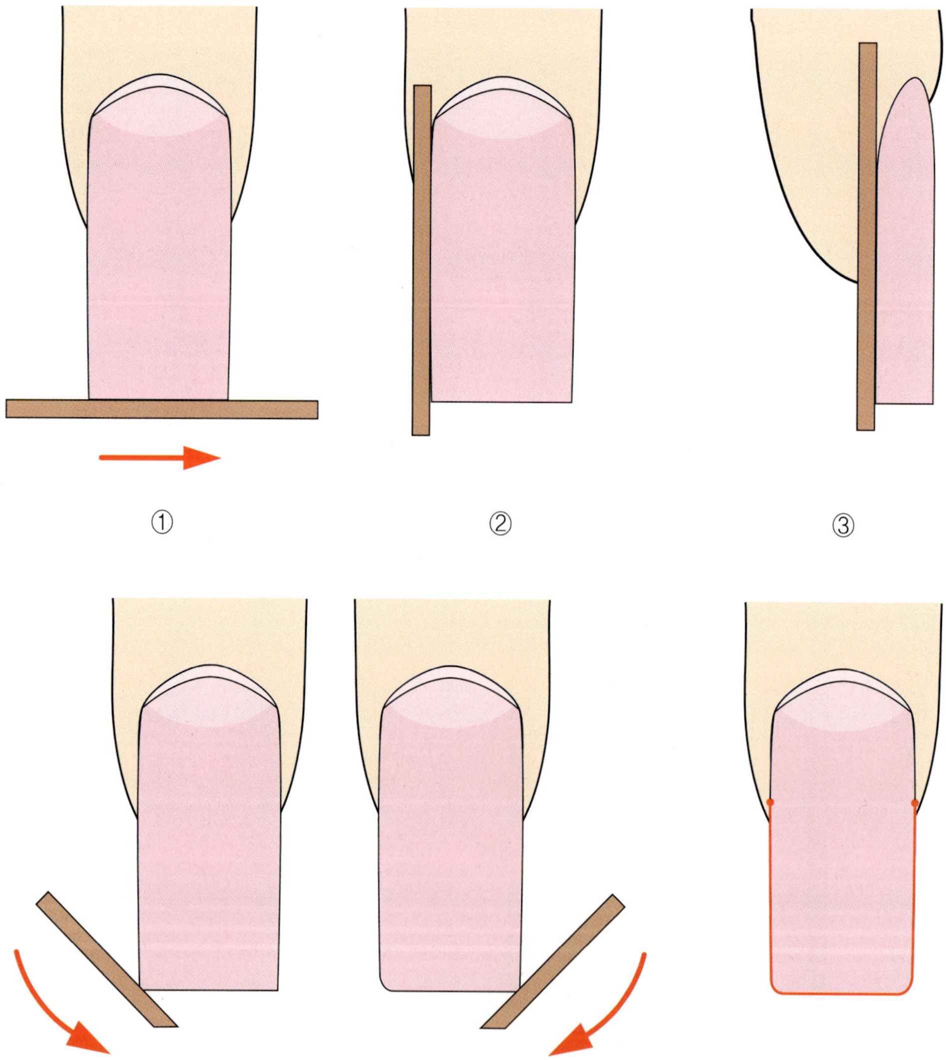

4. 라운드 형태 조형방법

① 정면에서 보았을 때 큐티클 라인 중앙과 프리에지 단면이 수평이 되게 일직선으로 네일 파일링 한다.
② 양쪽 외관라인을 스트레스 포인트에서부터 프리에지까지 일직선으로 네일 파일링한다.
③ 프리에지를 세로로 3등분하여 양쪽 모서리 부분의 각을 제거한다.
④ 손가락을 옆으로 돌려 옆면 스트레스 포인트 부분부토 프리에지까지 일정부분 직선을 유지하고 모서리의 각을 제거하며 반대편도 같은 각도로 네일 파일링한다.
⑤ 프리에지의 각을 전부 부드럽게 연결하며 네일 파일링한다.
⑥ 프리에지의 어느 곳에서도 각이 없고 프리에지의 원의 일부가 있는 듯 동그란 형태를 이루고 있는지 확인한다.

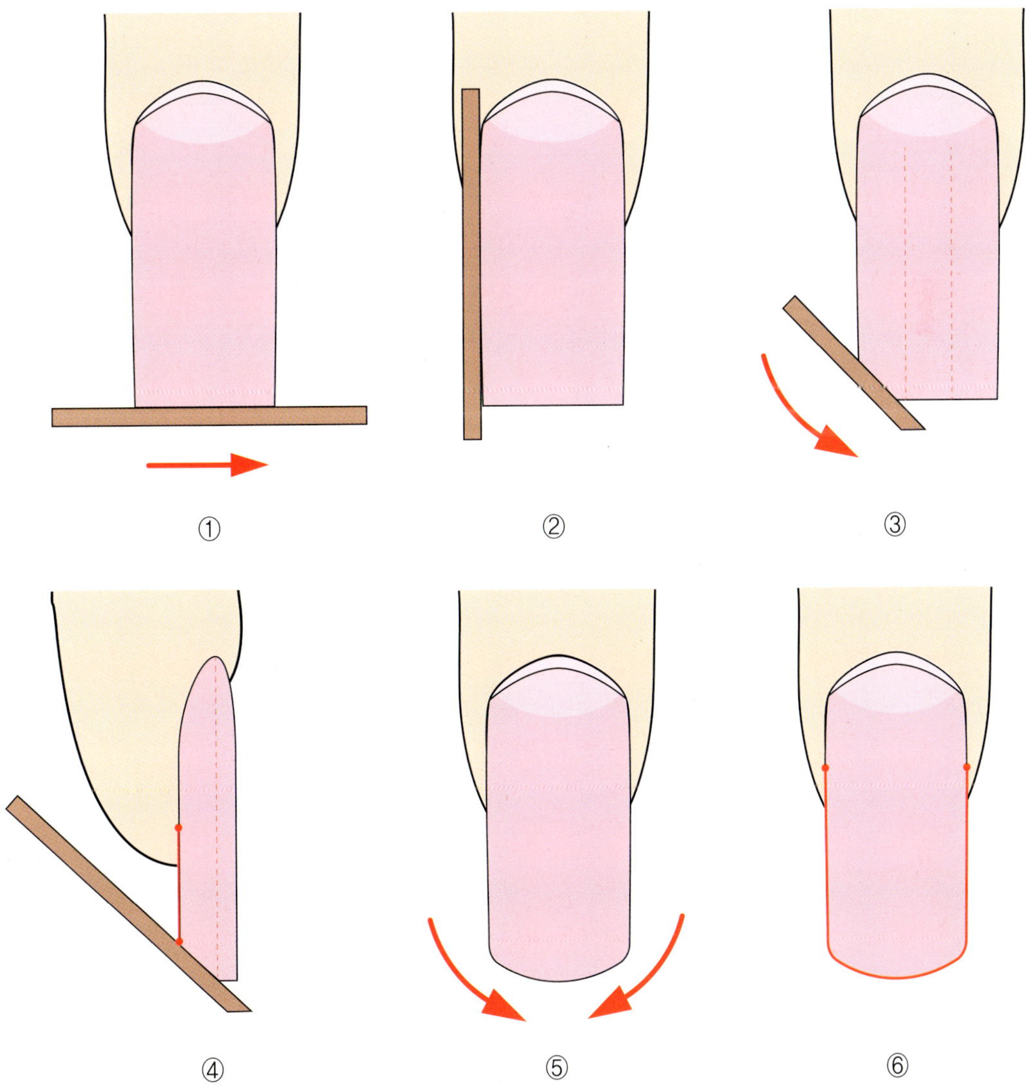

5. 오발 형태 조형방법

① 프리에지를 세로로 3등분한다. 왼쪽 외관라인을 스트레스 포인트부터 프리에지의 왼쪽 3분의 1 부분까지 각을 제거한다.
② 반대편 외관라인도 스트레스 포인트부터 프리에지의 왼쪽 3분의 1부분까지 각을 제거한다.
③ 손가락을 옆으로 돌려 옆면 스트레스 포인트부터 프리에지의 3분의 1부분까지 각을 제거한다.
④ 반대편도 옆면 스트레스 포인트부터 프리에지의 3분의 1부분까지 각을 제거한다.
⑤ 스트레스 포인트에서부터 프리에지까지 곡선으로 부드럽게 연결하며 네일 파일링한다.
⑥ 프리에지는 타원의 형태를 이루어야 하며, 프리에지 전체가 곡선을 유지하는지 확인한다.

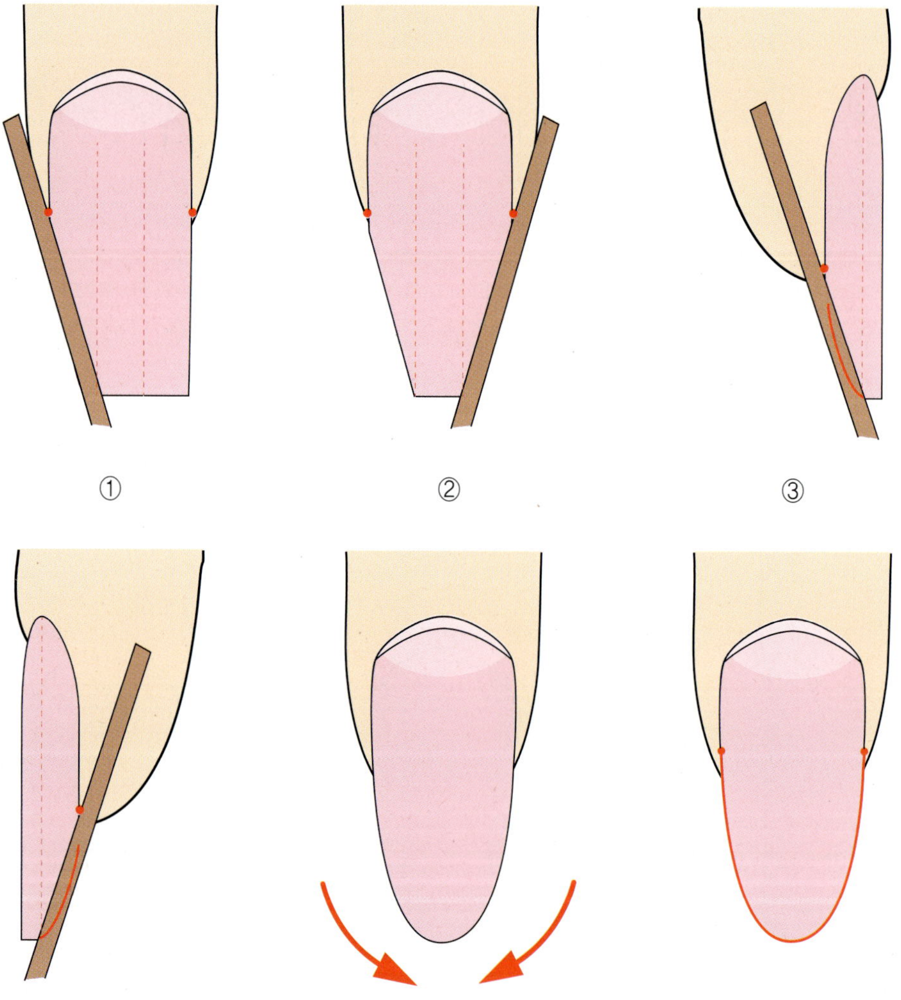

① ② ③ ④ ⑤ ⑥

6. 아몬드(포인트) 형태 조형방법

① 프리에지를 세로로 3등분한다. 왼쪽 외관라인을 스트레스 포인트부터 프리에지의 왼쪽 3분의 1안쪽부분까지 각을 제거한다.

② 반대편 외관라인도 스트레스 포인트부터 프리에지의 왼쪽 3분의 1 안쪽부분까지 각을 제거한다.

③ 손가락을 옆으로 돌려 옆면 스트레스 포인트부터 프리에지의 3분의 1 안쪽부분까지 각을 제거한다.

④ 반대편도 옆면 스트레스 포인트부터 프리에지의 3분의 1 안쪽부분까지 각을 제거한다.

⑤ 스트레스 포인트에서부터 프리에지까지 곡선으로 부드럽게 연결하며 네일 파일링한다.

⑥ 프리에지는 아몬드의 형태를 이루어야 하며, 프리에지의 끝부분이 날카롭지 않은 곡선을 유지하는지 확인한다.

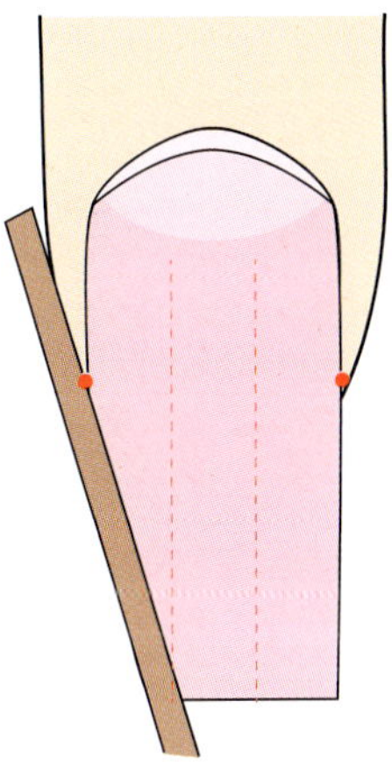

①

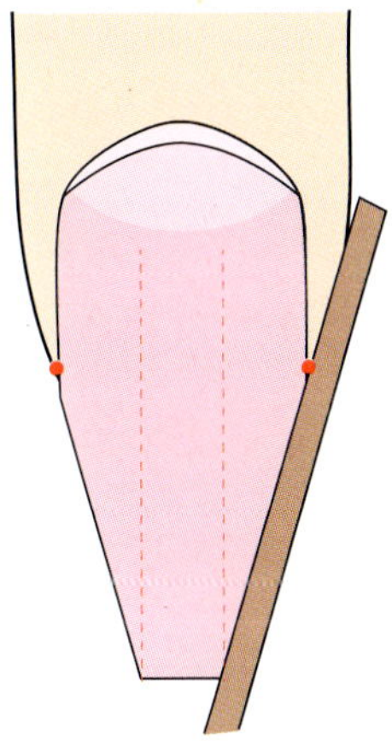

②

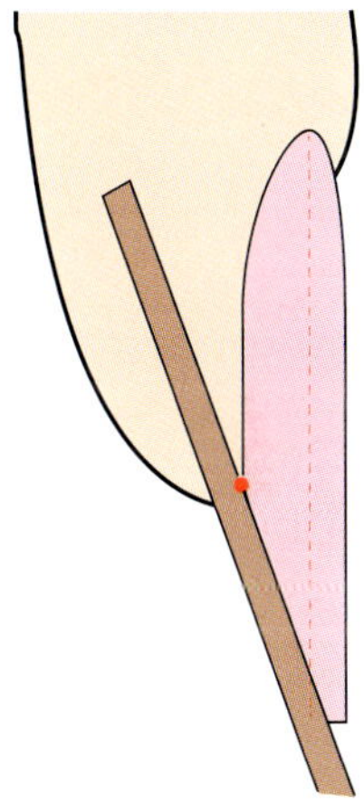

③

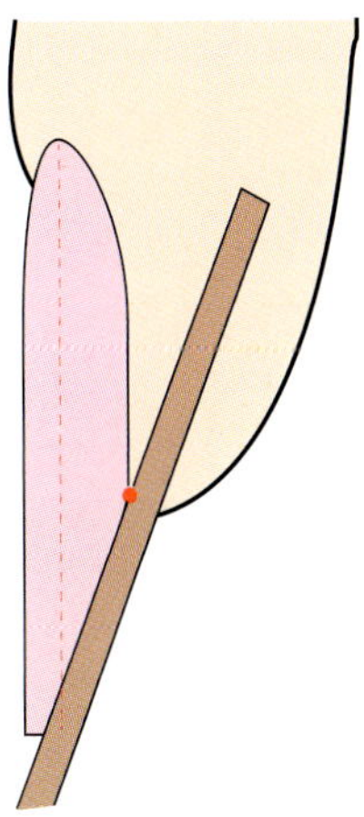

④

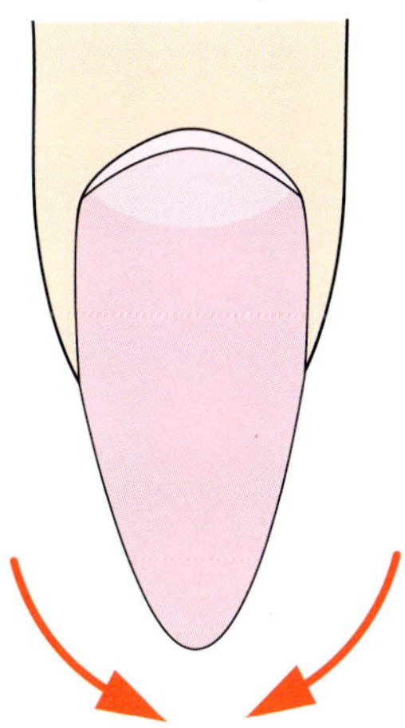

⑤

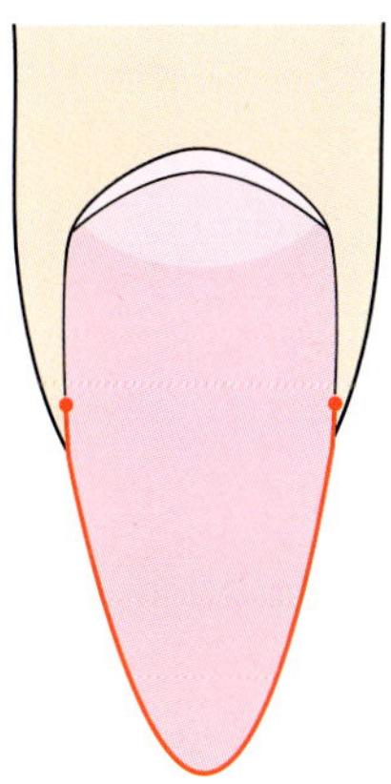

⑥

7. 에지 형태 조형방법

① 정면에서 보았을 때 큐티클 라인 중앙과 프리에지 단면이 수평이 되게 일직선으로 네일 파일링 한다.

② 왼쪽 외관라인을 스트레스 포인트에서부터 프리에지까지 일직선으로 네일 파일링한다.

③ 오른쪽 외관라인을 스트레스 포인트에서부터 프리에지까지 일직선으로 네일 파일링한다.

④ 왼쪽 스트레스 포인트부터 프리에지까지 2분의 1지점에서 시작하여 프리에지 중앙을 향해 네일 파일링한다.

⑤ 반대편도 스트레스 포인트부터 프리에지까지 2분의 1지점에서 시작하여 프리에지 중앙을 향해 네일 파일링한다.

⑥ 프리에지가 스퀘어 형태를 유지하면서 끝부분은 뾰족한 형태를 유지하는지 확인하다.

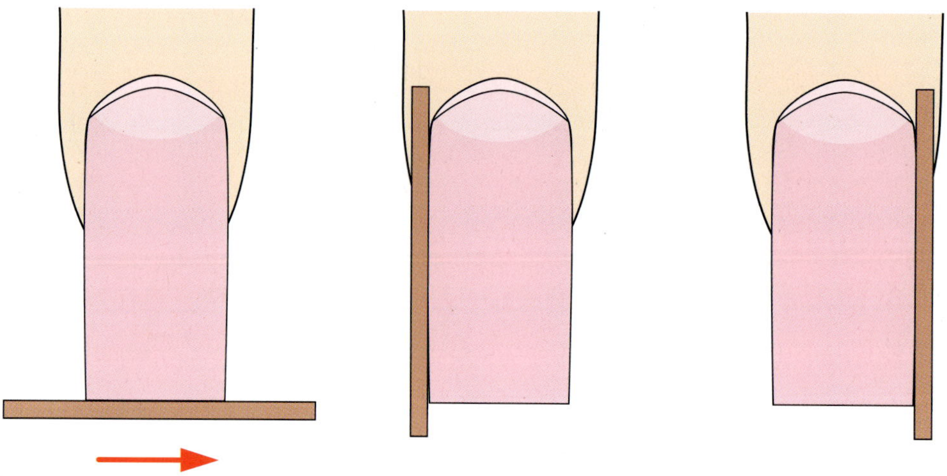

① ② ③

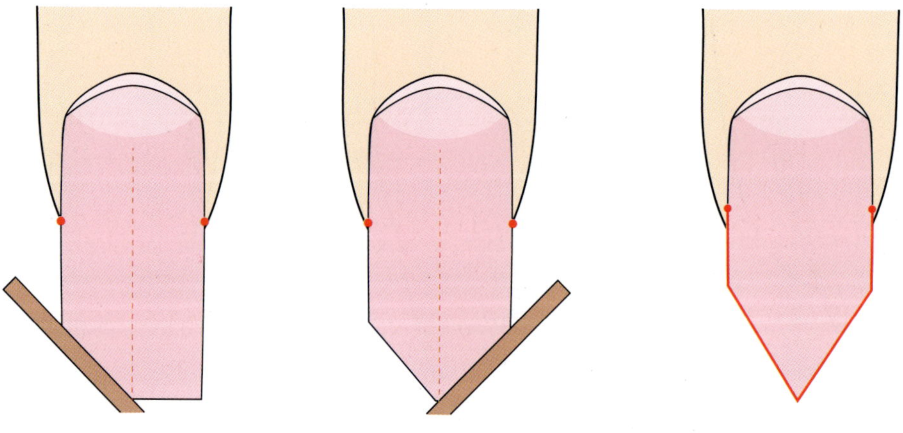

④ ⑤ ⑥

8. 스틸레토 형태 조형방법

① 프리에지를 세로로 2등분한다. 왼쪽 스트레스 포인트부터 프리에지의 중앙을 향해 네일 파일링한다.
② 반대편 스트레스 포인트부터 프리에지의 중앙을 향해 네일 파일링한다.
③ 손가락을 옆으로 돌려 옆면 스트레스 포인트부터 프리에지의 중앙을 향해 네일 파일링한다.
④ 반대편도 스트레스 포인트부터 프리에지의 중앙을 향해 네일 파일링한다.
⑤ 스트레스 포인트에서부터 프리에지까지 각을 만들며 날카롭게 연결하며 네일 파일링한다.
⑥ 스트레스 포인트부터 뾰족한 상태로 프리에지가 점차 가늘어져서 끝부분을 날카롭게 유지하는지 확인한다.

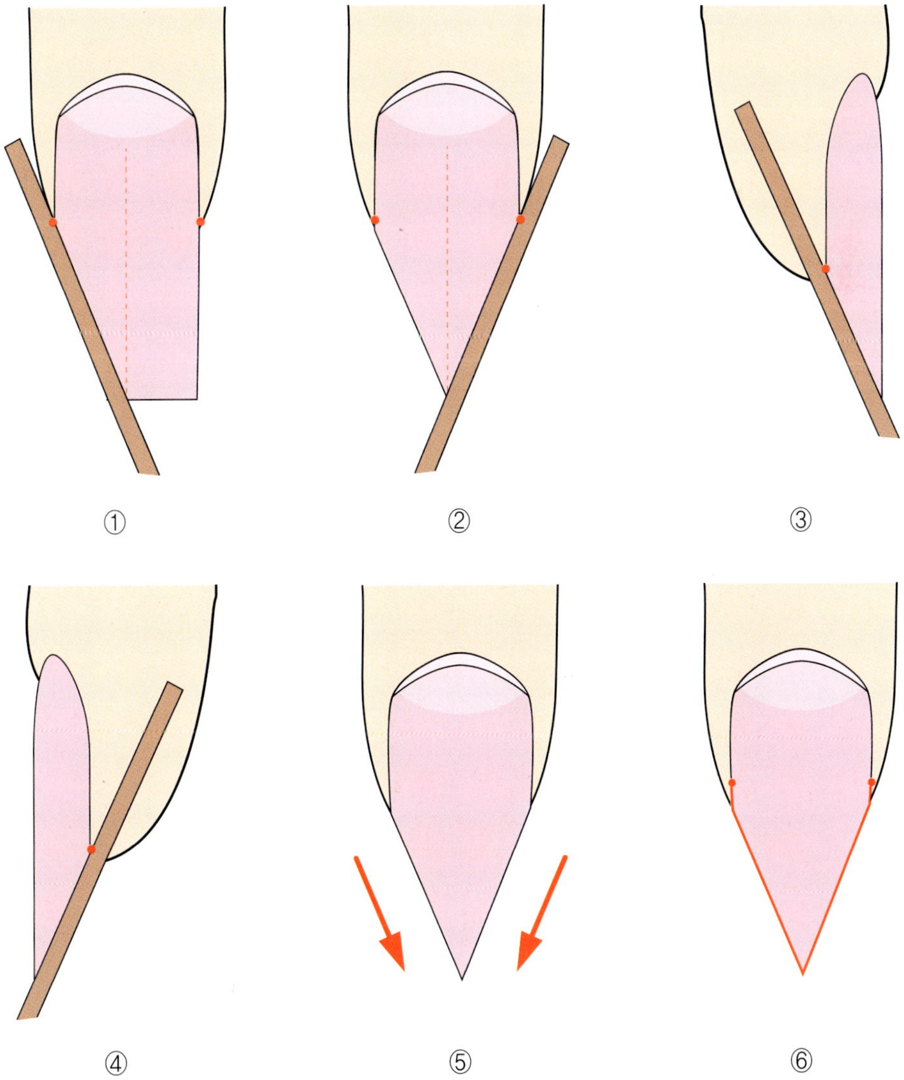

02 인조 네일 구조에 따른 조형 방법

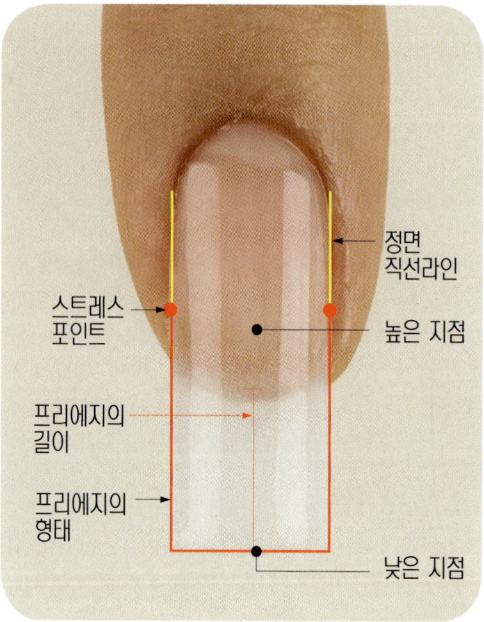

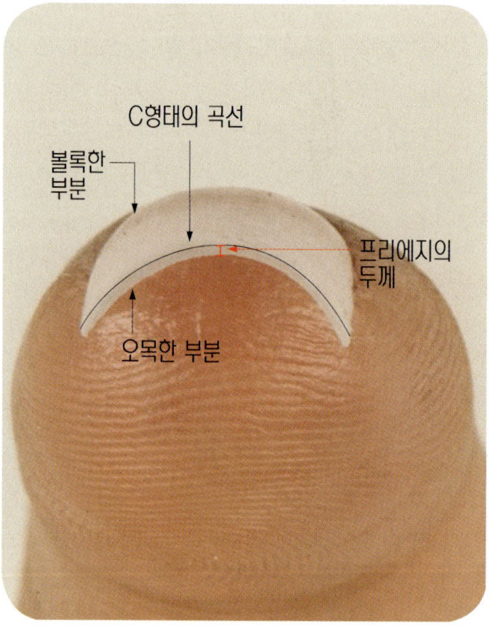

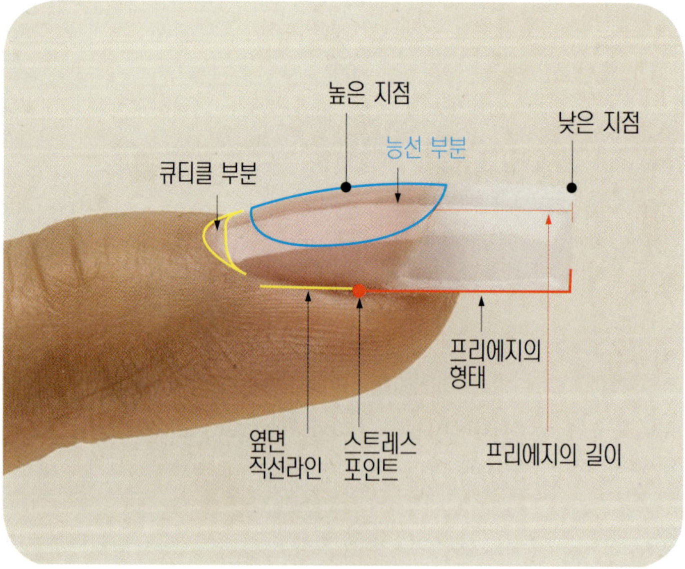

[인조 네일의 구조]

1. 인조 네일의 구조에 따른 명칭

[인조 네일의 구조의 따른 명칭 분류]

국문표기	영문표기	한글 독음
프리에지의 길이	Free Edge Length	프리에지 렝스
프리에지의 형태	Free Edge Shape	프리에지 셰이프
정면 직선라인	Front Straight	프런트 스트레이트
옆면 직선라인	Side Straight	사이드 스트레이트
프리에지의 두께	Free Edge Thickness	프리에지 티크니스
C-형태의 곡선	C-Curve	씨- 커브
오목한 부분	Concave	콘케이브
볼록한 부분	Convex	콘벡스
높은 지점	High Point	하이 포인트
낮은 지점	Low Point	로우 포인트
큐티클 부분	Cuticle Area	큐티클 에어리어
능선 부분	Arch Location	아치 로케이션

2. 인조 네일의 구조에 따른 분류와 특징

1) 프리에지의 길이(프리에지 렝스)

옐로우 라인 아래 부분에 연장된 인조 네일의 길이를 말한다. 과도하게 긴 프리에지의 길이는 인조 네일이 부러질 수 있으므로 유의해야 한다.

2) 프리에지의 형태(프리에지 셰이프)

스트레스 포인트 아래 부분의 프리에지 형태를 말한다. 인조 네일의 프리에지 형태는 다양하며, 프리에지의 형태에 따라 적절한 네일 파일링 방법을 선택한다.

3) 정면 직선라인(프런트 스트레이트)

정면에서 본 스트레스 포인트까지의 외관의 직선라인을 말한다. 자연 네일의 형태는 변형할 수 없으며 오버레이한 인조 네일만 네일 파일링할 수 있다. 스퀘어 형태일 경우 프리에지까지 일직선으로 연결해야 한다.

4) 옆면 직선라인(사이드 스트레이트)

옆면에서 본 스트레스 포인트까지의 직선 라인을 말한다. 자연 네일의 형태는 변형할 수 없으며 오버레이한 인조 네일만 네일 파일링할 수 있다. 스퀘어 형태일 경우 프리에지와 90° 의 각도를 유지하며 일직선으로 네일 파일링해야 한다.

5) 프리에지의 두께(프리에지 티크니스)

인조 네일의 프리에지 단면의 두께를 말한다. 고객의 생활 습관과 인조 네일의 길이에 따라 두께를 조절할 수 있다. 평가 시에는 0.5~1mm 이하로 조절한다.

6) C-형태의 곡선(씨 커브)

인조 네일의 프리에지 단면에 C-형태의 곡선을 말한다. 일반적으로 고객이 형성하고 있는 곡선과 같은 곡선을 형성해야 불편함을 줄일 수 있다. 평가 시에는 20~40%의 곡선을 유지한다.

7) 오목한 부분(콘벡스)

C-형태의 곡선의 안쪽 오목한 부분을 말한다. 볼록한 부분과 곡선이 동일해야 하며 일정한 두께를 형성해야 한다.

8) 볼록한 부분(콘케이브)

C-형태의 곡선의 볼록한 부분을 말한다. 오목한 부분과 곡선이 동일해야 하며 일정한 두께를 형성해야 한다.

9) 높은 지점 (하이 포인트)

인조 네일에서 가장 높은 부분으로 자연 네일의 양쪽 스트레스 포인트 중앙 부분과 동일한 지점이다. 이 부분이 높아야 부러짐을 방지할 수 있으며, 높은 부분을 중심으로 완만한 곡선을 형성하며 네일 파일링한다.

10) 낮은 지점(로우 포인트)

인조 네일에서 가장 낮은 프리에지의 끝 부분을 말한다. 프리에지의 두께를 고려하여 높은 지점에서 자연스럽게 연결하여 네일 파일링한다.

11) 큐티클 부분(큐티클 에어리어)

인조 네일에서 가장 얇아야 하는 큐티클 부분을 말한다. 인조 네일이 들뜨지 않도록 자연 네일의 부분과 인조 네일의 부분이 자연스럽게 연결되도록 조형해야하며 출혈에 주의하여 조심스럽게 네일 파일링해야 한다.

12) 능선 부분(아치 로케이션)

인조 네일의 표면에 높은 지점을 중심으로 낮은 지점까지 완만하게 곡선을 형성하는 부분이다. 네일 파일을 끊어서 사용하지 말고 부드럽게 연결하여 네일 파일링한다.

인조 네일에서 가장 먼저 프리에지의 길이와 형태를 조형한다. 그 뒤에 인조 네일의 구조를 조형방법은 전부 동일하다. 국가자격제도나 네일 대회에서 가장 많이 사용하는 형태는 스퀘어 형태를 기준으로 인조 네일의 구조를 조형한다. 각 구조의 완성 포인트를 숙지하여 구조에 따른 정확한 네일 파일링을해야 하며 국가자격제도 실기시험에 경우에는 프리에지의 길이 0.5~1cm 이하, 프리에지의 두께 0.5~1mm 이하, 네일 팁의 곡선 20~40%로 완성한다.

3. 구조에 따른 네일 파일링 방법

① 프리에지의 길이를 0.5~1cm 로 조절하고 프리에지를 스퀘어 형태로 네일 파일링한다.

② 프리에지의 두께를 0.5~1mm 이하로 오목한 부분과 볼록한 부분의 두께를 확인하며 네일 파일링한다. C-형태의 곡선 20~40%가 되도록 프리에지를 네일 파일링한다.

③ 인조 네일에서 가장 높은 지점과 낮은 지점을 확인하며 높은 지점과 낮은 지점을 자연스럽게 연결하여 네일 파일링한다.

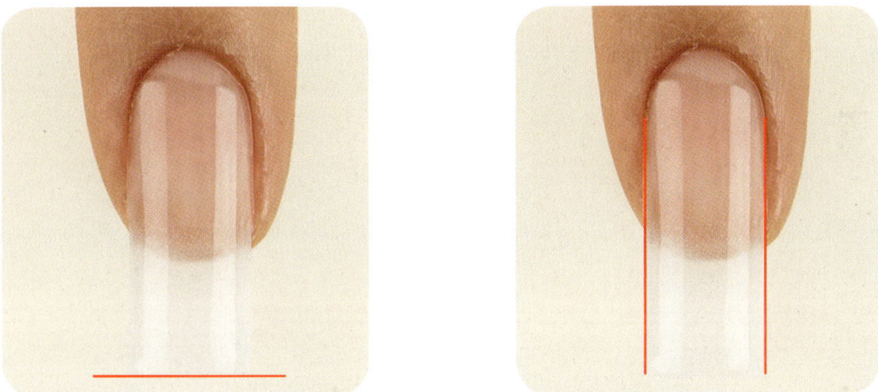

① 프리에지의 길이와 형태 네일 파일링하기

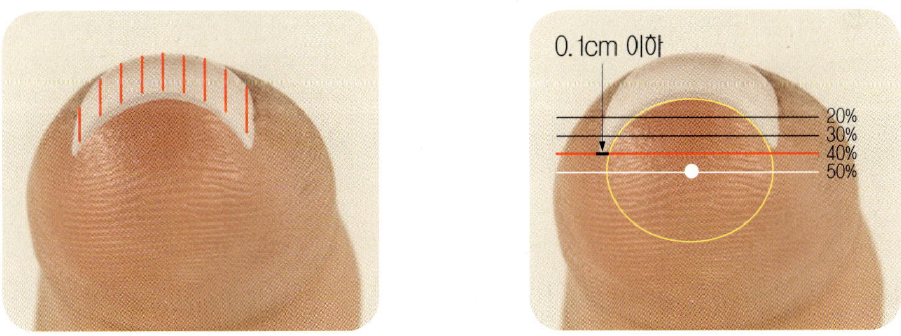

② 프리에지의 두께 조절과 곡선 네일 파일링하기

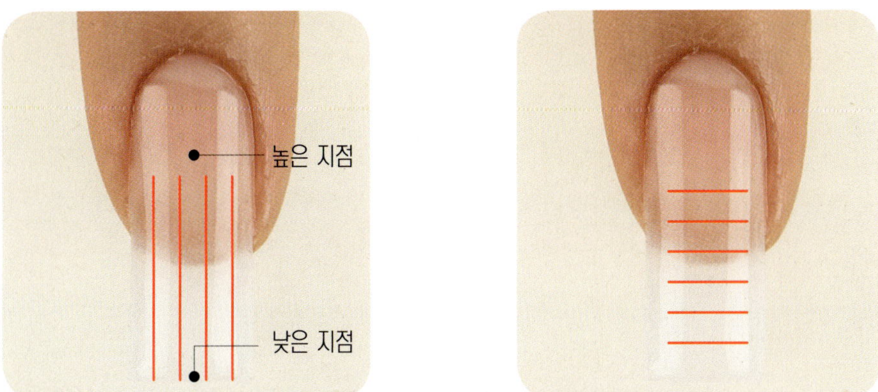

③ 높은 지점과 낮은 지점 연결하기

④ 자연 네일과 인조 네일을 자연스럽게 연결되도록 큐티클 부분을 네일 파일링한다. 스트레스 포인트 윗부분은 네일의 중앙 방향으로 큐티클 라인을 고려하여 네일 파일링하면 주변 피부를 보호할 수 있으며 스트레스 포인트 아랫부분은 바깥 방향으로 네일 파일링하면 인조 네일의 부러짐을 방지할 수 있다.

⑤ 높은 지점을 중심으로 완만한 곡선이 형성되도록 인조 네일의 전체의 능선 부분을 네일 파일링한다. 반대 방향도 같은 방법으로 네일 파일을 끊어서 사용하지 말고 부드럽게 연결해서 인조 네일의 전체를 네일 파일링한다.

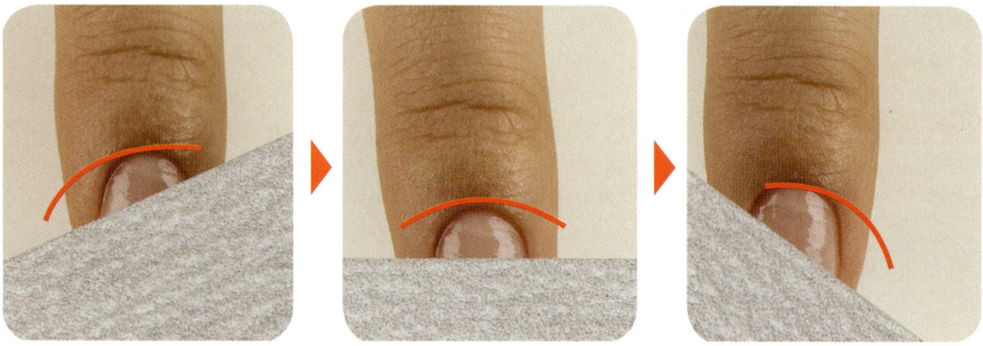

* 네일 주변 피부에 주의하며 네일 파일링하기

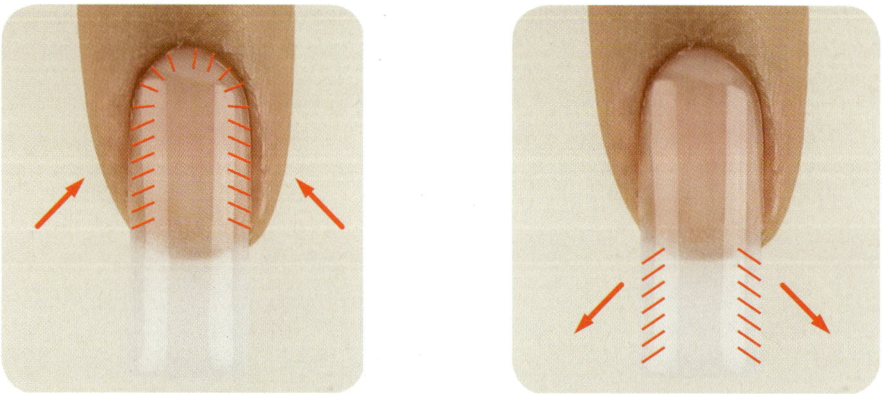

④ 큐티클과 스트레스 포인트 아래 부분의 네일 파일링하기

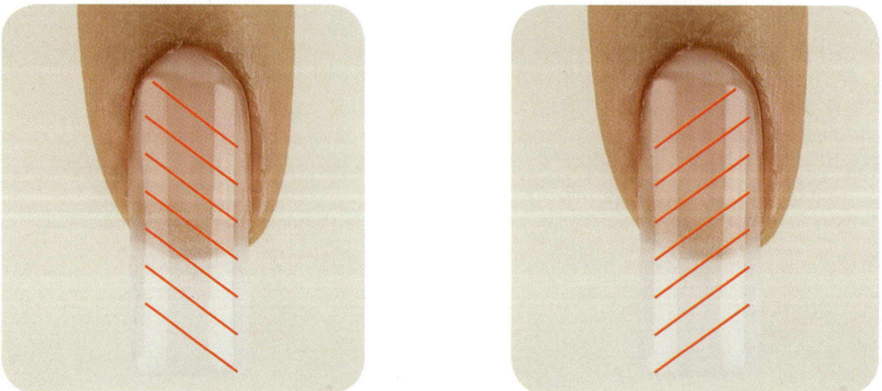

⑤ 능선부분 네일 파일링하기

Chapter 03.

팁 네일

팁 네일이란 네일 팁을 이용하여 길이를 연장하고 다양한 네일 재료를 사용하며 인조 네일을 만드는 것을 말한다. 오버레이하는 네일 재료에 따라 각각의 명칭과 특징이 있으며 오버레이의 활용방법이 달라진다.

본 챕터에서는 네일 팁을 활용한 팁 네일의 종류와 작업방법에 대해 알아본다.

01 팁 네일의 이해

1. 인조 네일

인조 네일이란 네일 팁, 네일 랩, 아크릴, 젤, 등의 네일 재료를 사용하여 자연 네일을 보강하거나 길이를 연장하여 인위적으로 만든 손톱과 발톱을 말한다.

2. 팁 네일(Tip Nail)

팁 네일이란 네일 팁을 이용하여 길이를 연장하는 것을 말한다. 네일 팁만으로는 인조 네일을 완성할 수 없기 때문에 다양한 네일 재료를 네일 팁 위에 씌어준다.

네일 팁 위에 네일 재료를 씌어주는 행위를 오버레이(Overlay)라고 하며 팁 오버레이는 네일 팁을 이용해서 길이를 연장하고 네일 랩, 아크릴, 젤 등으로 네일 팁 위를 씌워줌으로써 튼튼하게 유지시키는 방법이다.

팁 오버레이에는 오버레이하는 네일 재료에 따라 명칭이 바뀌며 산업에서는 크게 4종류로 나눌 수 있으나 필러 파우더와 네일 랩은 같이 사용하는 경우가 많아 통상적으로는 팁 위드 랩, 팁 위드 아크릴, 팁 위드 젤의 3가지로 구분된다.

[팁 오버레이의 종류]

팁 오버레이	팁 위드 필러(Tip With Filler)
	팁 위드 랩(Tip With Wrap)
	팁 위드 아크릴(Tip With Acrylic)
	팁 위드 젤(Tip With Gel)

1) 팁 위드 필러

팁 위드 필러는 네일 팁을 붙인 후 네일 팁 턱과 자연 네일 사이가 꺼진 경우 그 부분을 채워주고 좀 더 보강하는 의미로 필러 파우더를 사용하여 견고하게 만들어주는 작업방법을 말한다. 주요 재료는 네일 팁, 필러 파우더, 네일용 접착제를 사용한다.

2) 팁 위드 랩

팁 위드 랩은 네일 팁을 붙인 후 좀 더 보강하는 의미로 패브릭 랩을 붙여 견고하게 만들어 주는 만들어주는 작업방법을 말한다. 필러 파우더 사용은 선택 가능하며 주요 재료는 네일 팁, 네일 랩, 네일용 접착제를 사용한다.

패브릭 랩은 실크나 파이버 글라스 등 얇은 섬유로 가공 되어진 천으로 된 소재를 말하며 네일 에 사용하는 패브릭 랩을 총칭하여 네일 랩이라고 한다.

3) 팁 위드 아크릴

팁 위드 아크릴은 네일 팁을 붙인 후 그 위에 아크릴 파우더, 아크릴 리퀴드를 혼합하여 덧 입혀 주는 작업방법을 말한다. 주요 재료는 네일 팁, 아크릴 파우더, 아크릴 리퀴드를 사용한다.

4) 팁 위드 젤

팁 위드 젤은 네일 팁을 붙인 후 그 위에 클리어 젤로 덧 입혀 주는 작업방법을 말한다. 주요 재료는 네일 팁, 젤, 젤 램프기기를 사용한다.

5) 네일 팁의 분류

네일 팁은 형태와 곡선, 컬러에 따라 구분하며 한다. 컬러 네일 팁의 경우 컬러 팁 오버레이라고 하며 나머지 명칭은 동일하다. 내추럴 네일 팁의 경우는 네일 팁의 턱을 제거하며 컬러 네일 팁과 디자인 네일 팁의 경우에는 네일 팁의 턱을 제거하지 않고 오버레이 하는 차이점이 있다.

[네일 팁의 분류]

구분	종류
프리에지 형태	스퀘어, 내로우, 라운드, 오발, 아몬드 스틸레토 등
프리에지 곡선	C커브 네일 팁(약 40~50%), 일반 네일 팁(약 20~30%)
옆면 곡선	일자 네일 팁, 곡선 네일 팁
컬러	투명, 내추럴, 컬러, 디자인 등

02 팁 네일 제품의 종류와 특성

1. 네일 팁의에 이해

1) 네일 팁(Nail Tip)

네일 팁은 플라스틱(Plastic), 나일론(Nylon), 아세테이트(Acetate) 등의 재질로 이미 모양이 만들어진 인조 손톱으로 네일의 길이를 연장하기 위해 사용한다. 만들어진 네일 팁을 바로 접착하기 때문에 비교적 금액이 저렴하고, 작업 과정이 용이하다. 네일 팁은 크기별로 0(1)~9(10)단위로 분류되어 있으며 번호가 작을수록 사이즈가 크다. 고객의 네일 크기와 형태에 알맞은 팁을 선택하여 사용해야 한다.

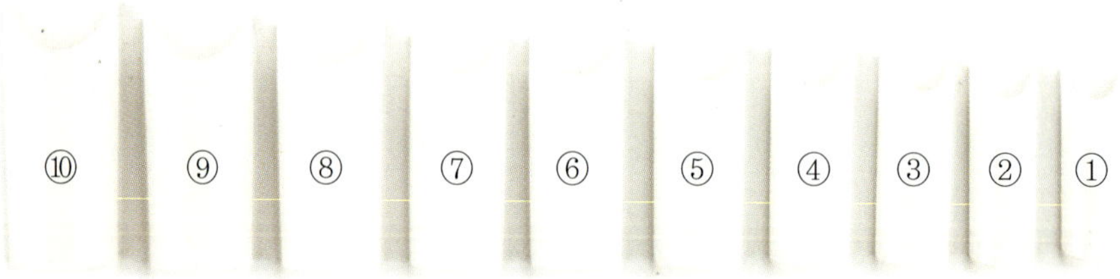

[네일 팁의 크기별 분류]

2) 네일 팁 사이즈 선택과 접착방법

① 고객의 네일의 사이즈와 형태에 알맞은 네일 팁을 선택한다.
② 만약 잘 모르겠으면 한 사이즈 큰 네일 팁을 선택하여 조절해서 사용한다.
③ 네일 팁이 네일의 양쪽 옆면(스트레스 포인트)을 모두 커버해야 한다.
④ 양쪽 옆면이 움푹 들어갔거나 각진 네일은 하프 웰처럼 얇은 네일 팁을 선택한다.
⑤ 네일 팁의 웰에 크기가 크면 갈아내거나 잘라서 사용할 수 있다.
⑥ 자연 네일의 형태는 웰의 정지선 형태와 동일하게 조형한다.
⑦ 네일 팁을 자연 네일의 1/2 미만으로 45° 의 각도로 접착한다.
⑧ 네일 팁과 자연 네일 부착 시 기포가 생기지 않도록 주의하며 접착한다.
⑨ 물어뜯는 네일에는 아크릴 네일이 효과적이나 프리에지 라인이 일정한 경우라면 네일 팁을 적용할 수 있다.
⑩ 넓적한 네일에는 끝이 좁아지는 내로우 네일 팁(Narrow Tip)을 선택한다.
⑪ 아래로 향한 네일(Claw Nail)에는 일자 네일 팁을 선택한다.
⑫ 위로 솟아 오른 네일(Spoon Nail)에는 옆선에 곡선이 있는 네일 팁을 선택한다.

[네일 팁 옆면의 형태별 분류]

1) 웰(Well)

웰은 네일 접착제를 바르는 곳으로 자연 네일과 네일 팁이 접착될 약간의 홈이 파여 있는 부분이다. 웰의 형태에 따라 하프 웰(Half Well)과 풀 웰(Full Well)로 구분된다. 하프 웰은 자연스럽다는 장점이 있는 반면 접착제를 도포하는 부분이 적어 풀 웰에 비해 약하며, 풀 웰은 비교적 부자연스러우나 접착제를 도포하는 부분이 넓어 하프 웰에 비해 보존력이 강하다. 웰이 없는 팁은 작업 상황에 따라 웰 부분을 임의로 정하여 네일 접착제를 도포하여 사용할 수 있다.

웰의 정지선은 웰이 끝나는 부분의 경계선으로 네일 접착제가 넘치면 안 되는 부분이며 포지션 스톱(Position Stop)이라고 한다.

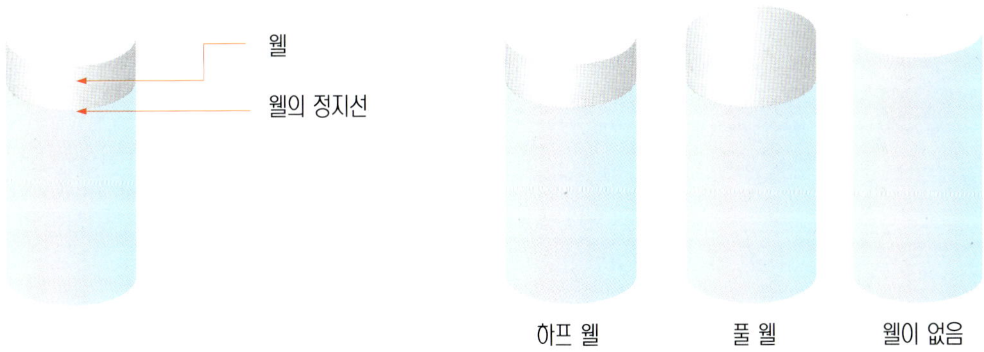

[웰에 면적에 따른 네일 팁의 분류]

2. 건조 활성제(Dry Activator)

건조 활성제는 네일 접착제를 좀 더 빠르게 건조하는 역할을 하며 일반적으로 글루드라이라고 부른다. 건조 활성제는 형태에 따라 분사타입의 제품과 스포이트타입의 제품으로 구분되는데, 프레온 가스를 포함하고 있지 않는 스포이트 제품을 사용하는 것이 바람직하다.

[건조 활성제의 분류]

이미지	특 징
 	· 분사 제품(가스) 일반적으로 가스를 포함하고 있으며, 고르게 분사되어 작업에는 효율적이나 눈과 호흡기에 부작용을 유발할 수 있어 주의를 기울여 사용해야 한다.
 	· 분사 제품(액체) 가스를 포함하고 있지 않는 제품으로 사용상에는 안전하나 고르게 분사되지 않고 작업 시 뭉침 현상이 일어날 수 있다.
 	· 스포이트 제품(액체) 눈과 호흡기에는 비교적 자극을 덜 주지만 양 조절이 어렵고 공기 중에 노출되어 쉽게 변질될 수 있다.

3. 네일 접착제(Nail Glue)

네일 접착제는 네일 글루라고 하며, 네일 팁을 접착하거나 네일 랩 등을 고정 할 때 사용한다. 공기 중의 수분을 흡수하여 굳는 성질의 이온 중합을 한다. 네일 접착제는 점성과 형태에 따라 구분되며 사용 용도에 맞추어 적절히 사용해야 한다. 점성이 작은 네일 접착제는 얇고 빠르게 건조하는데 유동되어 흐를 수 있다는 단점이 있고 점성이 큰 젤 형태의 네일 접착제는 접착력과 보존력이 우수하여 네일 액세서리 등을 부착하는 용도로 많이 사용하나 제거가 어렵다.

[점성에 따른 네일 접착제의 분류]

점성	이미지	특 징
작다	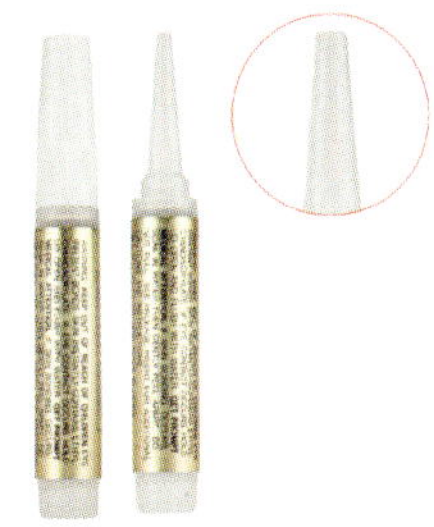	· 스틱 글루(Stick Glue) 네일 팁을 접착하고 네일 랩, 라인스톤을 고정한다. 스틱타입으로 손으로 눌러 접착제를 짜서 사용하는 스퀴즈(Squeeze) 방식이다. - 라이트 글루(Light Glue) 투명하며 액체로 가장 작은 점성을 지닌다. - 핑크 글루(Pink Glue) 핑크 컬러로 라이트 글루보다 점성이 크다.
	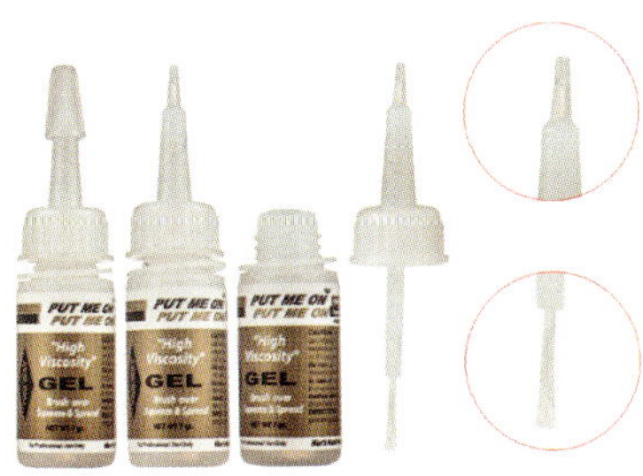	· 투웨이 글루(2Way Glue) 투명하며 젤의 형태로 중간 정도의 점성을 지닌다. 네일 팁을 접착하고 인조 네일을 보강하며 네일 랩, 네일 스톤을 고정한다. 상단에 있는 마개를 열어 손으로 눌러 짜서 사용하는 방법과 뚜껑에 부착되어 있는 브러시를 사용하여 바르는 2가지의 사용방법이 있다.
		· 브러시 글루(Brush Glue) 투명하며 젤의 형태로 중간 정도의 점성을 지닌다. 네일 팁을 접착하고 인조 네일을 보강하며 네일 랩, 네일 스톤을 고정한다. 뚜껑에 부착되어있는 브러시를 사용하여 도포한다.
크다	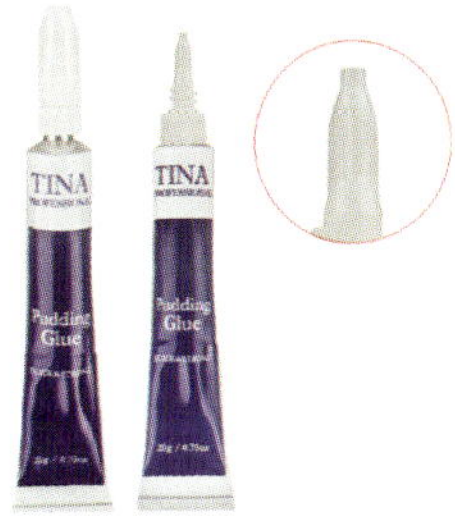	· 액세서리 글루(Accessory Glue, Part Glue) 투명하며 끈끈한 젤의 형태로 가장 강한 점성을 지닌다. 큰 사이즈의 네일 스톤, 네일 액세서리, 네일 파츠 등을 고정한다. 튜브타입으로 손으로 눌러 짜면서 사용한다.

03 팁 위드 랩

1. 작업자의 복장 및 작업대 준비

[작업자 복장 및 작업대 준비물품]

준비물품	위생가운, 보안경, 마스크, 수건, 손목 받침대, 키친타월, 위생봉지, 재료 정리함, 핑거볼

① 작업자는 위생가운과 보호안경, 마스크를 착용한다.
② 작업대를 기구 소독제로 소독한다.
③ 위생 처리된 흰색 수건을 작업대 위에 깐다.
④ 고객의 방향에 손목 받침대를 올려놓고 손목 받침대 앞쪽으로 키친타월을 깐다.
⑤ 재료 정리함을 사용하기 편한 위치에 놓는다.
⑥ 재료정리함에는 팁 위드 랩에 필요한 네일 재료들을 준비하고 소독용기에 네일 도구의 소독을 마친다.
⑦ 위생 봉지를 재료 정리함 앞쪽에 붙인다.
⑧ 핑거볼을 올려놓고 미온수를 넣어둔다.

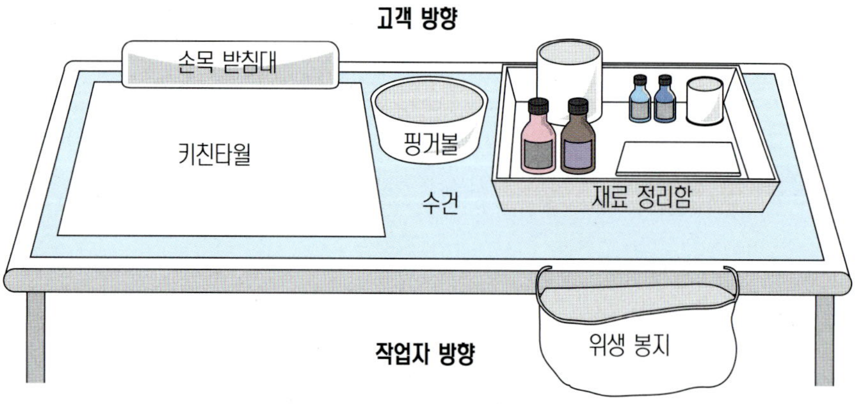

2. 재료 정리함 준비

① 소독용기에 큐티클 니퍼, 큐티클 푸셔, 네일 클리퍼, 오렌지 우드스틱, 네일 더스트 브러시를 넣고 에탄올수용액 70%에 10분 이상 담가준다.
② 네일 파일 꽂이에 자연 네일용 파일, 샌딩 파일, 광택용 파일, 팁 커터, 가위를 꽂아준다.
③ 뚜껑이 있는 용기에 소독용 탈지면과 제거용 탈지면, 멸균거즈, 키친타월을 넣어둔다.
④ 보온병에 미온수를 넣어둔다.

[재료 정리함 준비물품]

준비물품	소독용기(큐티클 니퍼, 큐티클 푸셔, 네일 클리퍼, 오렌지 우드스틱, 네일 더스트 브러시), 파일 꽂이(자연 네일용 파일, 샌딩 파일, 광택용 파일, 팁 커터, 가위), 용기(소독용 탈지면, 제거용 탈지면, 멸균거즈, 키친타월), 에탄올, 손 소독제, 지혈제, 보온병(미온수 포함), 네일 폴리시 리무버(디스펜서 포함), 네일 팁, 네일 접착제, 건조 활성제, 네일 랩(실크), 필러 파우더, 큐티클 오일

3. 팁 위드 랩 작업순서

① 손 소독제를 탈지면에 분사하여 작업자의 손을 소독한다.
② 손 소독제를 탈지면에 분사하여 고객의 손을 소독한다.
③ 네일 화장물이 도포되어 있는 경우 고객의 양쪽 손에 네일 화장물을 제거한다.
④ 자연 네일용 파일을 사용하여 프리에지 길이는 약 0.1cm 정도로 조절하고 프리에지의 형태를 라운드 또는 오발로 조형한다.
⑤ 큐티클 푸셔를 45°의 각도로 사용하여 큐티클을 부드럽게 밀어준다.
⑥ 선택사항 : 큐티클 니퍼를 사용하여 큐티클을 조금 정리할 수 있다.
⑦ 네일 파일을 사용하여 큐티클 주변에 불필요한 각질을 제거한다.
⑧ 샌딩 파일을 사용하여 네일 표면의 광택을 제거하고 프리에지 밑 거스러미를 제거한다.
⑨ 네일 더스트 브러시를 사용하여 분진을 제거한다.

[자연 네일의 전처리 작업]

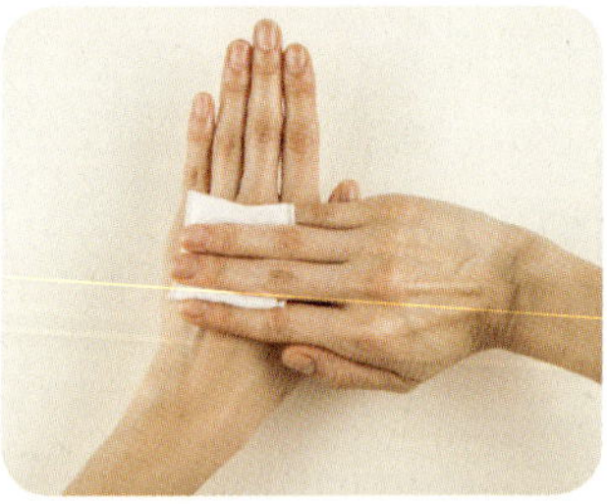
① 작업자 손 소독하기

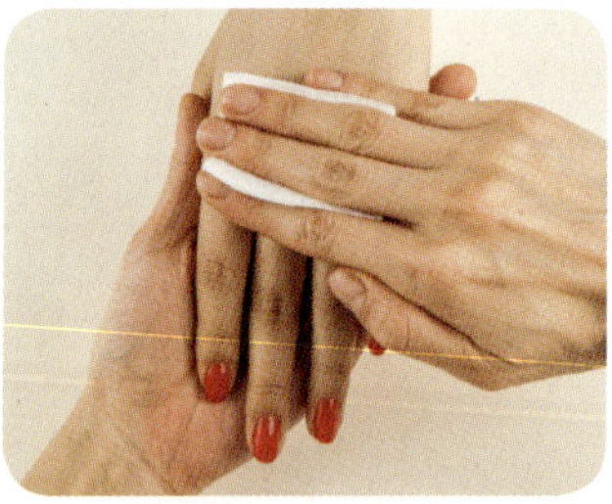
② 고객 손 소독하기

③ 네일 화장물 제거하기

④ 프리에지 형태 조형하기

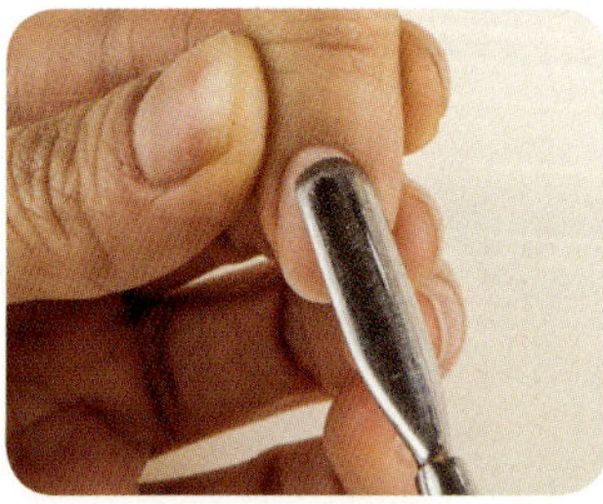
⑤ 큐티클 밀어올리기

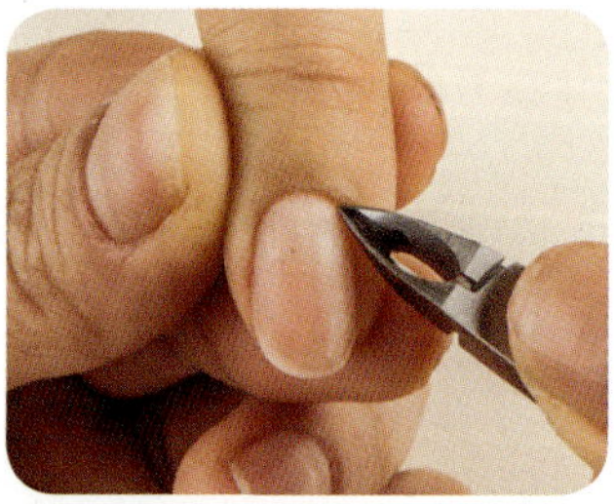
⑥ 큐티클 정리하기(선택사항)

⑦ 불필요한 각질 제거하기

⑧ 자연 네일 광택 제거하기

⑨ 분진 제거하기

⑩ 알맞은 사이즈의 네일 팁을 선택하고 네일 팁 웰 부분에 네일 접착제를 도포한다.
⑪ 네일 팁을 비틀어지거나 쳐지지 않게 접착한다.
⑫ 네일 팁의 옆면 부분이 들뜨지 않게 살짝 눌러준다.
⑬ 건조 활성제를 분사하여 고정할 수 있다.
⑭ 정면에서 네일 팁이 일직선으로 올바르게 접착되었는지 확인한다.
⑮ 옆면에서 네일 팁이 쳐지거나 올라가지 않았는지 확인한다.

[네일 팁 접착방법]

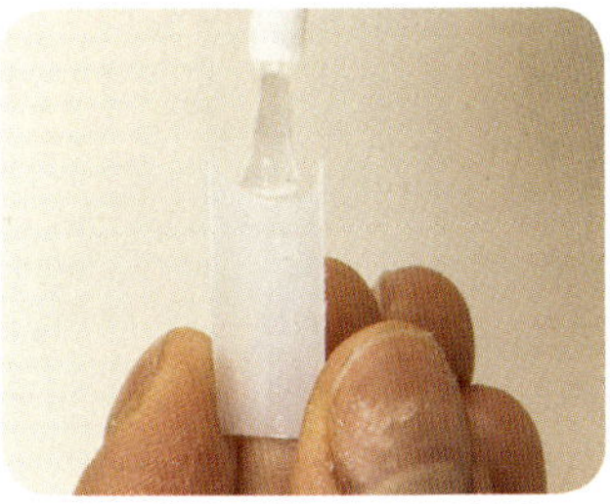
⑩ 네일 접착제 도포하기

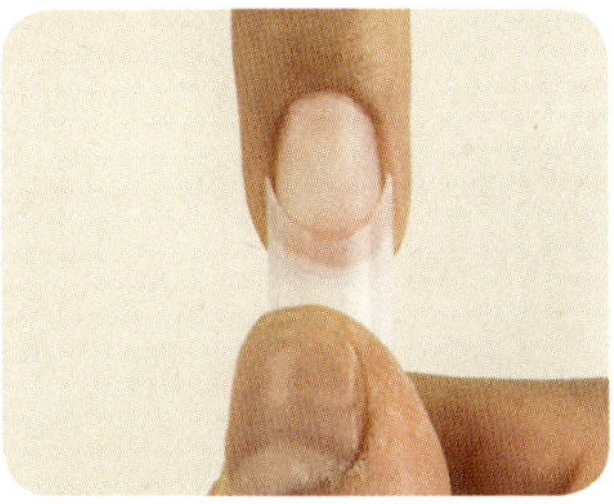
⑪ 네일 팁 접착하기

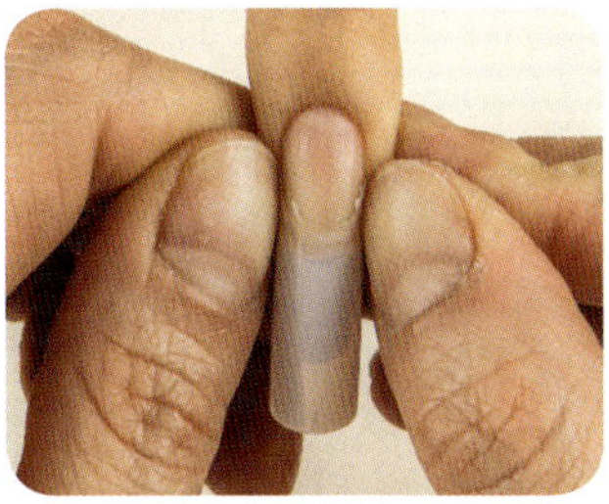
⑫ 네일 팁 옆면 눌러주기

⑬ 건조 활성제 분사하기

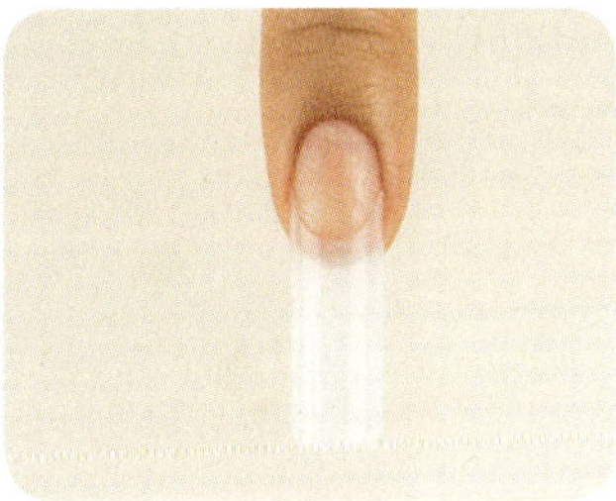
⑭ 접착 확인하기(정면)

⑮ 접착 확인하기(옆면)

⑯ 고객의 손가락을 안전하게 고정한다.
⑰ 팁 커터를 사용하여 네일 팁을 재단한다.
⑱ 재단한 네일 팁이 튕겨져 나가지 않도록 잡고 위생봉지에 버린다.

[네일 팁 재단방법]

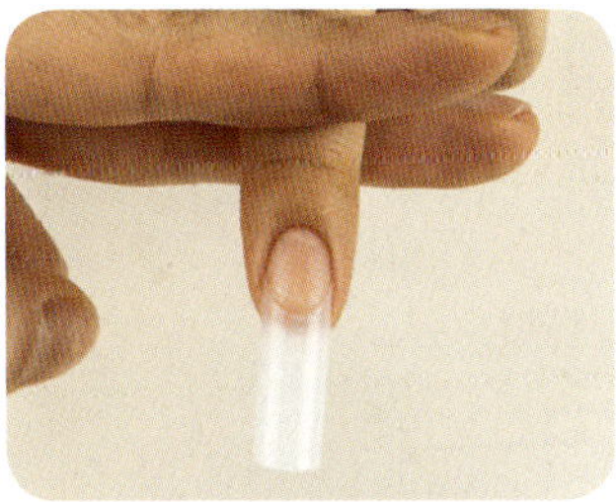
⑯ 고객 손가락 고정하기

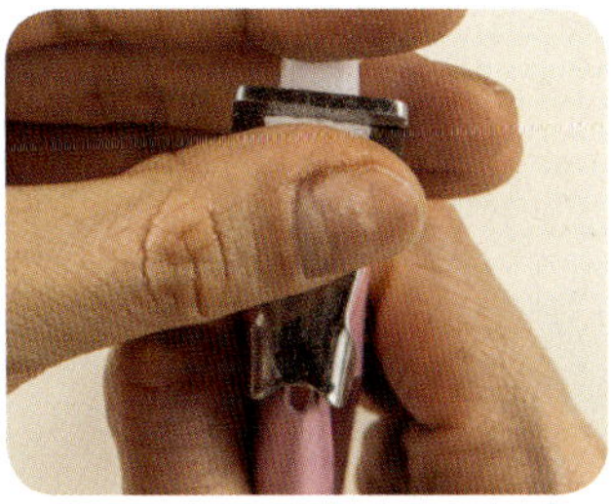
⑰ 네일 팁 재단하기

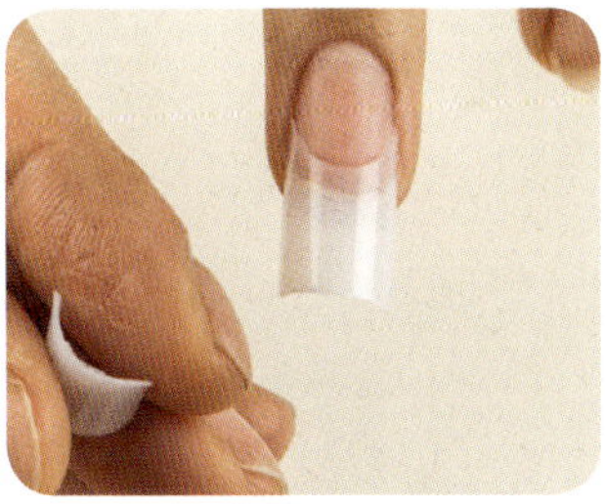
⑱ 재단한 네일 팁 잡기

⑲ 네일 팁의 양쪽 옆면 부분의 네일 팁 턱을 제거한다.

⑳ 자연 네일과 매끄럽게 연결되도록 후 네일 팁 정면 부분의 네일 팁 턱을 제거한다. 매끄럽게 네일 팁이 연결된 경우에는 네일 랩 접착 단계를 실시한다.

㉑ 네일 더스트 브러시를 사용하여 분진을 제거한다.

[네일 팁 턱 제거방법]

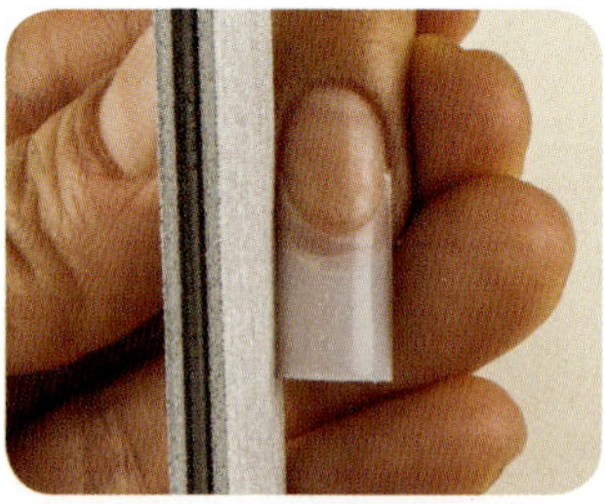
⑲ 네일 팁 턱 제거하기

⑳ 네일 팁 턱 제거하기

㉑ 분진 제거하기

> 선택사항 : 자연 네일과 네일 팁이 매끄럽게 연결되지 않았을 경우 매끄럽게 채울 수 있다.
>
> 네일 접착제 도포 → 필러 파우더 뿌리기 → 네일 접착제를 도포(건조 활성제 분사) → 표면 조형 → 표면 다듬기 → 분진 제거

[자연 네일과 네일 팁이 매끄럽게 연결되지 않았을 경우(선택 사항)]

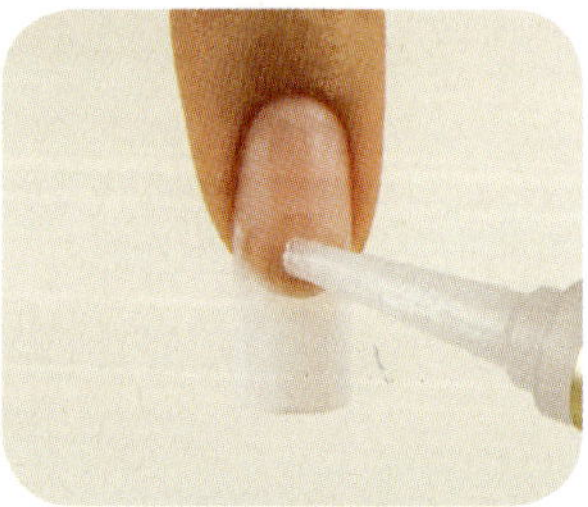
네일 접착제 도포

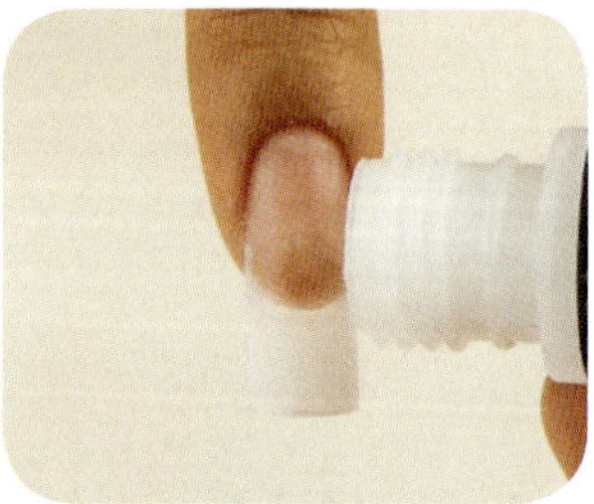
필러 파우더 뿌리기

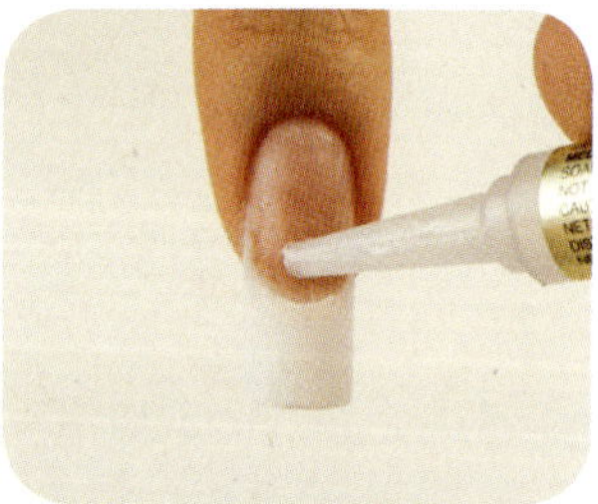
네일 접착제 도포

표면 조형

표면 다듬기

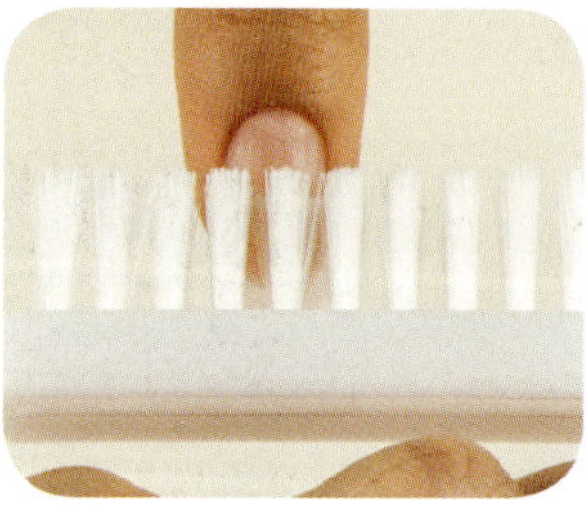
분진 제거

㉒ 고객의 큐티클 라인 왼쪽 부분의 곡선을 확인한다.
㉓ 네일 랩을 큐티클 라인 왼쪽 부분의 곡선과 동일하게 재단한다.
㉔ 네일 랩 뒷면에 종이를 살짝 벗긴다.
㉕ 네일 랩을 큐티클라인에서 약 0.2cm정도 남기도 가볍게 접착한다.
㉖ 네일 랩 뒷면에 종이를 완전히 제거한다.
㉗ 큐티클 라인의 오른쪽 부분의 곡선을 확인하고 동일하게 네일 랩을 재단한다.
㉘ 네일 랩을 완전히 눌러 접착시킨다.
㉙ 네일 접착제를 도포하여 네일 랩을 고정한다.
㉚ 네일 랩이 들뜨지 않게 끝 부분을 잡아 눌러준다

[네일 랩 재단과 접착방법]

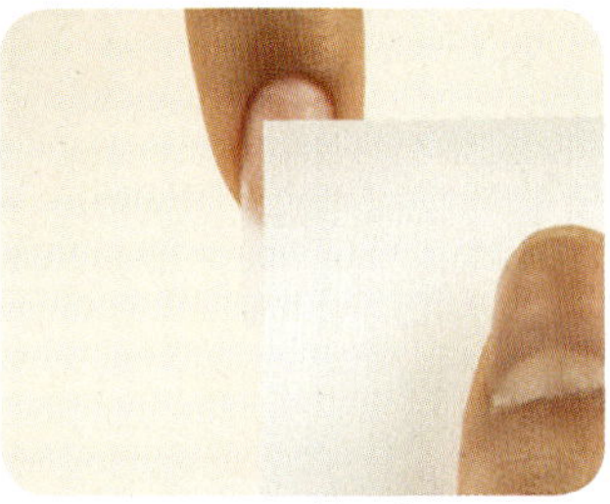

㉒ 곡선 확인하기

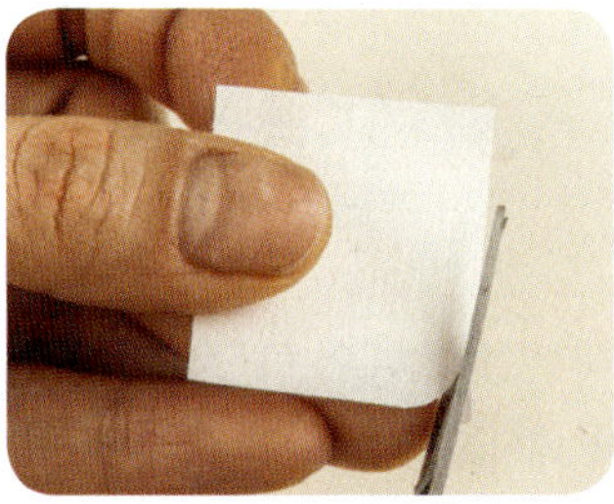

㉓ 네일 랩 재단하기 1

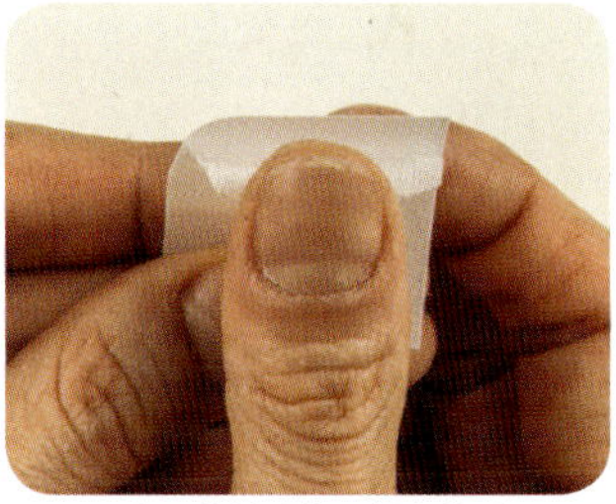

㉔ 네일 랩 벗겨내기

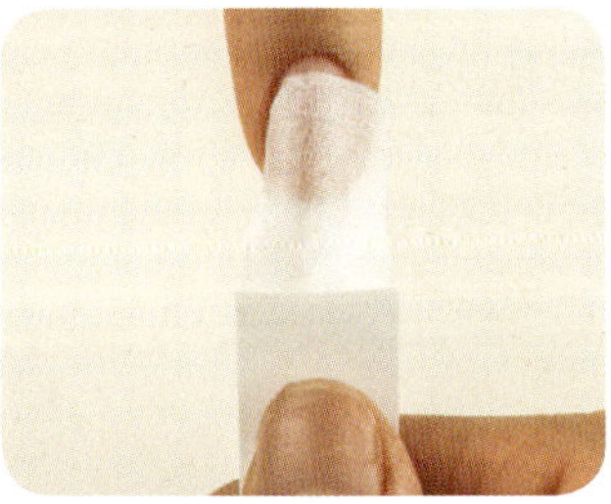

㉕ 네일 랩 접착하기

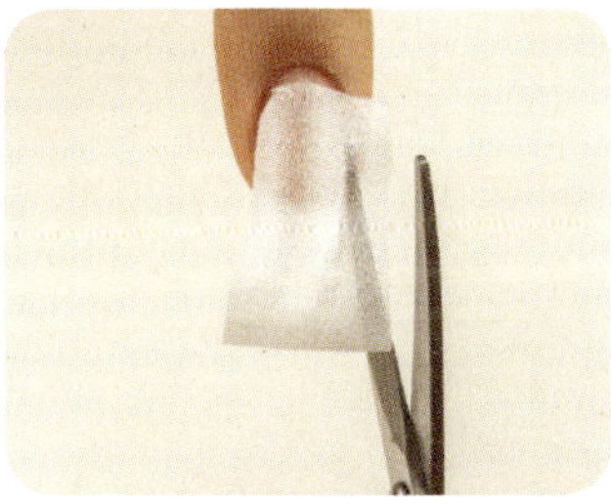

㉖ 네일 랩 재단하기 2

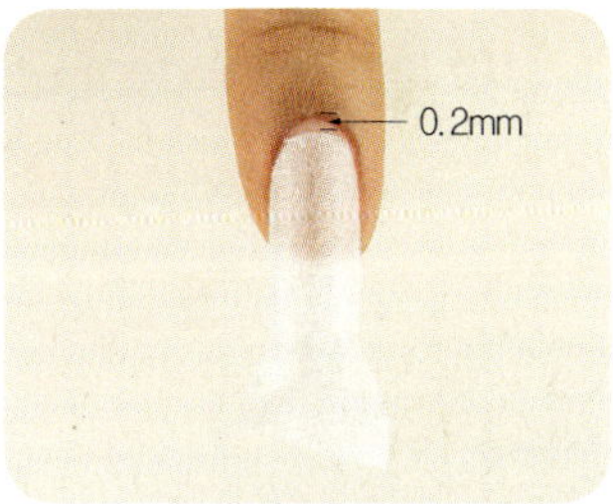

㉗ 접착 확인하기

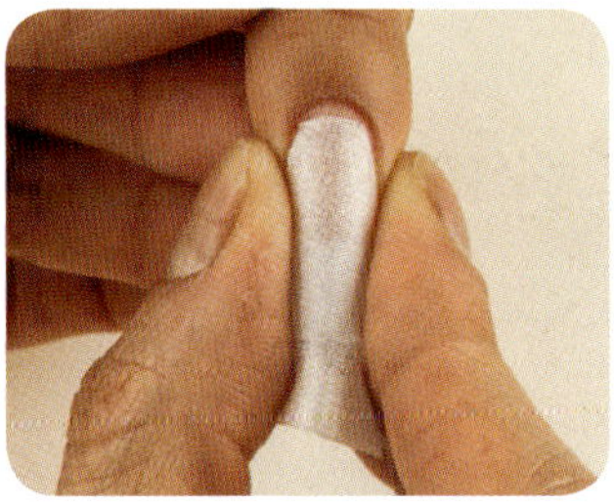

㉘ 네일 랩 눌러주기

㉙ 네일 랩 고정하기

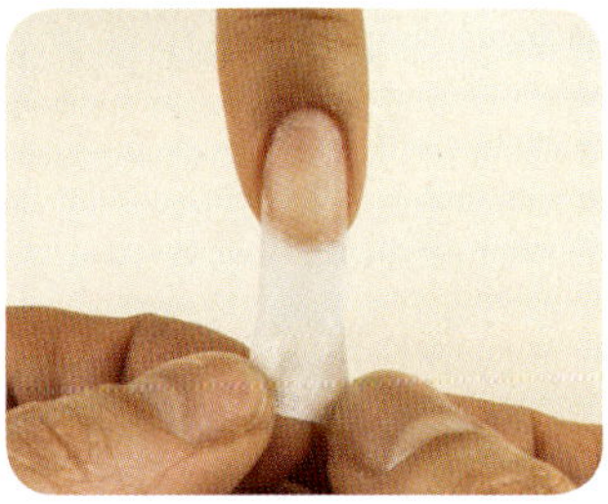

㉚ 네일 랩 말아주기

㉛ 인조 네일용 파일을 사용하여 프리에지의 길이와 스퀘어 형태를 조형한다.
(프리에지의 길이 : 0.5~1cm, 프리에지의 두께 : 0.5~1mm, C-형태의 곡선 : 20~40%)
㉜ 인조 네일용 파일을 사용하여 네일 랩 턱을 제거하고 인조 네일의 구조를 조형한다.
㉝ 더스트 브러시를 사용하여 분진을 제거한 후 광택에 효과를 높이기 위해 브러시 글루를 인조 네일 전체에 도포할 수 있다.

[구조 조형]

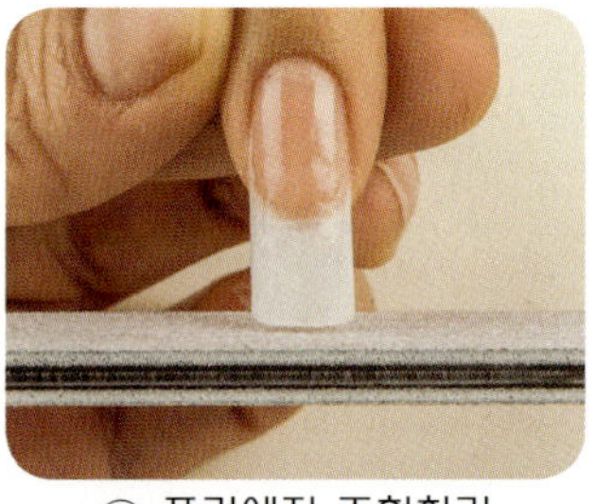
㉛ 프리에지 조형하기

㉜ 구조 조형하기

㉝ 브러시 글루 도포하기

㉞ 샌딩 파일을 사용하여 인조 네일의 표면을 다듬고 프리에지 밑 거스러미를 제거한다.
㉟ 광택용 파일을 사용하여 인조 네일의 표면에 광택을 낸다.
㊱ 큐티클 오일을 도포하고 핑거볼에 손을 담가 손을 세정하고 손 전체를 닦아준다.

사용한 제품의 뚜껑을 닫고 쓰레기를 위생 봉지에 넣어 주변을 깨끗하게 정리정돈 한다.

[마무리]

㉞ 표면 다듬기

㉟ 광택내기

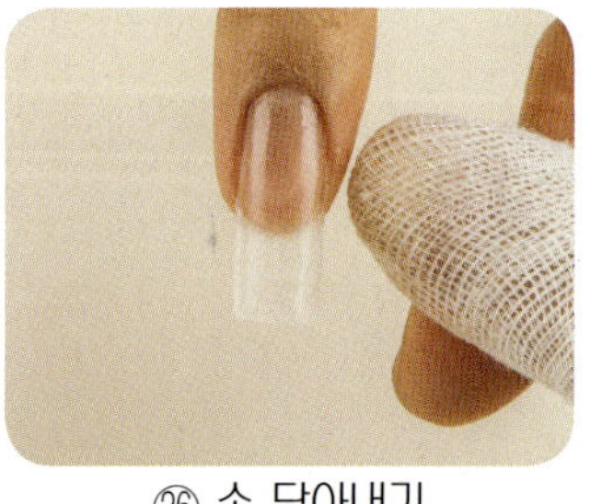
㊱ 손 닦아내기

4. 팁 위드 랩 순서정리

전 처리 → 네일 팁 접착 → 네일 팁 재단 → 네일 팁 턱 제거 → 분진 제거 → 채워주기 → 표면 조형 → 표면 다듬기 → 분진 제거 → 네일 랩 재단 → 네일 랩 접착 → 네일 랩 고정 → 구조 조형 → 브러시 글루 도포 → 표면 다듬기 → 광택내기 → 손 닦기

5. 팁 위드 랩 완성

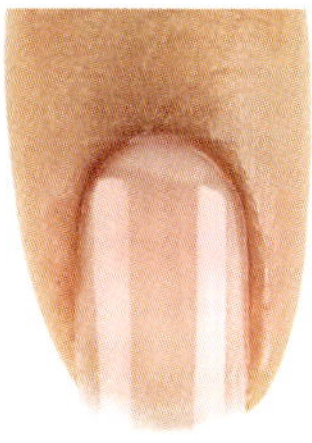

정면

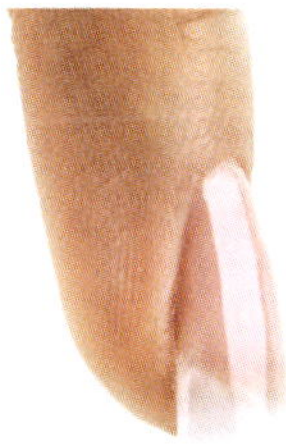

왼쪽 옆면

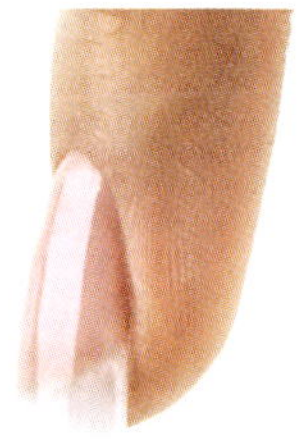

오른쪽 옆면

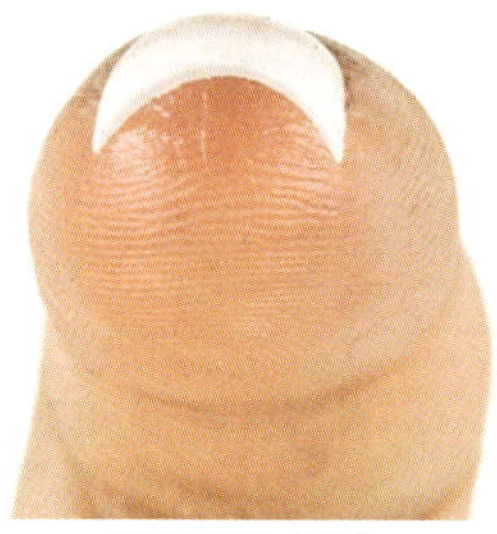

프리에지 단면

6. 팁 위드 랩 확인

순번	확인 사항	확인
①	네일 팁이 올바르게 접착되었는지 확인	
②	네일 랩이 올바르게 접착되었는지 확인	
③	프리에지의 길이가 0.5~1cm 이하인지 확인	
④	프리에지의 두께가 0.5~1mm 이하인지 확인	
⑤	C-형태의 곡선이 20~40% 유지하는지 확인	
⑥	정확한 스퀘어 형태를 유지하는지 확인	
⑦	팁 네일의 표면이 투명하고 깨끗하게 작업 되었는지 확인	
⑧	팁 네일의 표면이 굴곡 없이 매끄럽고 광택이 나는지 확인	
⑨	팁 네일의 길이와 두께, 곡선이 다른 손가락과 전부 동일한지 확인	
⑩	자연 네일과 인조 네일이 자연스럽게 연결 되었는지 확인	
⑪	네일 파일로 인하여 출혈이 발생하지 않았는지 확인	

04 팁 위드 아크릴

1. 작업자의 복장 및 작업대 준비

[작업자 복장 및 작업대 준비물품]

준비물품	위생가운, 보안경, 마스크, 수건, 손목 받침대, 키친타월, 위생봉지, 재료 정리함, 핑거볼

① 작업자는 위생가운과 보호안경, 마스크를 착용한다.
② 작업대를 기구 소독제로 소독한다.
③ 위생 처리된 흰색 수건을 작업대 위에 깐다.
④ 고객의 방향에 손목 받침대를 올려놓고 손목 받침대 앞쪽으로 키친타월을 깐다.
⑤ 재료 정리함을 사용하기 편한 위치에 놓는다.
⑥ 재료정리함에는 팁 위드 아크릴에 필요한 네일 재료들을 준비하고 소독용기에 네일 도구의 소독을 마친다.
⑦ 위생 봉지를 재료 정리함 앞쪽에 붙인다.
⑧ 핑거볼을 올려놓고 미온수를 넣어둔다.

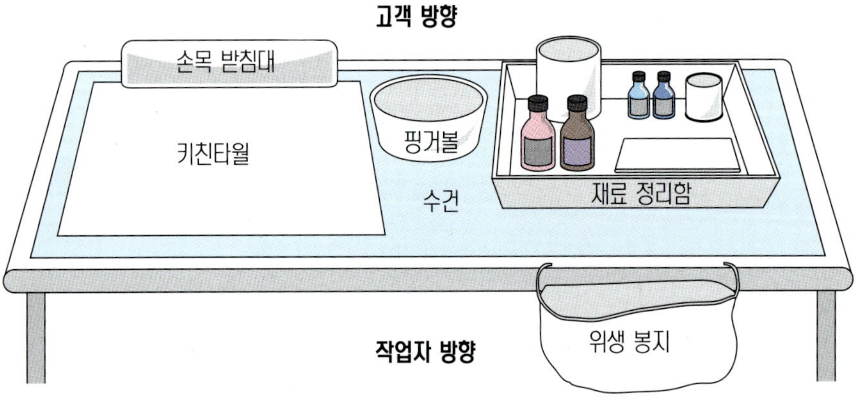

2. 재료 정리함 준비

① 소독용기에 큐티클 니퍼, 큐티클 푸셔, 네일 클리퍼, 오렌지 우드스틱, 네일 더스트 브러시를 넣고 에탄올수용액 70%에 10분 이상 담가준다.
② 네일 파일 꽂이에 자연 네일용 파일, 샌딩 파일, 광택용 파일, 팁 커터, 아크릴 브러시를 꽂아준다.
③ 뚜껑이 있는 용기에 소독용 탈지면과 제거용 탈지면, 멸균거즈, 키친타월을 넣어둔다.
④ 보온병에 미온수를 넣어둔다.
⑤ 디펜디시에 아크릴 리퀴드를 넣어둔다.
⑥ 전 처리제를 선택하여 준비한다.

[재료 정리함 준비물품]

준비물품	소독용기(큐티클 니퍼, 큐티클 푸셔, 네일 클리퍼, 오렌지 우드스틱, 네일 더스트 브러시), 파일 꽂이(자연 네일용 파일, 샌딩 파일, 광택용 파일, 팁 커터), 용기(소독용 탈지면, 제거용 탈지면, 멸균거즈, 키친타월), 에탄올, 손 소독제, 지혈제, 보온병(미온수 포함), 네일 폴리시 리무버(디스펜서 포함), 전 처리제, 네일 팁, 네일 접착제, 건조 활성제, 아크릴 파우더(투명), 아크릴 리퀴드, 큐티클 오일

3. 팁 위드 아크릴 작업순서

① 손 소독제를 탈지면에 분사하여 작업자의 손을 소독한다.
② 손 소독제를 탈지면에 분사하여 고객의 손을 소독한다.
③ 네일 화장물이 도포되어 있는 경우 고객의 양쪽 손에 네일 화장물을 제거한다.
④ 자연 네일용 파일을 사용하여 프리에지 길이는 약 0.1cm 정도로 조절하고 프리에지의 형태를 라운드 또는 오발로 조형한다.
⑤ 큐티클 푸셔를 45°의 각도로 사용하여 큐티클을 부드럽게 밀어준다.
⑥ 선택사항 : 큐티클 니퍼를 사용하여 큐티클을 조금 정리할 수 있다.
⑦ 네일 파일을 사용하여 큐티클 주변에 불필요한 각질을 제거한다.
⑧ 샌딩 파일을 사용하여 네일 표면의 광택을 제거하고 프리에지 밑 거스러미를 제거한다.
⑨ 네일 더스트 브러시를 사용하여 분진을 제거한다.

[자연 네일의 전처리 작업]

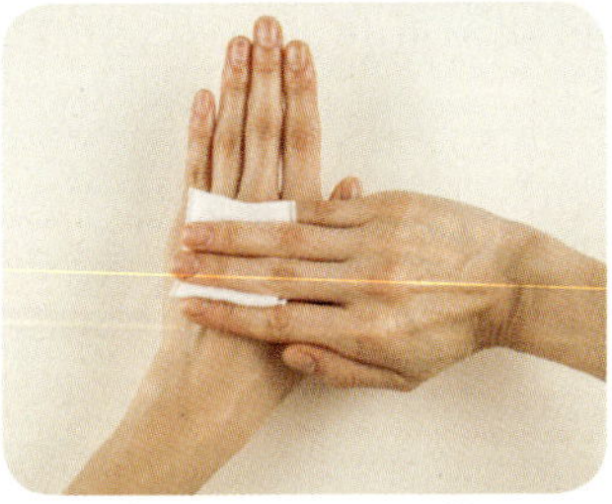
① 작업자 손 소독하기

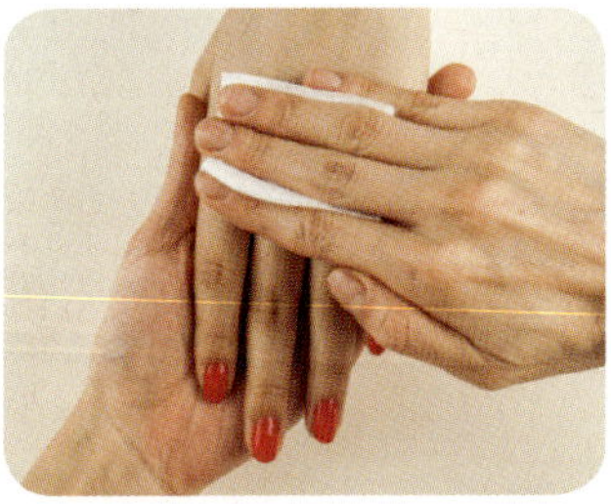
② 고객 손 소독하기

③ 네일 화장물 제거하기

④ 프리에지 형태 조형하기

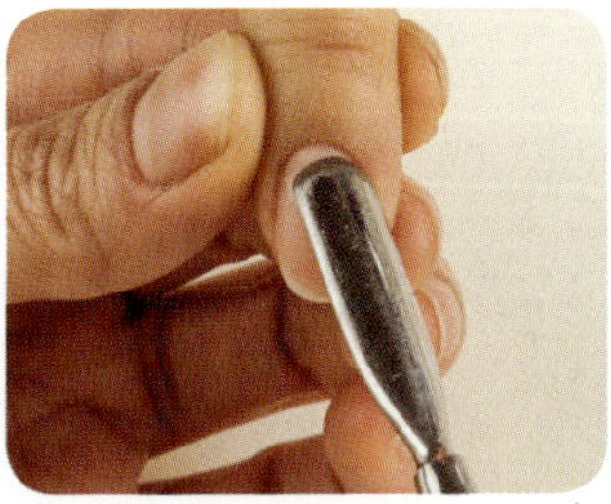
⑤ 큐티클 밀어올리기

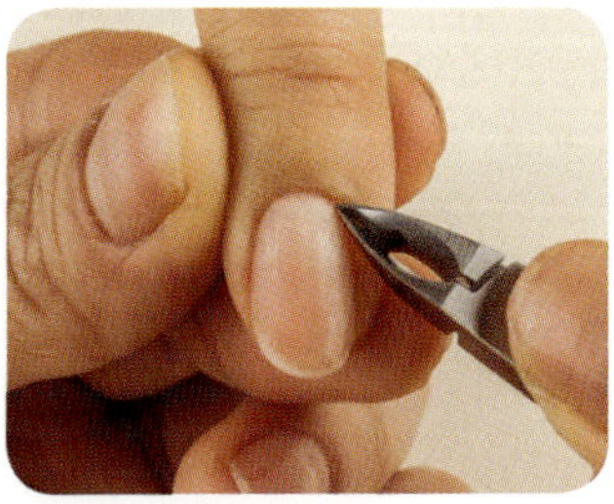
⑥ 큐티클 정리하기(선택사항)

⑦ 불필요한 각질 제거하기

⑧ 자연 네일 광택 제거하기

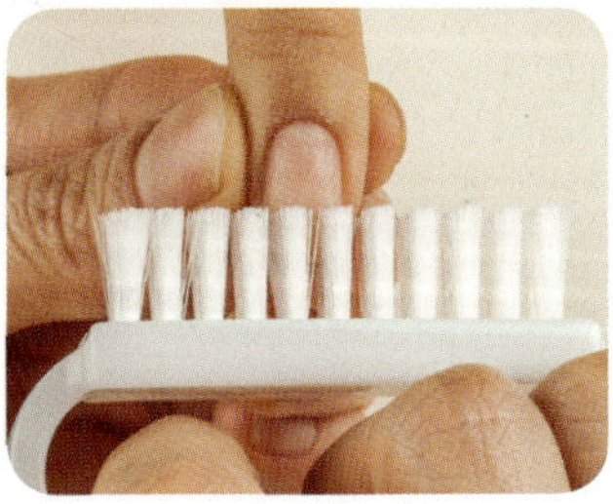
⑨ 분진 제거하기

⑩ 알맞은 사이즈의 네일 팁을 선택하고 네일 팁 웰 부분에 네일 접착제를 도포한다.
⑪ 네일 팁을 비틀어지거나 쳐지지 않게 접착한다.
⑫ 네일 팁의 옆면 부분이 들뜨지 않게 살짝 눌러준다.
⑬ 건조 활성제를 분사하여 고정할 수 있다.
⑭ 정면에서 네일 팁이 일직선으로 올바르게 접착되었는지 확인한다.
⑮ 옆면에서 네일 팁이 쳐지거나 올라가지 않았는지 확인한다.

[네일 팁 접착방법]

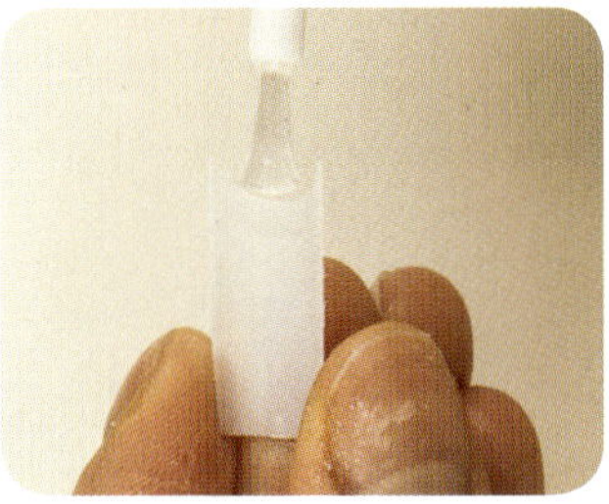
⑩ 네일 접착제 도포하기

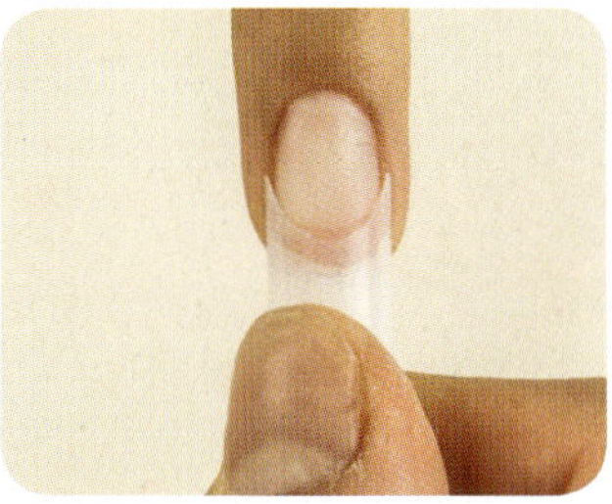
⑪ 네일 팁 접착하기

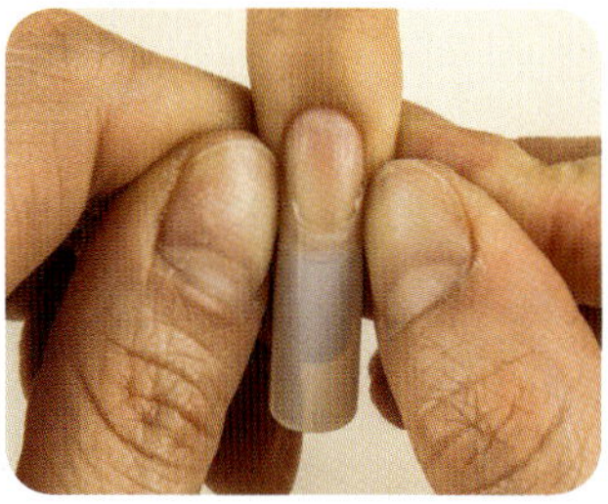
⑫ 네일 팁 옆면 눌러주기

⑬ 건조 활성제 분사하기

⑭ 접착 확인하기(정면)

⑮ 접착 확인하기(옆면)

⑯ 고객의 손가락을 안전하게 고정한다.
⑰ 팁 커터를 사용하여 네일 팁을 재단한다.
⑱ 재단한 네일 팁이 튕겨져 나가지 않도록 잡고 위생봉지에 버린다.

[네일 팁 재단방법]

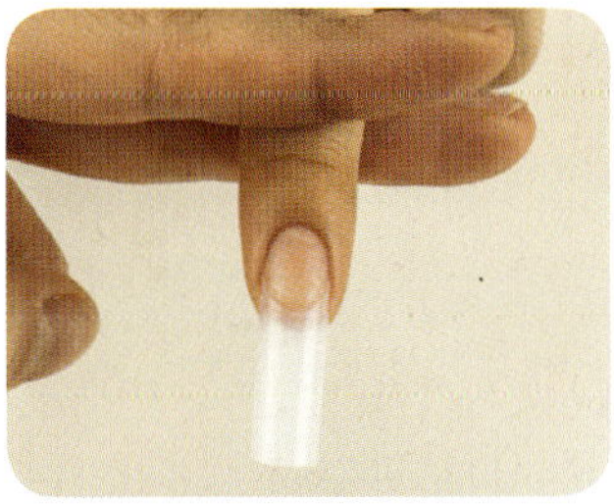
⑯ 고객 손가락 고정하기

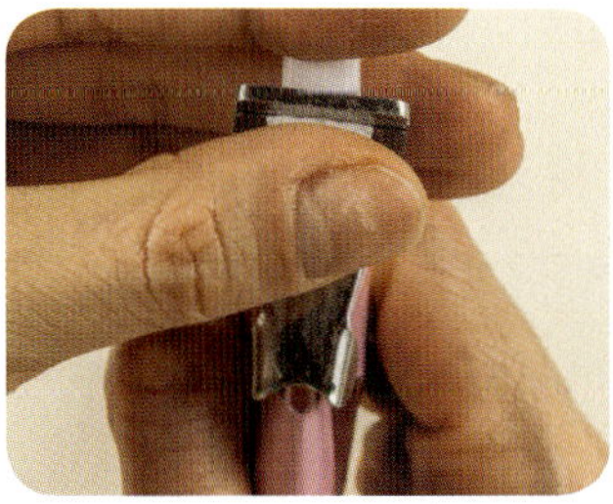
⑰ 네일 팁 재단하기

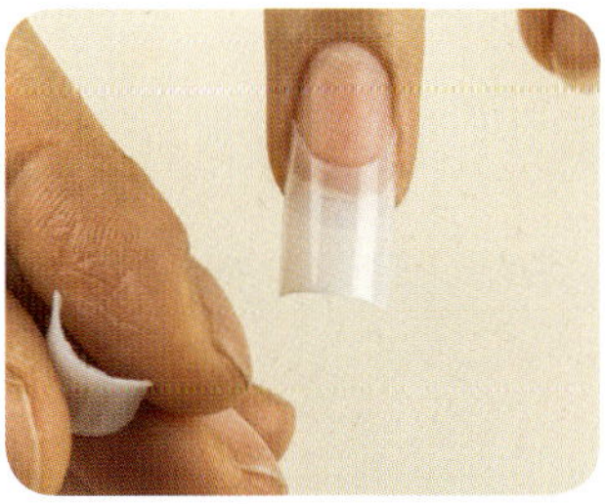
⑱ 재단한 네일 팁 잡기

⑲ 네일 팁의 양쪽 옆면 부분의 네일 팁 턱을 제거한다.
⑳ 자연 네일과 매끄럽게 연결되도록 후 네일 팁 정면 부분의 네일 팁 턱을 제거한다. 매끄럽게 네일 팁이 연결된 경우에는 네일 랩 접착 단계를 실시한다.
㉑ 네일 더스트 브러시를 사용하여 분진을 제거한다.

[네일 팁 턱 제거방법]

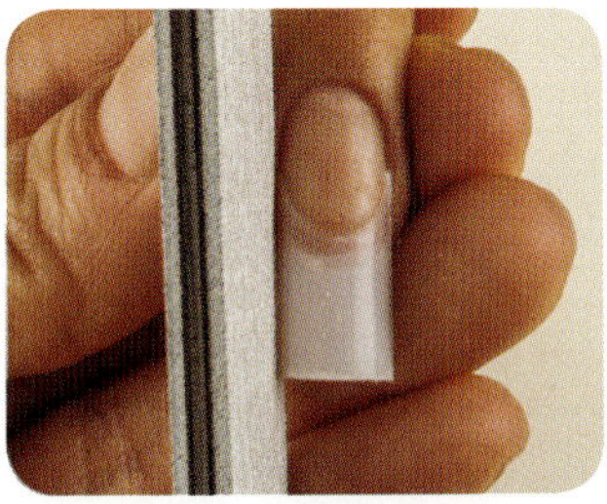
⑲ 네일 팁 턱 제거하기

⑳ 네일 팁 턱 제거하기

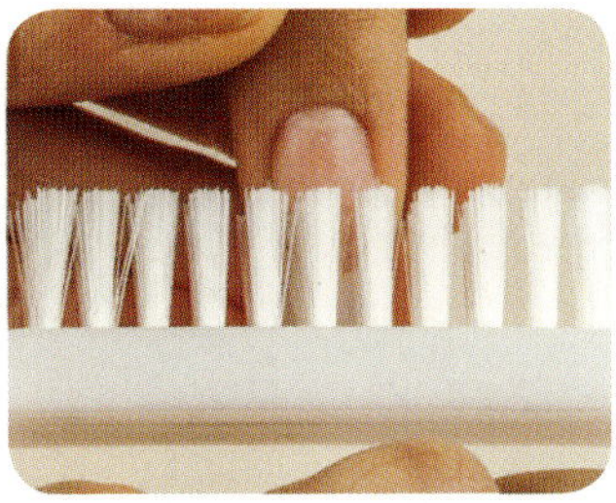
㉑ 분진 제거하기

㉒ 전 치리제를 네일 팁 부분을 제외하고 자연 네일에 소량 도포할 수 있다.
㉓ 아크릴 볼을 올릴 때 부드럽게 연결하기 위해 네일 팁에 아크릴 리퀴드를 도포할 수 있다.
㉔ 아크릴 브러시를 아크릴 리퀴드에 적시고 적당량에 아크릴 파우더를 묻혀 아크릴 볼을 만든다.

[아크릴 오버레이 준비 방법]

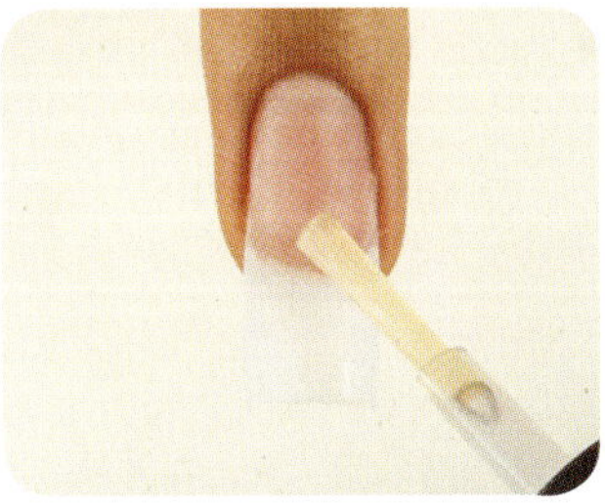
㉒ 전 처리제 도포하기

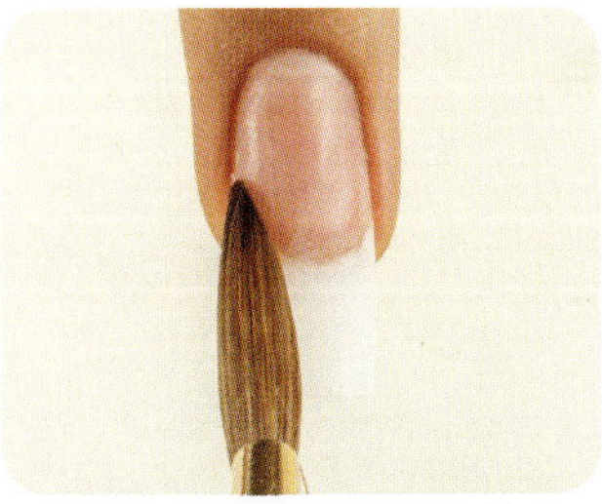
㉓ 아크릴 리퀴드 도포하기

㉔ 아크릴 볼 만들기

㉕ 네일 팁 턱 제거 부분에 아크릴 볼을 올린다.
㉖ 경계가 생기지 않게 자연스럽게 연결한다.
㉗ 가장 높은 지점에 아크릴 볼을 올린다.
㉘ 경계가 생기지 않게 자연스럽게 연결한다.
㉙ 큐티클 부분에 얇게 아크릴 볼을 올린다.
㉚ 경계가 생기지 않게 자연스럽게 연결한다.
㉛ 인조 네일의 구조를 고려하여 부족한 부분을 채운다.
㉜ 인조 네일의 전체를 자연스럽게 연결한다.
㉝ 옆면이 일직선이 되도록 핀치를 넣어준다.

[아크릴 오버레이 방법]

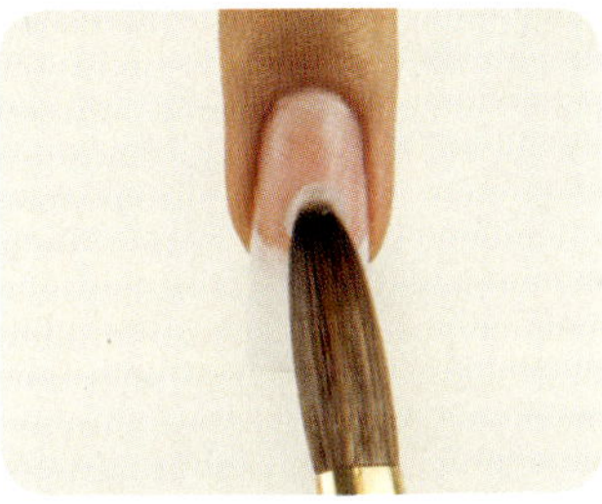
㉕ 아크릴 볼 올리기1

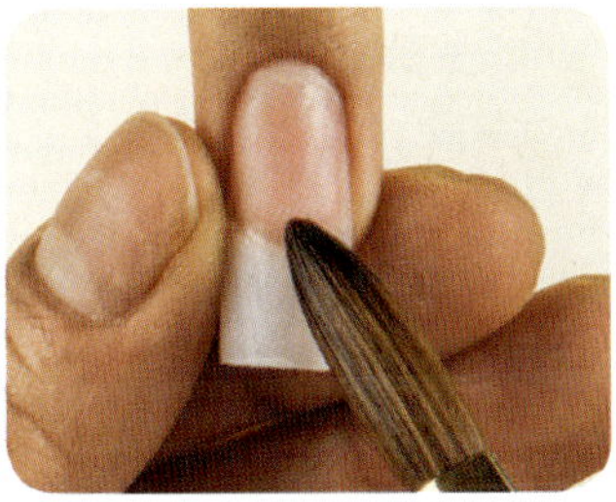
㉖ 자연스럽게 연결하기

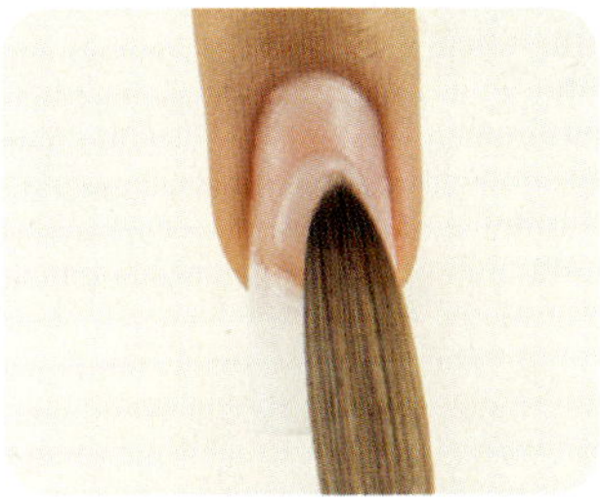
㉗ 아크릴 볼 올리기2

㉘ 자연스럽게 연결하기

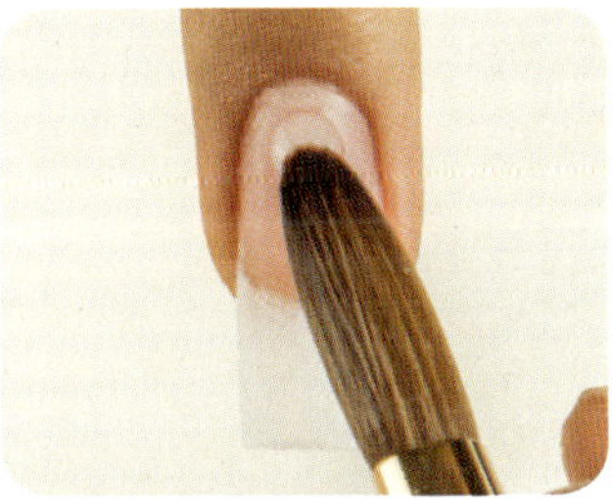
㉙ 아크릴 볼 올리기3

㉚ 자연스럽게 연결하기

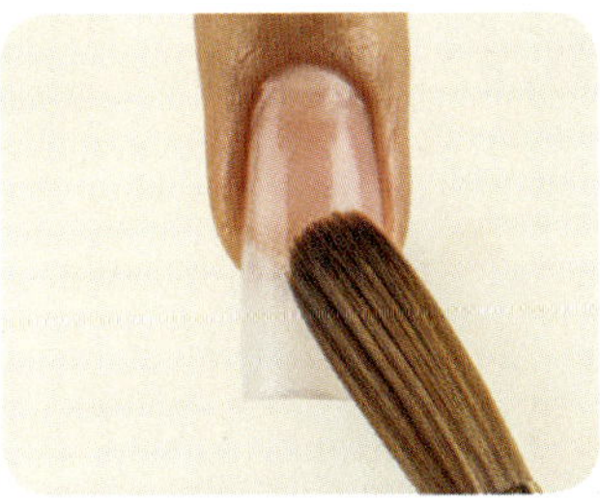
㉛ 부족한 부분 채우기

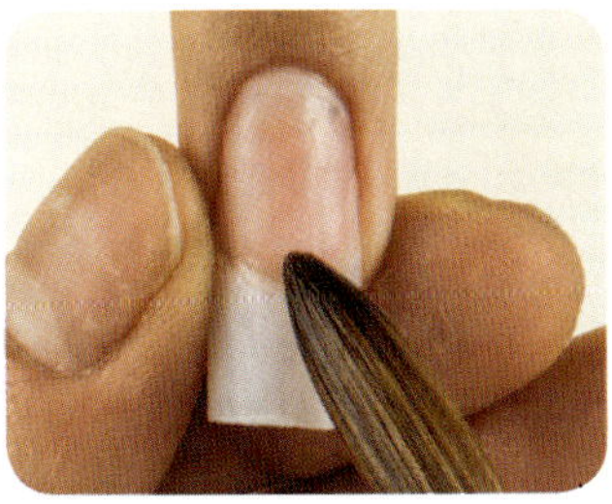
㉜ 전체 연결하기

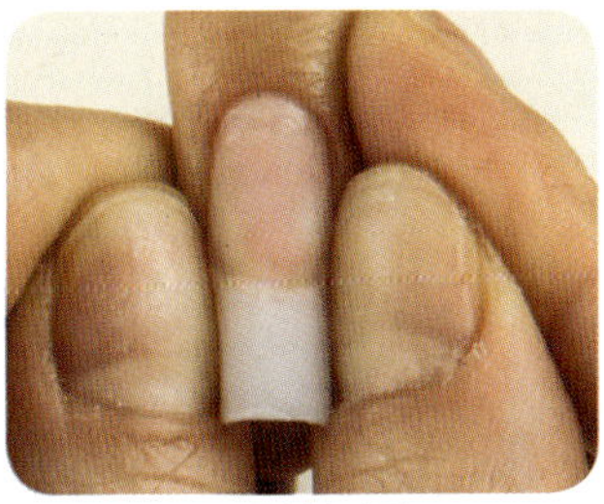
㉝ 핀치넣기

㉞ 인조 네일용 파일을 사용하여 프리에지의 길이와 스퀘어 형태를 조형한다.
(프리에지의 길이 : 0.5~1cm, 프리에지의 두께 : 0.5~1mm, C-형태의 곡선 : 20~40%)
㉟ 인조 네일용 파일을 사용하여 네일 랩 턱을 제거하고 인조 네일의 구조를 조형한다.
㊱ 샌딩 파일을 사용하여 인조 네일의 표면을 다듬고 프리에지 밑 거스러미를 제거한다.

[구조 조형]

㉞ 프리에지 조형하기

㉟ 구조 조형하기

㊱ 표면 다듬기

㊲ 광택용 파일을 사용하여 인조 네일의 표면에 광택을 낸다.
㊳ 큐티클 오일을 도포하고 핑거볼에 손을 담가 네일 더스트 브러시를 사용하여 손을 세정한다.
㊴ 멸균거즈를 사용하여 손 전체를 닦아준다.

사용한 제품의 뚜껑을 닫고 쓰레기를 위생 봉지에 넣어 주변을 깨끗하게 정리정돈 한다.

[마무리]

㊲ 광택내기

㊳ 손 세정하기

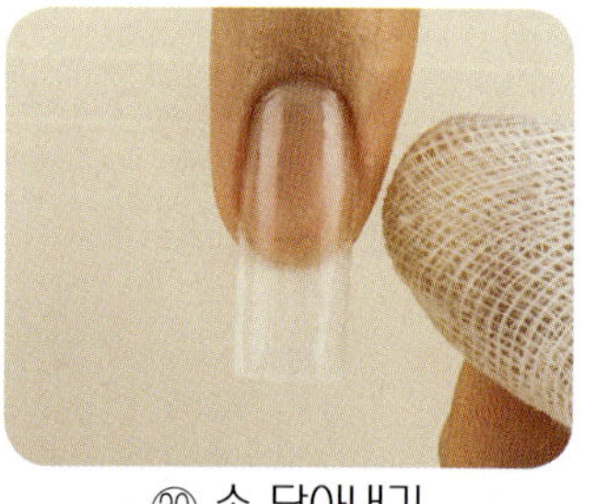
㊴ 손 닦아내기

4. 팁 위드 아크릴 순서정리

전 처리 → 네일 팁 접착 → 네일 팁 재단 → 네일 팁 턱 제거 → 분진 제거 → 전 처리제 도포 → 아크릴 오버레이 → 핀치넣기 → 구조 조형 → 표면 다듬기 → 광택내기 → 손 세척 → 손 닦기

5. 팁 위드 아크릴 완성

정면

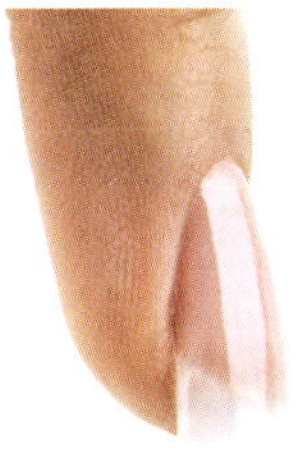

왼쪽 옆면

오른쪽 옆면

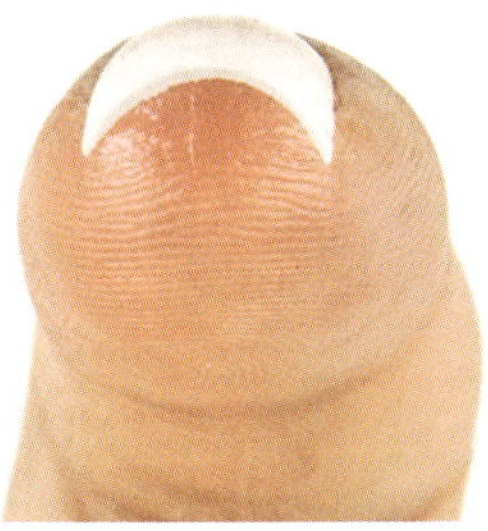

프리에지 단면

6. 팁 위드 랩 확인

순번	확인 사항	확인
①	네일 팁이 올바르게 접착되었는지 확인	
②	아크릴이 올바르게 오버레이 되었는지 확인	
③	프리에지의 길이가 0.5~1cm 이하인지 확인	
④	프리에지의 두께가 0.5~1mm 이하인지 확인	
⑤	C-형태의 곡선이 20~40% 유지하는지 확인	
⑥	정확한 스퀘어 형태를 유지하는지 확인	
⑦	팁 네일의 표면이 투명하고 깨끗하게 작업 되었는지 확인	
⑧	팁 네일의 표면이 굴곡 없이 매끄럽고 광택이 나는지 확인	
⑨	팁 네일의 길이와 두께, 곡선이 다른 손가락과 전부 동일한지 확인	
⑩	자연 네일과 인조 네일이 자연스럽게 연결 되었는지 확인	
⑪	네일 파일로 인하여 출혈이 발생하지 않았는지 확인	

05 팁 위드 젤

1. 작업자의 복장 및 작업대 준비

[작업자 복장 및 작업대 준비물품]

준비물품	위생가운, 보안경, 마스크, 수건, 손목 받침대, 키친타월, 위생봉지, 재료 정리함, 핑거볼

① 작업자는 위생가운과 보호안경, 마스크를 착용한다.
② 작업대를 기구 소독제로 소독한다.
③ 위생 처리된 흰색 수건을 작업대 위에 깐다.
④ 고객의 방향에 손목 받침대를 올려놓고 손목 받침대 앞쪽으로 키친타월을 깐다.
⑤ 재료 정리함을 사용하기 편한 위치에 놓는다.
⑥ 재료정리함에는 팁 위드 아크릴에 필요한 네일 재료들을 준비하고 소독용기에 네일 도구의 소독을 마친다.
⑦ 위생 봉지를 재료 정리함 앞쪽에 붙인다.
⑧ 핑거볼을 올려놓고 미온수를 넣어둔다.
⑨ 젤 램프기기의 입구를 고객 방향으로 맞추어 올려둔다.

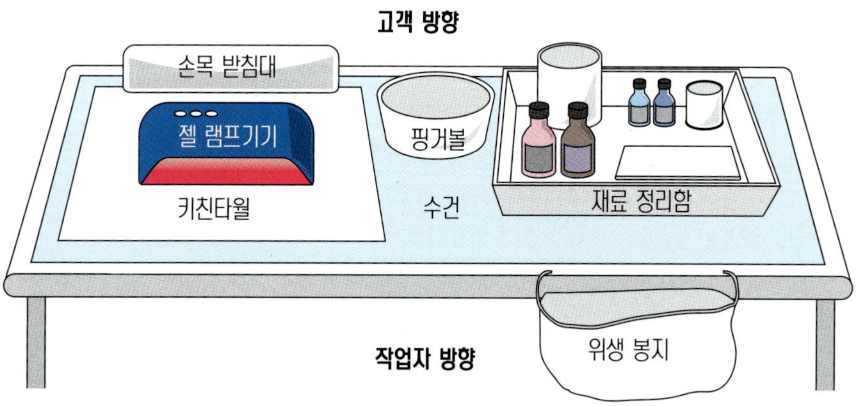

2. 재료 정리함 준비

① 소독용기에 큐티클 니퍼, 큐티클 푸셔, 네일 클리퍼, 오렌지 우드스틱, 네일 더스트 브러시를 넣고 에탄올수용액 70%에 10분 이상 담가준다.
② 네일 파일 꽂이에 자연 네일용 파일, 샌딩 파일, 광택용 파일, 팁 커터, 아크릴 브러시를 꽂아준다.
③ 뚜껑이 있는 용기에 소독용 탈지면과 제거용 탈지면, 멸균거즈, 키친타월을 넣어둔다.
④ 보온병에 미온수를 넣어둔다.
⑤ 전 처리제를 선택하여 준비한다.

[재료 정리함 준비물품]

준비물품	소독용기(큐티클 니퍼, 큐티클 푸셔, 네일 클리퍼, 오렌지 우드스틱, 네일 더스트 브러시), 파일 꽂이(자연 네일용 파일, 샌딩 파일, 광택용 파일, 팁 커터), 용기(소독용 탈지면, 제거용 탈지면, 멸균거즈, 키친타월 또는 젤 와이퍼), 에탄올, 손 소독제, 지혈제, 보온병(미온수 포함), 네일 폴리시 리무버(디스펜서 포함), 전 처리제, 네일 팁, 네일 접착제, 건조 활성제, 젤(투명), 베이스 젤, 톱 젤, 젤 클렌저

3. 팁 위드 젤 작업순서

① 손 소독제를 탈지면에 분사하여 작업자의 손을 소독한다.
② 손 소독제를 탈지면에 분사하여 고객의 손을 소독한다.
③ 네일 화장물이 도포되어 있는 경우 고객의 양쪽 손에 네일 화장물을 제거한다.
④ 자연 네일용 파일을 사용하여 프리에지 길이는 약 0.1cm 정도로 조절하고 프리에지의 형태를 라운드 또는 오발로 조형한다.
⑤ 큐티클 푸셔를 45°의 각도로 사용하여 큐티클을 부드럽게 밀어준다.
⑥ 선택사항 : 큐티클 니퍼를 사용하여 큐티클을 조금 정리할 수 있다.
⑦ 네일 파일을 사용하여 큐티클 주변에 불필요한 각질을 제거한다.
⑧ 샌딩 파일을 사용하여 네일 표면의 광택을 제거하고 프리에지 밑 거스러미를 제거한다.
⑨ 네일 더스트 브러시를 사용하여 분진을 제거한다.

[자연 네일의 전처리 작업]

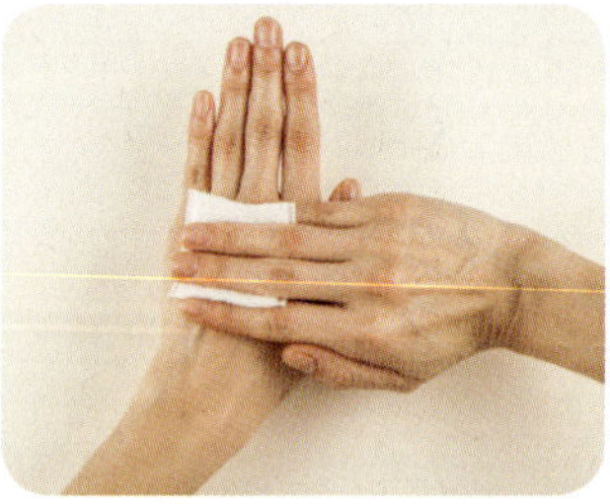
① 작업자 손 소독하기

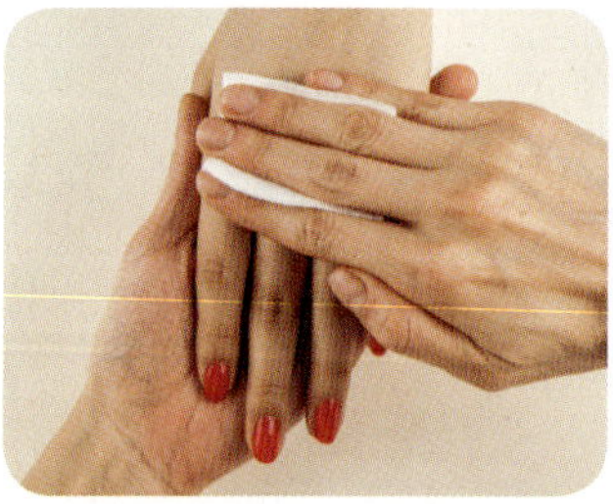
② 고객 손 소독하기

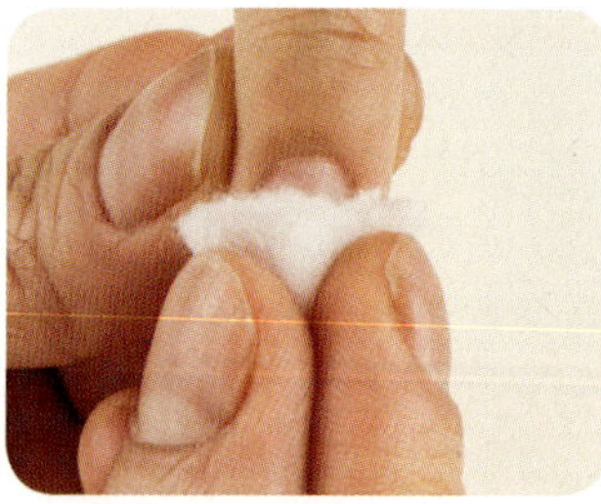
③ 네일 화장물 제거하기

④ 프리에지 형태 조형하기

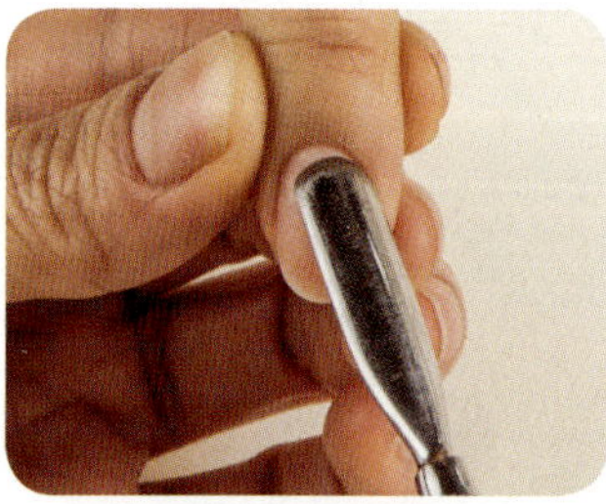
⑤ 큐티클 밀어올리기

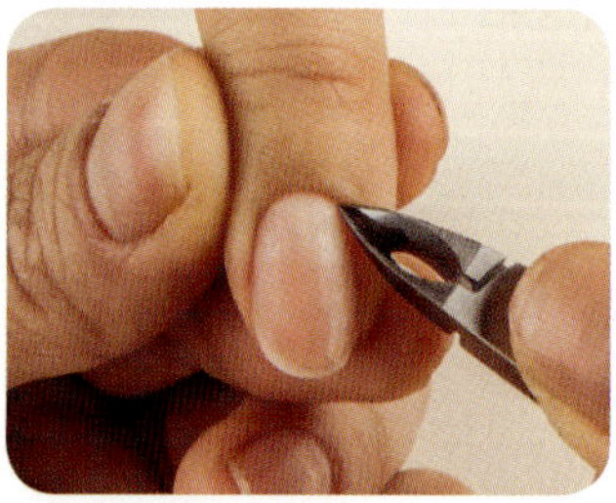
⑥ 큐티클 정리하기(선택사항)

⑦ 불필요한 각질 제거하기

⑧ 자연 네일 광택 제거하기

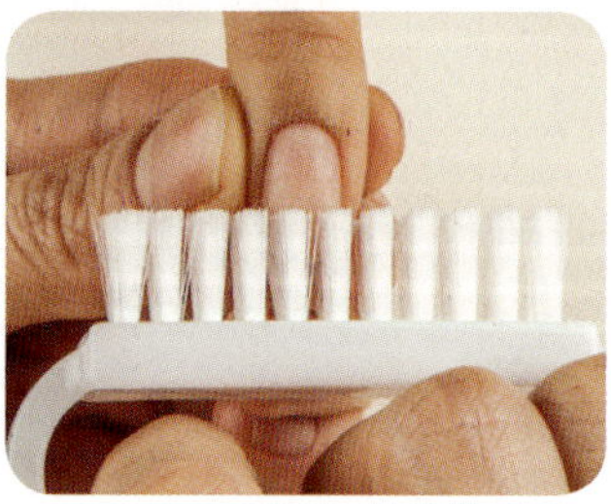
⑨ 분진 제거하기

⑩ 알맞은 사이즈의 네일 팁을 선택하고 네일 팁 웰 부분에 네일 접착제를 도포한다.
⑪ 네일 팁을 비틀어지거나 쳐지지 않게 접착한다.
⑫ 네일 팁의 옆면 부분이 들뜨지 않게 살짝 눌러준다.
⑬ 건조 활성제를 분사하여 고정할 수 있다.
⑭ 정면에서 네일 팁이 일직선으로 올바르게 접착되었는지 확인한다.
⑮ 옆면에서 네일 팁이 쳐지거나 올라가지 않았는지 확인한다.

[네일 팁 접착방법]

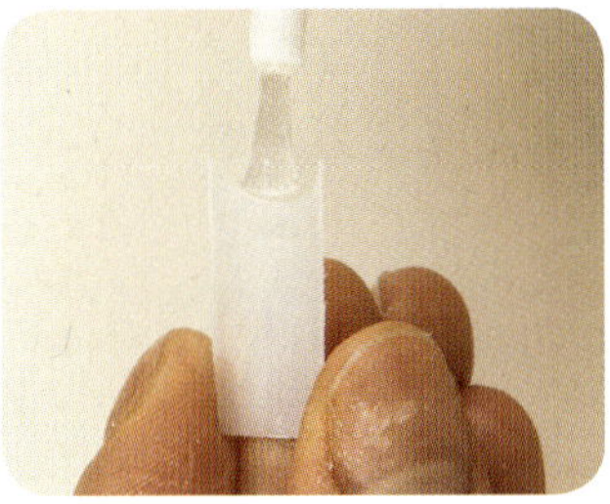
⑩ 네일 접착제 도포하기

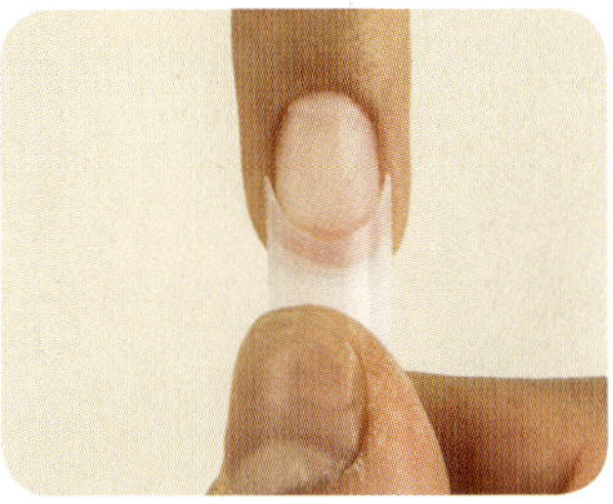
⑪ 네일 팁 접착하기

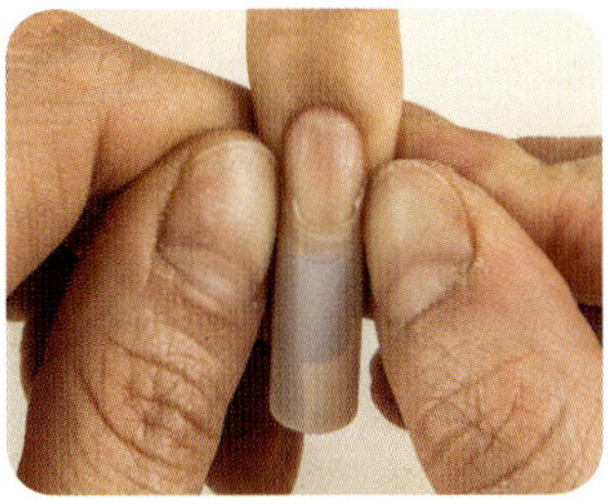
⑫ 네일 팁 옆면 눌러주기

⑬ 건조 활성제 분사하기

⑭ 접착 확인하기(정면)

⑮ 접착 확인하기(옆면)

⑯ 고객의 손가락을 안전하게 고정한다.
⑰ 팁 커터를 사용하여 네일 팁을 재단한다.
⑱ 재단한 네일 팁이 튕겨져 나가지 않도록 잡고 위생봉지에 버린다.

[네일 팁 재단방법]

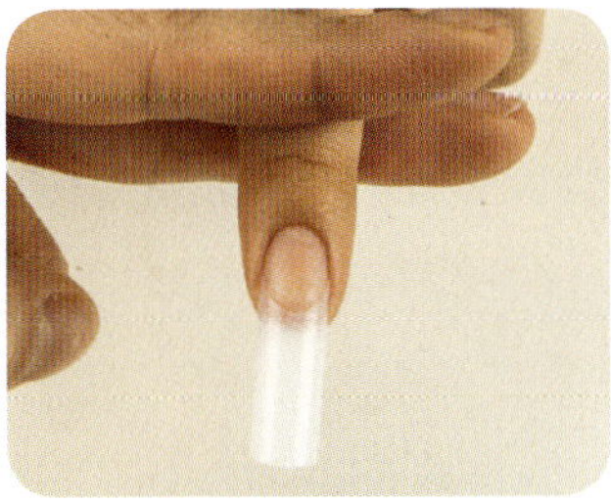
⑯ 고객 손가락 고정하기

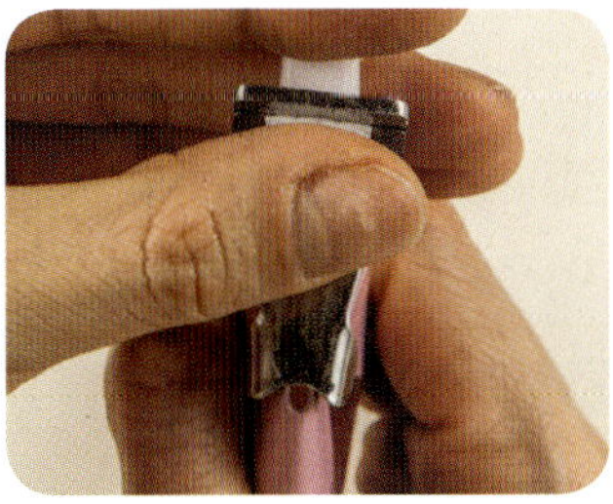
⑰ 네일 팁 재단하기

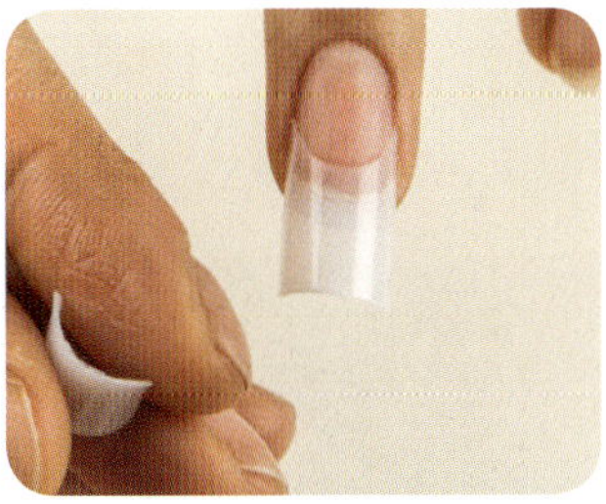
⑱ 재단한 네일 팁 잡기

⑲ 네일 팁의 양쪽 옆면 부분의 네일 팁 턱을 제거한다.

⑳ 자연 네일과 매끄럽게 연결되도록 후 네일 팁 정면 부분의 네일 팁 턱을 제거한다. 매끄럽게 네일 팁이 연결된 경우에는 네일 랩 접착 단계를 실시한다.

㉑ 네일 더스트 브러시를 사용하여 분진을 제거한다.

[네일 팁 턱 제거방법]

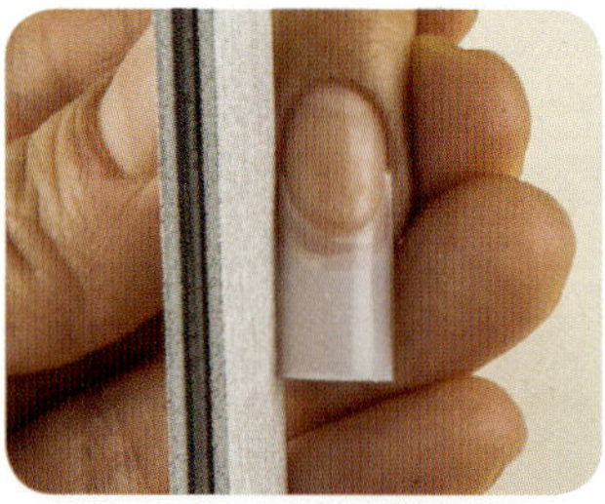

⑲ 네일 팁 턱 제거하기

⑳ 네일 팁 턱 제거하기

㉑ 분진 제거하기

㉒ 전 치리제를 네일 팁 부분을 제외하고 자연 네일에 소량 도포할 수 있다.

㉓ 베이스 젤을 인조 네일 전체에 도포한다.

㉔ 주변에 묻은 베이스 젤을 정리한 후 젤 램프기기에 경화한다.

[베이스 젤 도포 방법]

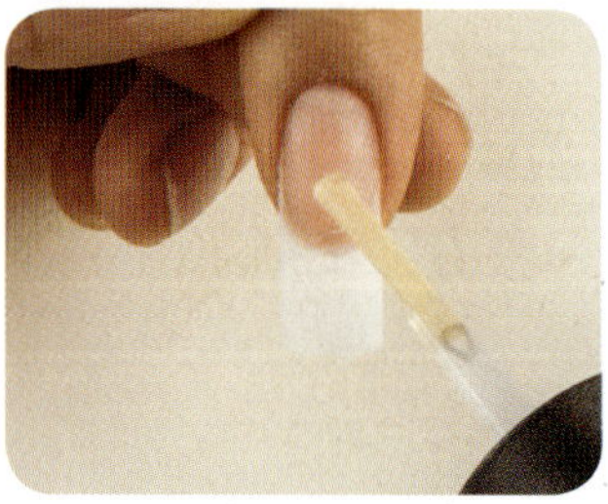

㉒ 전 처리제 도포하기

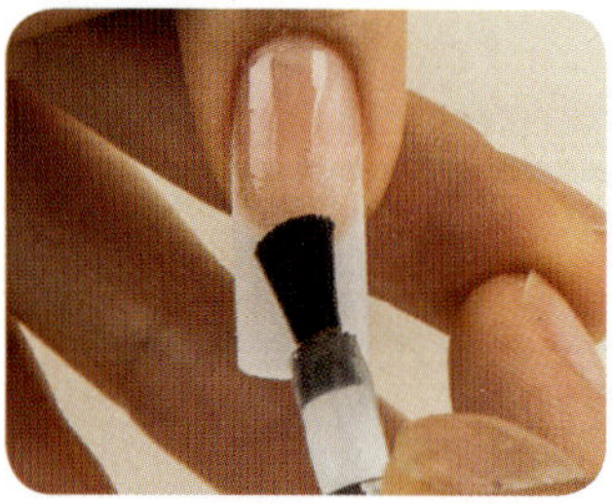

㉓ 베이스 젤 도포하기

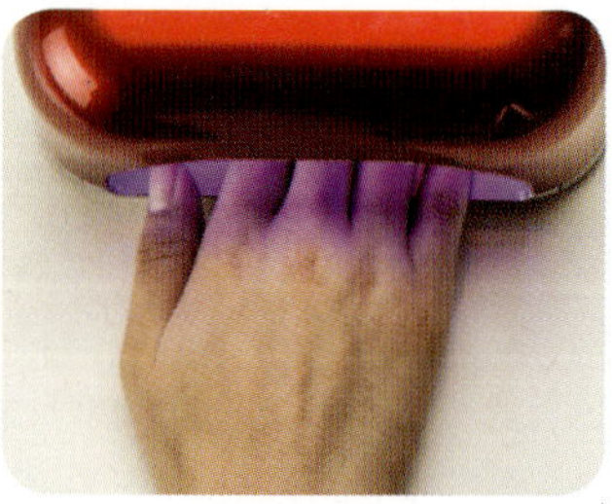

㉔ 경화하기

㉕ 네일 팁 턱 제거 부분에 젤을 올리고 경계가 생기지 않게 자연스럽게 연결한다.
㉖ 주변에 묻은 젤을 정리한 후 젤 램프기기에 경화한다.
㉗ 가장 높은 지점에 젤을 올리고 경계가 생기지 않게 자연스럽게 연결한다.
㉘ 주변에 묻은 젤을 정리한 후 젤 램프기기에 경화한다.
㉙ 큐티클 부분에 얇게 젤을 올리고 경계가 생기지 않게 자연스럽게 연결한다.
㉚ 주변에 묻은 젤을 정리한 후 젤 램프기기에 경화한다.
㉛ 인조 네일의 구조를 고려하여 부족한 부분을 채우고 전체를 연결한다.
㉜ 주변에 묻은 젤을 정리한 후 젤 램프기기에 경화한다.
㉝ 젤 클렌저를 젤 와이퍼에 적시고 미 경화 젤을 제거한다.

[아크릴 오버레이 방법]

㉕ 젤 올리기1

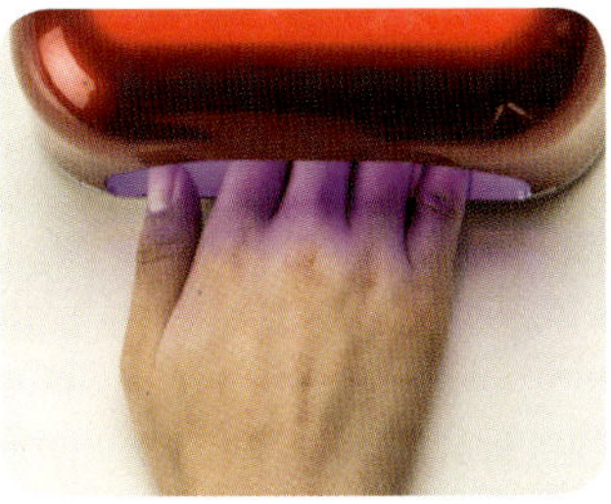
㉖ 경화하기

㉗ 젤 올리기2

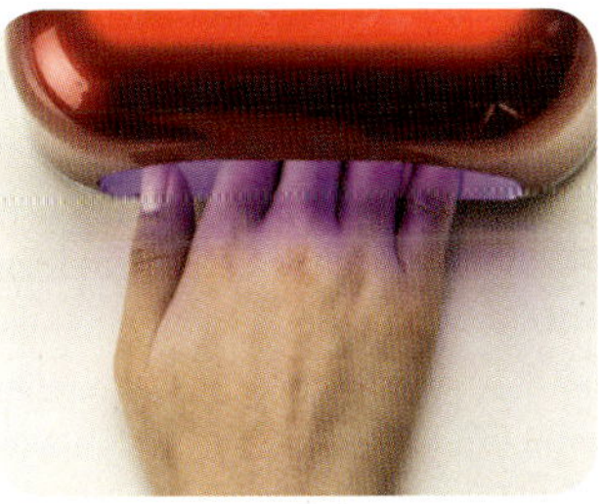
㉘ 경화하기

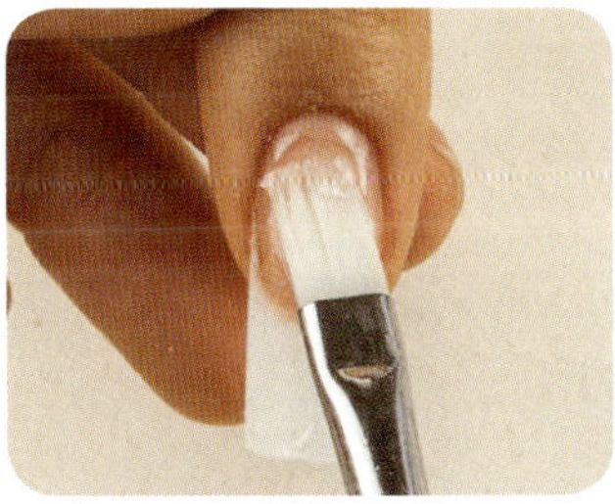
㉙ 젤 올리기3

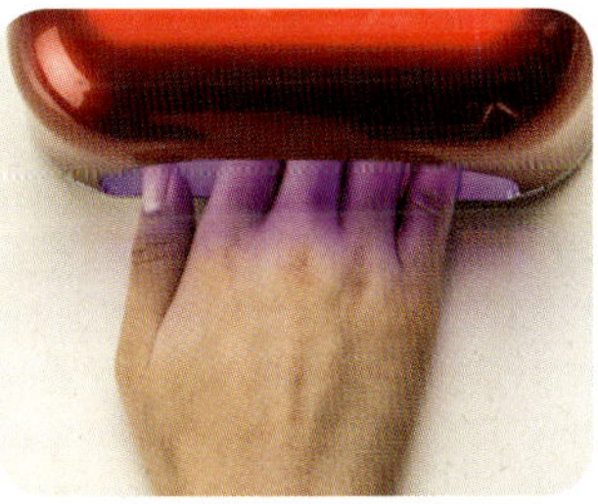
㉚ 경화하기

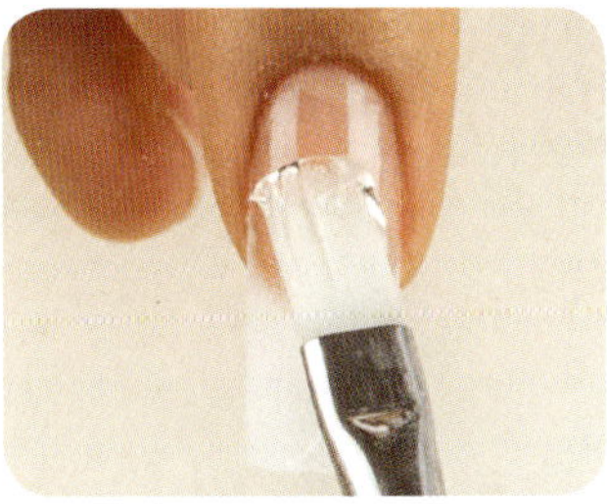
㉛ 젤 올리기4

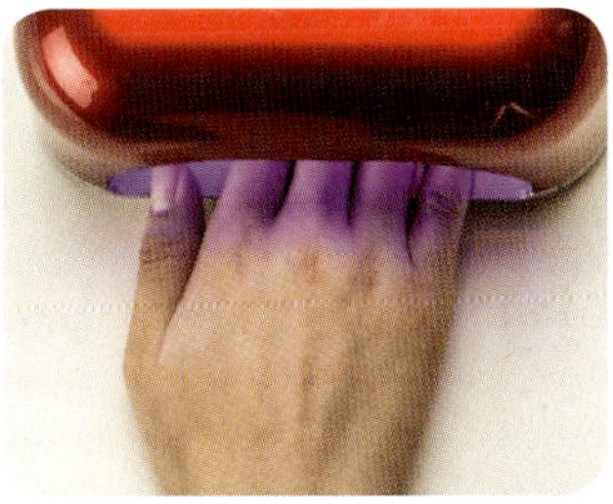
㉜ 경화하기

㉝ 미 경화 젤 제거하기

㉞ 인조 네일용 파일을 사용하여 프리에지의 길이와 스퀘어 형태를 조형한다.
(프리에지의 길이 : 0.5~1cm, 프리에지의 두께 : 0.5~1mm, C-형태의 곡선 : 20~40%)
㉟ 인조 네일용 파일을 사용하여 네일 랩 턱을 제거하고 인조 네일의 구조를 조형한다.
㊱ 샌딩 파일을 사용하여 인조 네일의 표면을 다듬고 프리에지 밑 거스러미를 제거한다.

[구조 조형]

㉞ 프리에지 조형하기

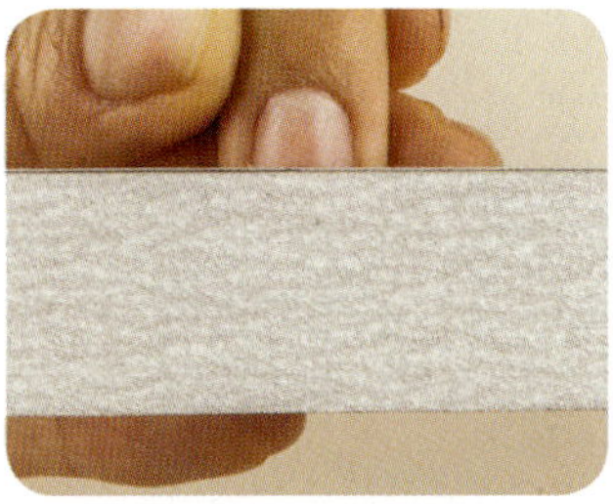
㉟ 구조 조형하기

㊱ 표면 다듬기

㊲ 핑거볼에 손을 담가 네일 더스트 브러시를 사용하여 손을 세정하고 멸균거즈를 사용하여 손 전체를 닦아준다.
㊳ 톱 젤을 인조 네일 전체에 도포한다.
㊴ 주변에 묻은 베이스 젤을 정리한 후 젤 램프기기에 경화한다. 미 경화 젤이 남을 경우 미 경화 젤을 제거할 수 있다.

사용한 제품의 뚜껑을 닫고 쓰레기를 위생 봉지에 넣어 주변을 깨끗하게 정리정돈 한다.

[마무리]

㊲ 손 세정하기

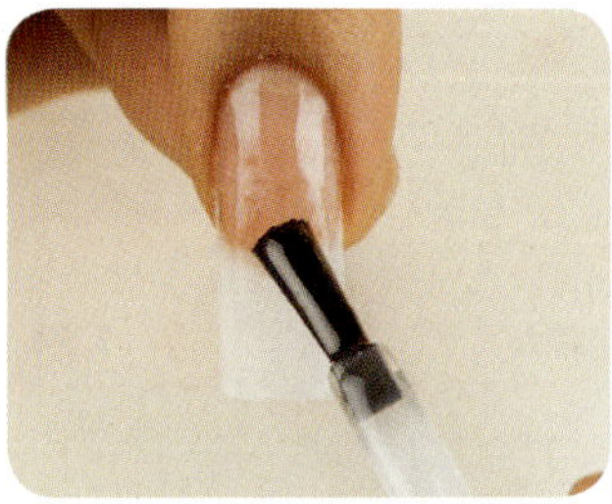
㊳ 톱 젤 도포하기

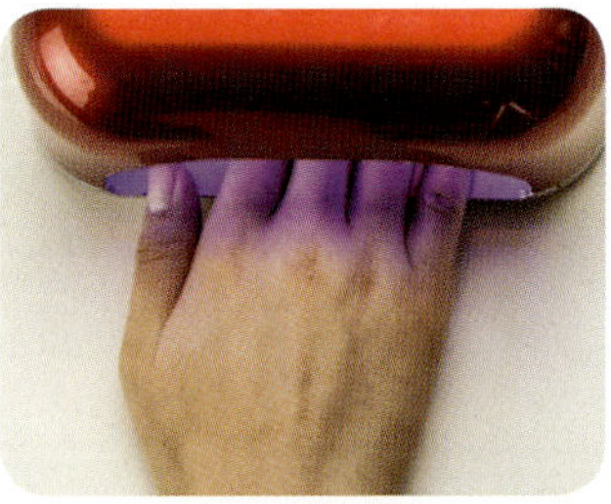
㊴ 경화하기

4. 팁 위드 젤 순서정리

전 처리 → 네일 팁 접착 → 네일 팁 재단 → 네일 팁 턱 제거 → 분진 제거 → 전 처리제 도포 → 베이스 젤 도포(경화) → 젤 오버레이(경화) → 미 경화 젤 제거 → 구조 조형 → 표면 다듬기 → 손 세척 → 손 닦기 → 톱 젤 도포(경화)

5. 팁 위드 젤 완성

정면

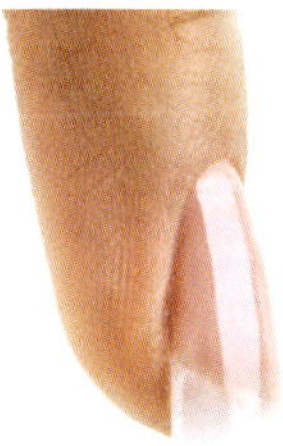
왼쪽 옆면

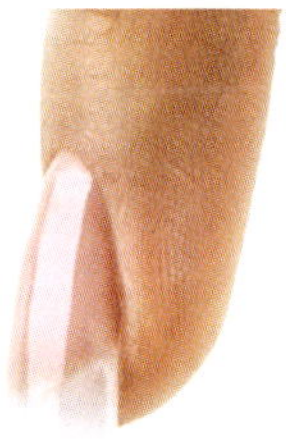
오른쪽 옆면

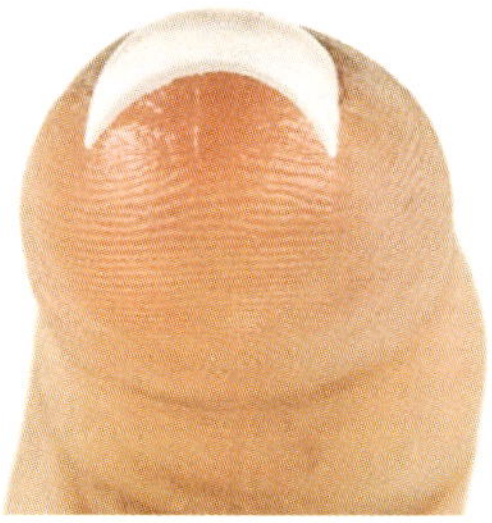
프리에지 단면

6. 팁 위드 젤 확인

순번	확인 사항	확인
①	네일 팁이 올바르게 접착되었는지 확인	
②	젤이 올바르게 오버레이 되었는지 확인	
③	프리에지의 길이가 0.5~1cm 이하인지 확인	
④	프리에지의 두께가 0.5~1mm 이하인지 확인	
⑤	C-형태의 곡선이 20~40% 유지하는지 확인	
⑥	정확한 스퀘어 형태를 유지하는지 확인	
⑦	팁 네일의 표면이 투명하고 깨끗하게 작업 되었는지 확인	
⑧	팁 네일의 표면이 굴곡 없이 매끄럽고 광택이 나는지 확인	
⑨	팁 네일의 길이와 두께, 곡선이 다른 손가락과 전부 동일한지 확인	
⑩	자연 네일과 인조 네일이 자연스럽게 연결 되었는지 확인	
⑪	네일 파일로 인하여 출혈이 발생하지 않았는지 확인	

PART 5.

랩 네일

정의 : 고객의 네일 보호와 미적 요구 충족을 위하여 네일 위에 전 처리, 접착하기, 연장하기, 마무리할 수 있는 능력이다.

능력단위요소	수 행 준 거
랩 네일 전 처리하기	1.1 작업 매뉴얼에 따라 작업에 적합한 네일 길이 및 모양을 만들 수 있다. 1.2 네일 상태에 따라 표면정리를 통하여 제품의 밀착력을 높일 수 있다. 1.3 네일 랩의 접착력을 높이기 위해 전 처리제를 도포할 수 있다.
네일 랩 접착하기	2.1 고객 네일 크기에 따라 정확하게 네일 랩을 재단할 수 있다. 2.2 작업 매뉴얼에 따라 공기가 들어가지 않도록 랩을 접착할 수 있다. 2.3 네일 상태에 따라 보강제를 선택하여 도포할 수 있다. 2.4 작업 매뉴얼에 따라 표면정리를 할 수 있다.
네일 랩 연장하기	3.1 고객 네일 크기에 따라 정확하게 네일 랩을 재단할 수 있다. 3.2 작업 매뉴얼에 따라 공기가 들어가지 않도록 랩을 접착할 수 있다. 3.3 네일 상태에 따라 보강제를 선택하여 도포할 수 있다. 3.4 고객의 요구에 따라 네일의 길이를 연장할 수 있다. 3.5 고객의 요구에 따라 프리에지의 모양을 만들 수 있다. 3.6 작업 매뉴얼에 따라 표면정리를 할 수 있다.
랩 네일 마무리하기	4.1 작업 매뉴얼에 따라 인조 네일 표면을 인조 네일 구조에 맞추어 네일 파일링할 수 있다. 4.2 고객의 요구에 따라 프리에지의 모양과 길이를 맞게 마무리할 수 있다. 4.3 작업 매뉴얼에 따라 인조 네일 표면을 매끄럽게 네일 파일링할 수 있다. 4.4 작업 매뉴얼에 따라 마무리를 위해 큐티클 오일을 바를 수 있다. 4.5 작업 매뉴얼에 따라 광택으로 마무리할 수 있다. 4.6 작업 매뉴얼에 따라 광택 후 컬러링으로 마무리할 수 있다.

Chapter 01.

랩 네일

랩 네일이란 네일 랩을 사용하여 네일을 보강하거나 네일의 길이를 연장하여 인조 네일을 만드는 것을 말한다. 네일 미용인은 랩 네일의 정확한 개념과 랩 네일의 명칭을 이해해야한다. 또한 네일 랩의 종류별 특징과 고객의 네일과 적합한 네일 랩을 선택할 수 있어야 하며 네일 랩으로 길이를 연장하는 방법은 고 난이도의 기술이 요구되므로 꾸준한 연습이 요구된다.

본 챕터에서는 네일 랩을 활용한 랩 네일의 종류와 작업방법에 대해 알아본다.

01 랩 네일의 이해

1. 랩 네일 (Wrap Nail)

랩(Wrap)이란 '포장하다, 감싸다'라는 뜻으로 랩 네일이란 네일 위에 네일 랩을 덧붙여 견고하게 만들거나 길이를 연장하는 것을 말한다. 네일 랩을 잘라 네일에 붙여 약한 네일이나 찢어진 네일을 보강하여 단단하게 하며, 인조 네일 위에 덮어씌움으로써 튼튼하게 유지시켜준다. 네일 랩만으로는 보강이 부족할 경우 필러파우더를 함께 사용할 수 있다.

[랩 네일의 종류]

구분	내용	이미지
랩 오버레이 (Wrap Overlay)	자연 네일의 보강	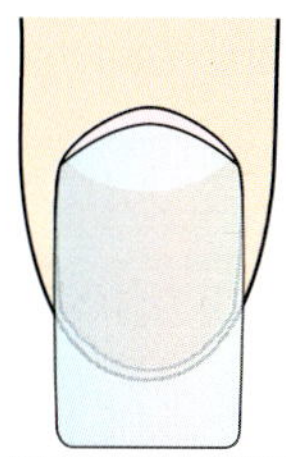
	찢어진 네일의 보강	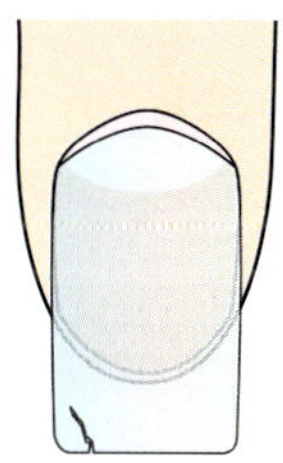
랩 익스텐션 (Wrap Extension)	네일의 깨진 부분 연장	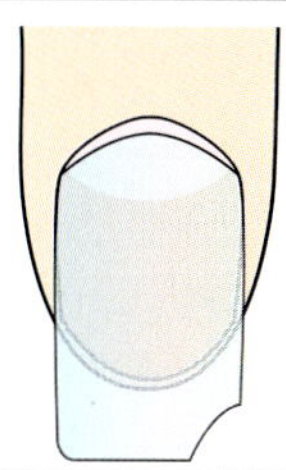
	네일의 전체 길이 연장	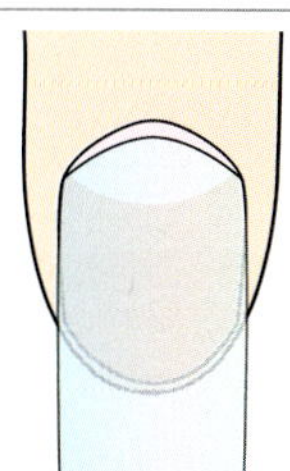

02 팁 네일 제품의 종류와 특성

1. 네일 랩의 이해

1) 네일 랩(Nail Wrap)

랩은 섬유로 가공된 직물(Fabric) 소재로 만들어진 원단을 말하며 네일 랩은 실크, 파이버 글라스, 리넨 등을 총칭하는 단어이다. 일반적으로는 실크라는 네일 랩을 사용하기 실크 오버레이, 실크 익스텐션이라고 이라고 한다. 네일의 특징과 네일 랩의 소재에 따라 적절히 선택하여 사용해야 한다.

[네일 랩의 분류]

구분	내용	이미지
파이버 글라스 (Fiber Glass)	인조유리섬유로 짠 직물로 투명하며 매우 반짝거리며 실크에 비해서 조직이 느슨하며 접착제가 잘 스며든다.	
실크 (Silk)	명주실로 짠 직물로 부드럽고 가벼우며 조직이 얇고 섬세하여 가장 많이 사용한다.	

리넨 (Linen)	아마 식물의 줄기에서 얻은 실로 짠 직물로 다른 소재에 비해 강하며 천의 조직이 비치고 두꺼우며 투박하다.	

2) 네일 랩의 재단과 접착방법

① 접착할 네일의 면적을 확인하고 재단한다.
② 큐티클 라인 네일 랩의 모서리는 동일하게 재단한다.
③ 재단한 네일 랩을 큐티클 라인에서 약 0.2cm 정도 남겨놓고 네일에 접착한다.
④ 접착한 후 네일 옆면까지 잘 커버되어 있는지 확인한다.

03 랩 네일 작업 준비사항

1. 작업자의 복장 및 작업대 준비

[작업자 복장 및 작업대 준비물품]

준비물품	위생가운, 보안경, 마스크, 수건, 손목 받침대, 키친타월, 위생봉지, 재료 정리함, 핑거볼

① 작업자는 위생가운과 보호안경, 마스크를 착용한다.
② 작업대를 기구 소독제로 소독한다.
③ 위생 처리된 흰색 수건을 작업대 위에 깐다.
④ 고객의 방향에 손목 받침대를 올려놓고 손목 받침대 앞쪽으로 키친타월을 깐다.
⑤ 재료 정리함을 사용하기 편한 위치에 놓는다.
⑥ 재료정리함에는 팁 위드 랩에 필요한 네일 재료들을 준비하고 소독용기에 네일 도구의 소독을 마친다.
⑦ 위생 봉지를 재료 정리함 앞쪽에 붙인다.
⑧ 핑거볼을 올려놓고 미온수를 넣어둔다.

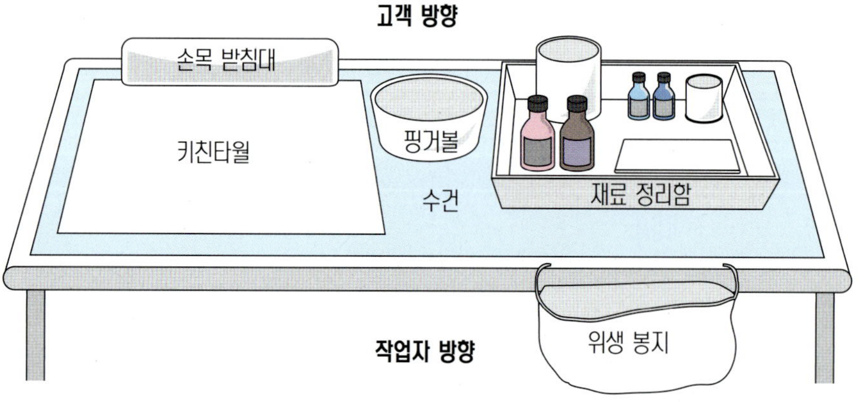

2. 재료 정리함 준비

① 소독용기에 큐티클 니퍼, 큐티클 푸셔, 네일 클리퍼, 오렌지 우드스틱, 네일 더스트 브러시를 넣고 에탄올수용액 70%에 10분 이상 담가준다.
② 네일 파일 꽂이에 자연 네일용 파일, 샌딩 파일, 광택용 파일, 가위를 꽂아준다.
③ 뚜껑이 있는 용기에 소독용 탈지면과 제거용 탈지면, 멸균거즈를 넣어둔다.
④ 보온병에 미온수를 넣어둔다.

[재료 정리함 준비물품]

준비물품	소독용기(큐티클 니퍼, 큐티클 푸셔, 네일 클리퍼, 오렌지 우드스틱, 네일 더스트 브러시), 파일 꽂이(자연 네일용 파일, 샌딩 파일, 광택용 파일, 가위), 용기(소독용 탈지면, 제거용 탈지면, 멸균거즈, 키친타월), 에탄올, 손 소독제, 지혈제, 보온병(미온수 포함), 네일 폴리시 리무버(디스펜서 포함), 네일 랩(실크), 네일 접착제, 건조 활성제, 필러 파우더, 큐티클 오일

04 랩 오버레이

1. 랩 오버레이 작업순서(자연 네일 보강)

① 손 소독제를 탈지면에 분사하여 작업자의 손을 소독한다.
② 손 소독제를 탈지면에 분사하여 고객의 손을 소독한다.
③ 네일 화장물이 도포되어 있는 경우 고객의 양쪽 손에 네일 화장물을 제거한다.
④ 자연 네일용 파일을 사용하여 프리에지의 형태를 조형한다.
⑤ 큐티클 푸셔를 45° 의 각도로 사용하여 큐티클을 부드럽게 밀어준다.
⑥ 선택사항 : 큐티클 니퍼를 사용하여 큐티클을 조금 정리할 수 있다.
⑦ 네일 파일을 사용하여 큐티클 주변에 불필요한 각질을 제거한다.
⑧ 샌딩 파일을 사용하여 네일 표면의 광택을 제거하고 프리에지 밑 거스러미를 제거한다.
⑨ 네일 더스트 브러시를 사용하여 분진을 제거한다.

[자연 네일의 전처리 작업]

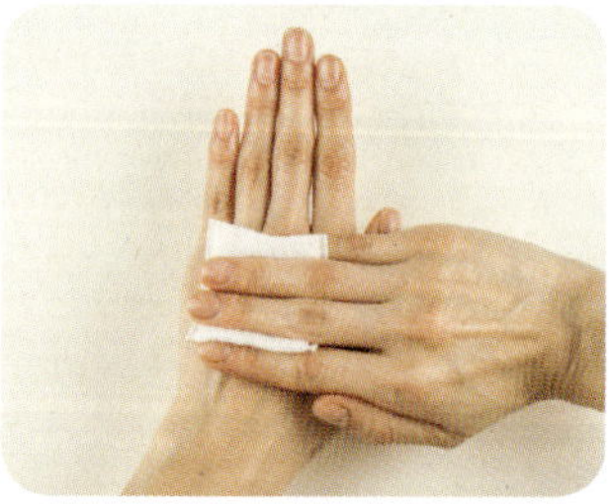
① 작업자 손 소독하기

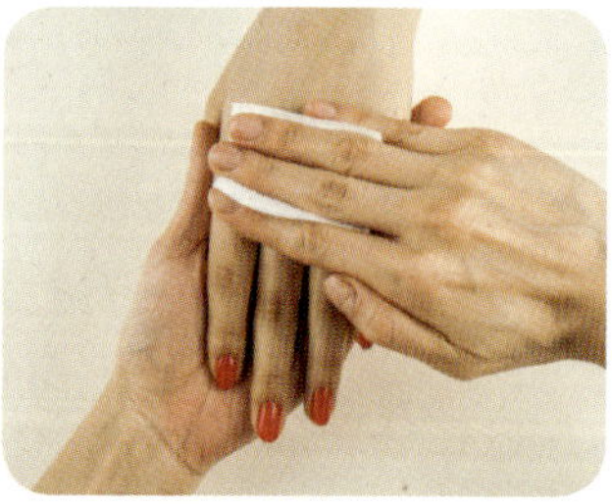
② 고객 손 소독하기

③ 네일 화장물 제거하기

④ 프리에지 형태 조형하기

⑤ 큐티클 밀어올리기

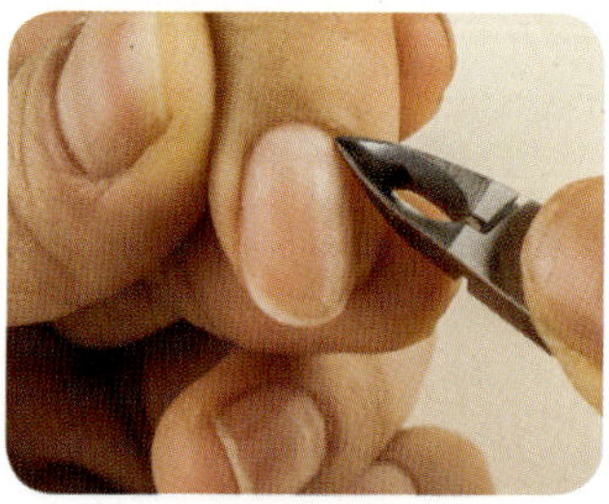
⑥ 큐티클 정리하기(선택사항)

⑦ 불필요한 각질 제거하기

⑧ 광택 제거하기

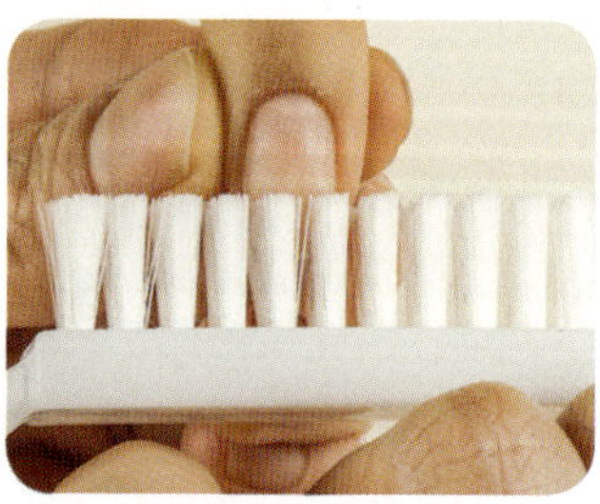
⑨ 분진 제거하기

⑩ 고객의 네일 크기와 큐티클 라인 왼쪽 부분의 곡선을 확인한다.
⑪ 네일 랩을 큐티클 라인 왼쪽 부분의 곡선과 동일하게 재단한다.
⑫ 네일 랩을 큐티클라인에서 약 0.2cm정도 남기도 가볍게 접착한다.
⑬ 큐티클 라인의 오른쪽 부분의 곡선을 확인하고 동일하게 네일 랩을 재단한다.
⑭ 네일 랩을 완전히 눌러 접착시킨다.
⑮ 네일 접착제를 도포하여 네일 랩을 고정한다.

[네일 랩 재단과 접착방법]

⑩ 네일 크기 확인하기

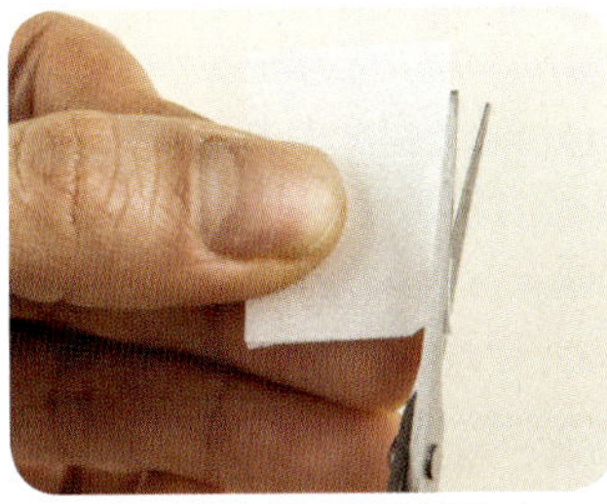
⑪ 네일 랩 재단하기 1

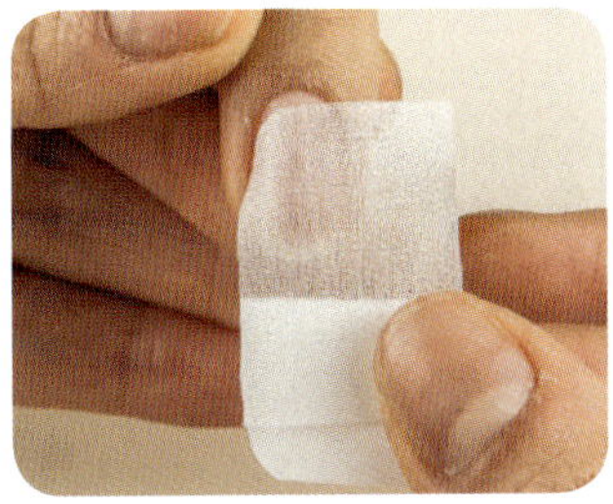
⑫ 네일 랩 접착하기

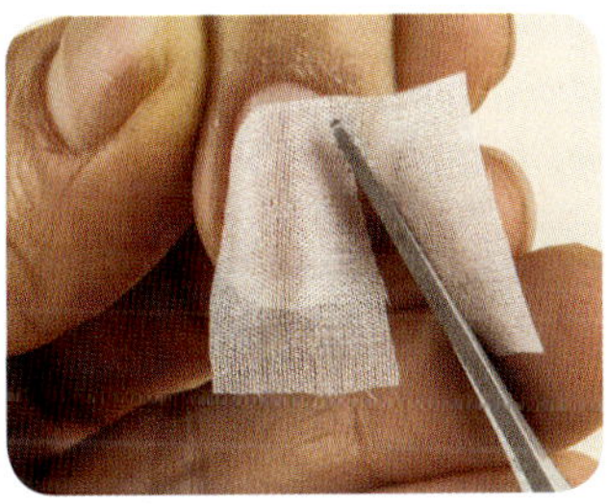
⑬ 네일 랩 재단하기 2

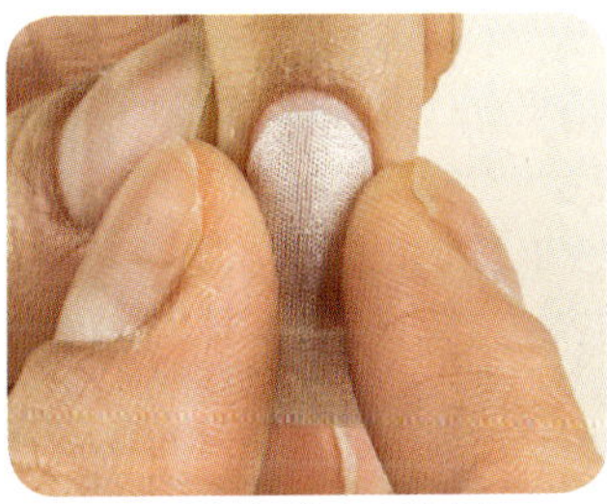
⑭ 네일 랩 눌러주기

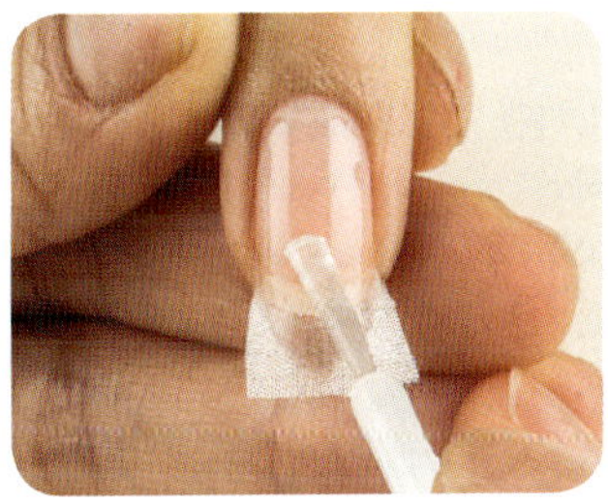
⑮ 네일 랩 고정하기

랩 오버레이의 경우에는 필러 파우더의 사용은 선택사항이다.

⑯ 인조 네일용 파일을 사용하여 프리에지의 길이 형태를 조형한다.
⑰ 인조 네일용 파일을 사용하여 네일 랩 턱을 제거하고 인조 네일의 구조를 조형한다.
⑱ 더스트 브러시를 사용하여 분진을 제거한 후 광택에 효과를 높이기 위해 브러시 글루를 인조 네일 전체에 도포할 수 있다.

[구조 조형]

⑯ 프리에지 조형하기

⑰ 구조 조형하기

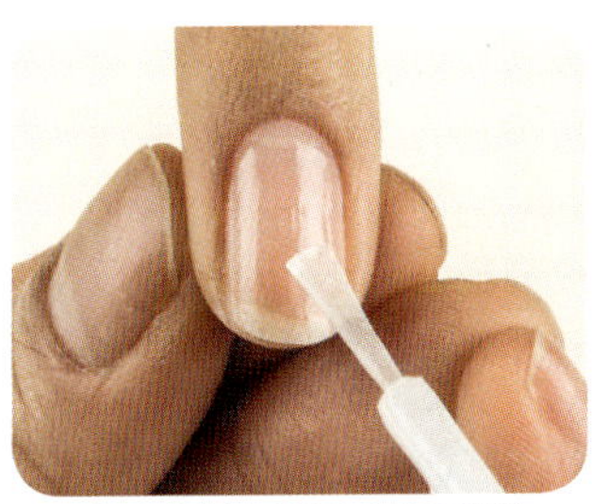
⑱ 브러시 글루 도포하기

⑲ 샌딩 파일을 사용하여 인조 네일의 표면을 다듬고 프리에지 밑 거스러미를 제거한다.
⑳ 광택용 파일을 사용하여 인조 네일의 표면에 광택을 낸다.
㉑ 큐티클 오일을 도포하고 핑거볼에 손을 담가 손을 세정하고 손 전체를 닦아준다.

사용한 제품의 뚜껑을 닫고 쓰레기를 위생 봉지에 넣어 주변을 깨끗하게 정리정돈 한다.

[마무리]

⑲ 표면 다듬기

⑳ 광택내기

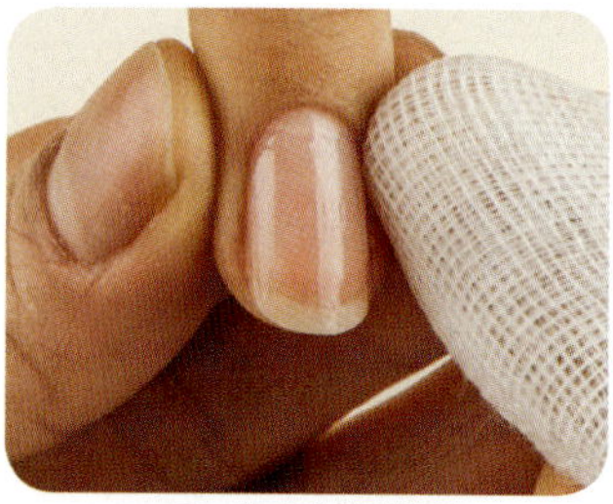
㉑ 손 닦아내기

2. 랩 오버레이 순서정리(자연 네일 보강)

전 처리 → 네일 랩 재단 → 네일 랩 접착 → 네일 랩 고정 → 구조 조형 → 브러시 글루 도포 → 표면 다듬기 → 광택내기 → 손 닦기

3. 랩 오버레이 완성(자연 네일 보강)

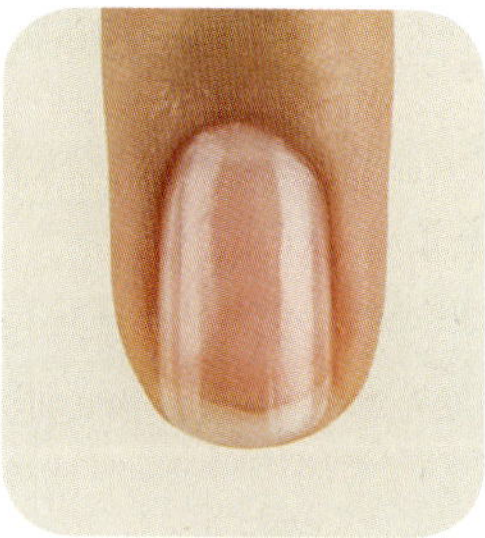
정면

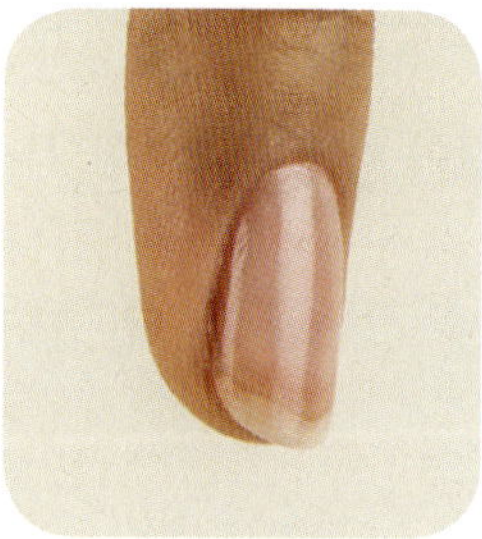
왼쪽 옆면

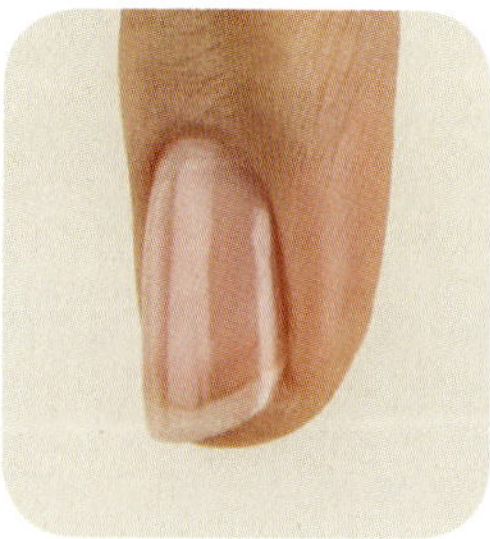
오른쪽 옆면

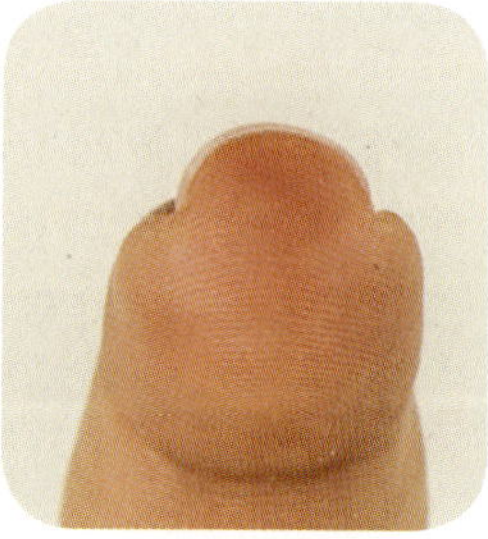
프리에지 단면

4. 랩 오버레이 확인(자연 네일 보강)

순번	확인 사항	확인
①	네일 랩이 올바르게 접착되었는지 확인	
②	랩 네일의 표면이 투명하고 깨끗하게 작업 되었는지 확인	
③	랩 네일의 표면이 굴곡 없이 매끄럽고 광택이 나는지 확인	
④	랩 네일의 길이와 두께, 곡선이 다른 손가락과 동일한지 확인	
⑤	자연 네일과 인조 네일이 자연스럽게 연결 되었는지 확인	
⑥	네일 파일로 인하여 출혈이 발생하지 않았는지 확인	

5. 랩 오버레이 작업순서(찢어진 네일 보강)

① 손 소독제를 탈지면에 분사하여 작업자의 손을 소독한다.
② 손 소독제를 탈지면에 분사하여 고객의 손을 소독한다.
③ 네일 화장물이 도포되어 있는 경우 고객의 양쪽 손에 네일 화장물을 제거한다.
④ 자연 네일용 파일을 사용하여 프리에지의 형태를 라운드 또는 오발로 조형한다.
⑤ 큐티클 푸셔를 45°의 각도로 사용하여 큐티클을 부드럽게 밀어준다.
⑥ 선택사항 : 큐티클 니퍼를 사용하여 큐티클을 조금 정리할 수 있다.
⑦ 네일 파일을 사용하여 큐티클 주변에 불필요한 각질을 제거한다.
⑧ 샌딩 파일을 사용하여 네일 표면의 광택을 제거하고 프리에지 밑 거스러미를 제거한다.
⑨ 네일 더스트 브러시를 사용하여 분진을 제거한다.

[자연 네일의 전처리 작업]

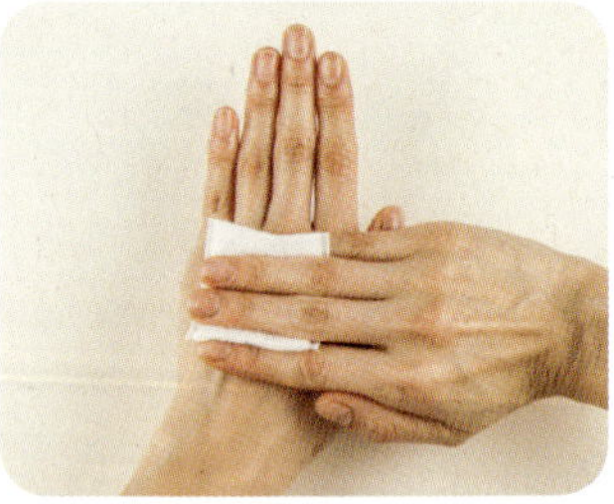
① 작업자 손 소독하기

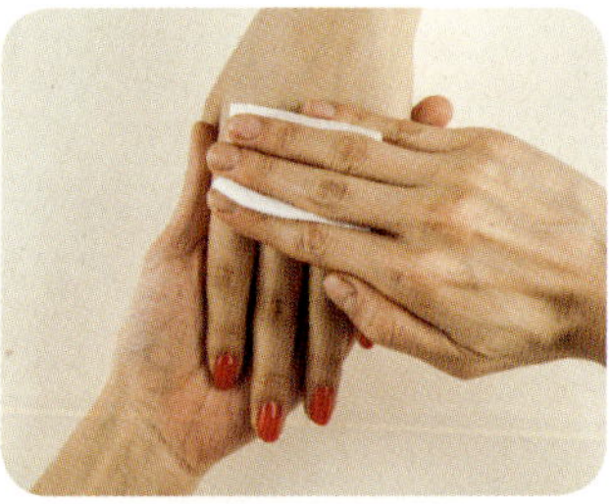
② 고객 손 소독하기

③ 네일 화장물 제거하기

④ 프리에지 형태 조형하기

⑤ 큐티클 밀어올리기

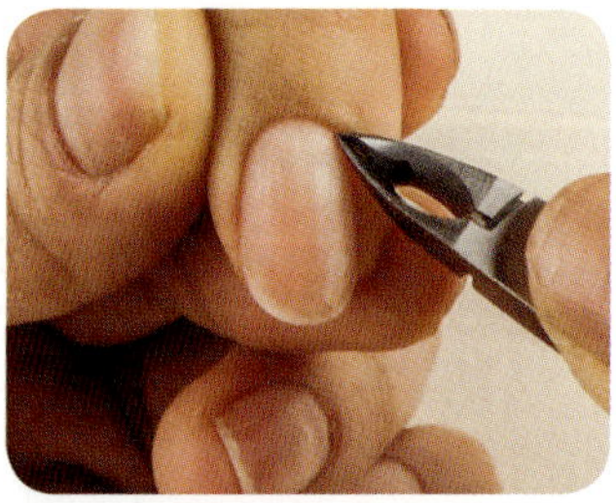
⑥ 큐티클 정리하기(선택사항)

⑦ 불필요한 각질 제거하기

⑧ 광택 제거하기

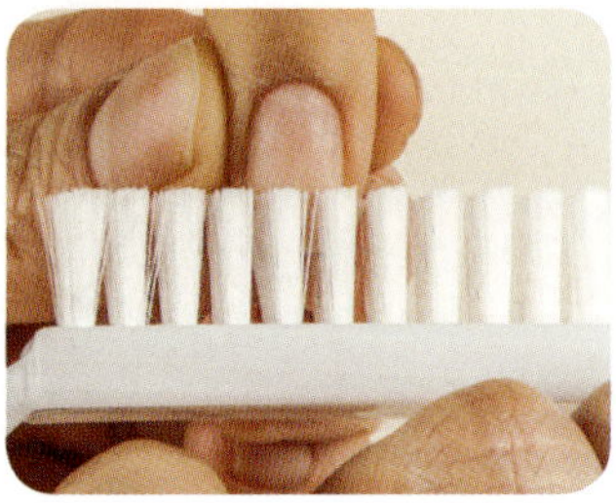
⑨ 분진 제거하기

⑩ 찢어진 부분에 출혈이 없는지 확인하고 찢어진 부분 사이에 네일 접착제를 도포한다.
⑪ 오렌지 우드스틱을 찢어진 부분을 눌러 붙여준다.
⑫ 샌딩 파일을 사용하여 네일 랩이 잘 접착하도록 표면의 광택을 제거한다.
⑬ 고객의 네일 크기와 큐티클 라인 왼쪽 부분의 곡선을 확인한다.
⑭ 네일 랩을 큐티클 라인 왼쪽 부분의 곡선과 동일하게 재단한다.
⑮ 네일 랩을 큐티클라인에서 약 0.2cm정도 남기도 가볍게 접착한다.
⑯ 큐티클 라인의 오른쪽 부분의 곡선을 확인하고 동일하게 네일 랩을 재단한다.
⑰ 네일 랩을 완전히 눌러 접착시킨다.
⑱ 네일 접착제를 도포하여 네일 랩을 고정한다.

[찢어진 네일의 네일 랩 재단과 접착방법]

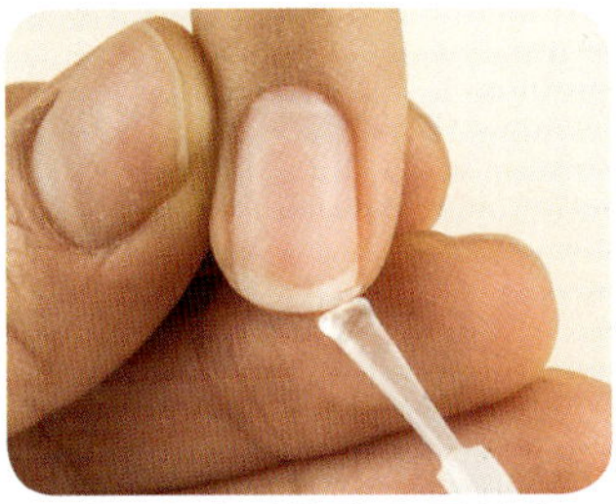
⑩ 네일 접착제 도포하기

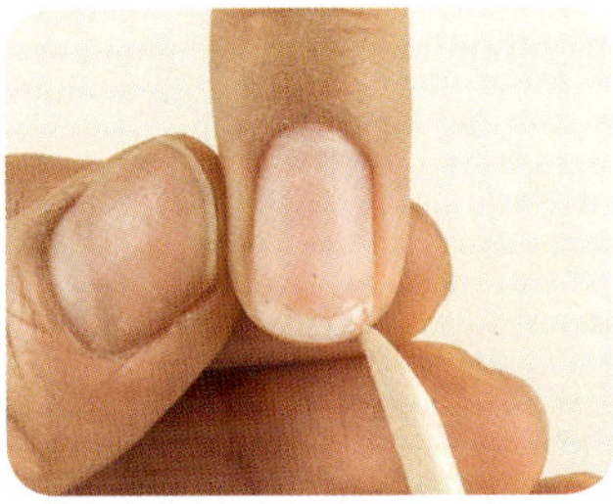
⑪ 찢어진 부분 붙이기

⑫ 광택 제거하기

⑬ 네일 크기 확인하기

⑭ 네일 랩 재단하기 1

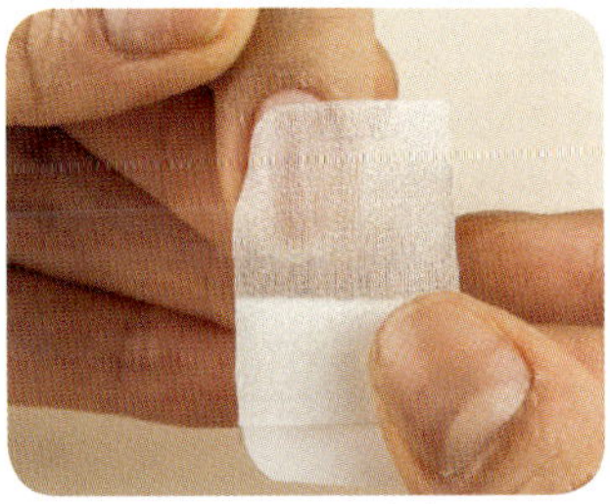
⑮ 네일 랩 접착하기

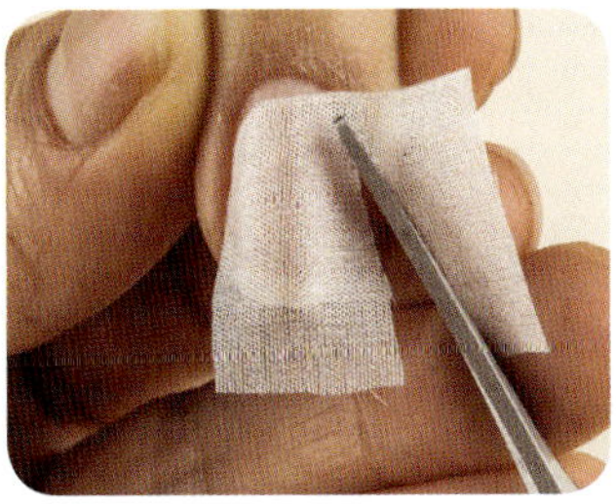
⑯ 네일 랩 재단하기 2

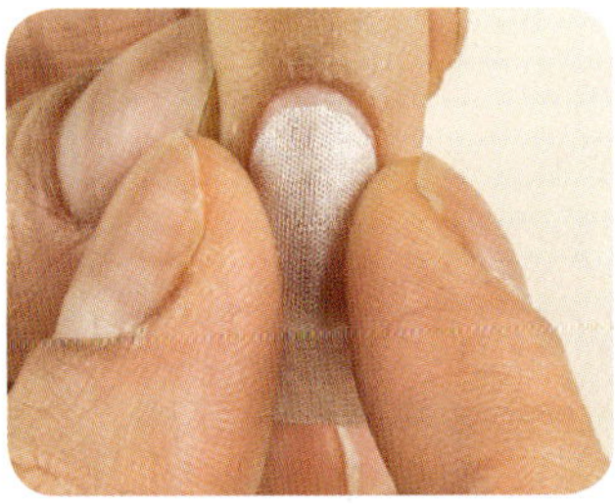
⑰ 네일 랩 눌러주기

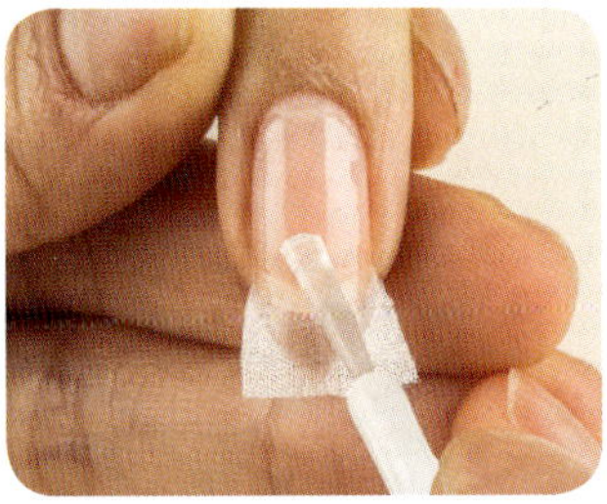
⑱ 네일 랩 고정하기

랩 오버레이의 경우에는 필러 파우더의 사용은 선택사항이다.

⑲ 인조 네일용 파일을 사용하여 프리에지의 길이 형태를 조형한다.
⑳ 인조 네일용 파일을 사용하여 네일 랩 턱을 제거하고 인조 네일의 구조를 조형한다.
㉑ 더스트 브러시를 사용하여 분진을 제거한 후 광택에 효과를 높이기 위해 브러시 글루를 인조 네일 전체에 도포할 수 있다.

[구조 조형]

⑲ 프리에지 조형하기

⑳ 구조 조형하기

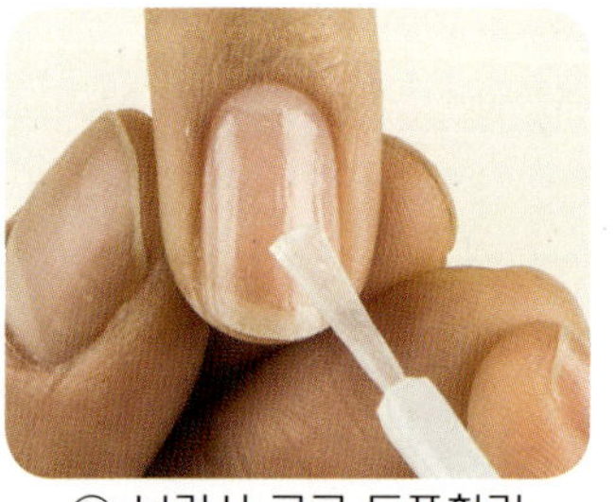
㉑ 브러시 글루 도포하기

㉒ 샌딩 파일을 사용하여 인조 네일의 표면을 다듬고 프리에지 밑 거스러미를 제거한다.
㉓ 광택용 파일을 사용하여 인조 네일의 표면에 광택을 낸다.
㉔ 큐티클 오일을 도포하고 핑거볼에 손을 담가 손을 세정하고 손 전체를 닦아준다.

사용한 제품의 뚜껑을 닫고 쓰레기를 위생 봉지에 넣어 주변을 깨끗하게 정리정돈 한다.

[마무리]

㉒ 표면 다듬기

㉓ 광택내기

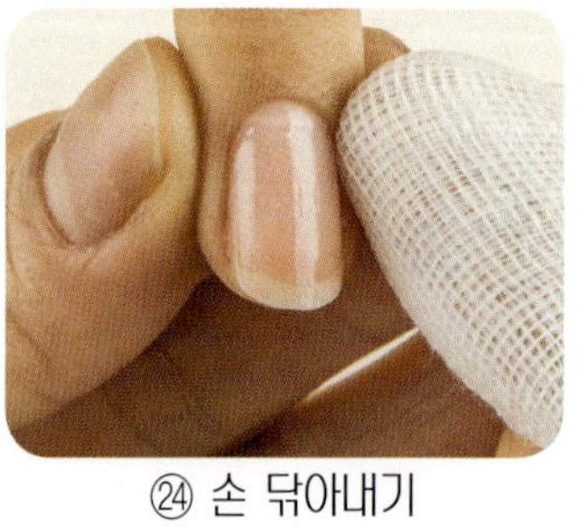
㉔ 손 닦아내기

6. 랩 오버레이 순서정리(찢어진 네일 보강)

전 처리 → 네일 랩 재단 → 찢어진 부분 붙이기 → 네일 랩 접착 → 네일 랩 고정 → 구조 조형 → 브러시 글루 도포 → 표면 다듬기 → 광택내기 → 손 닦기

7. 랩 오버레이 완성(찢어진 네일 보강)

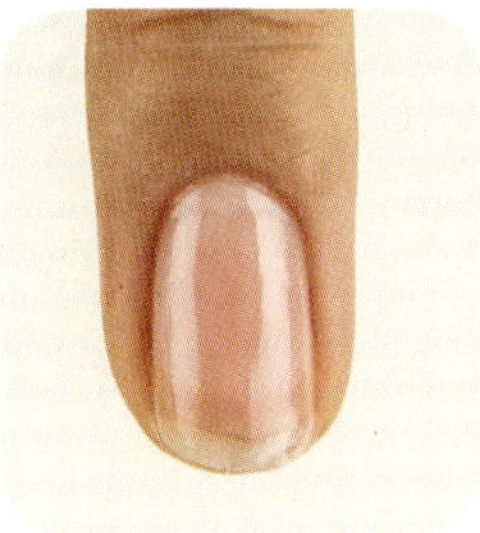
정면

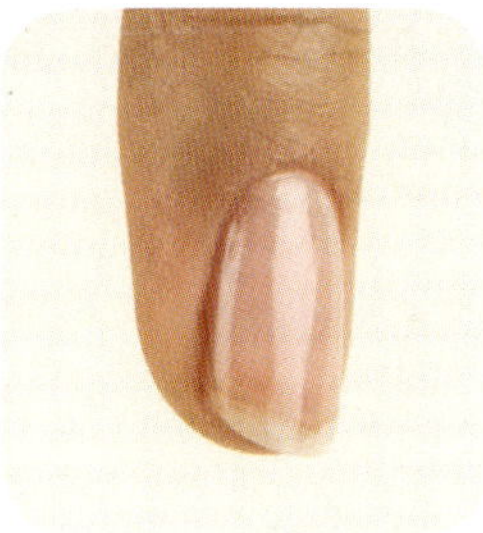
왼쪽 옆면

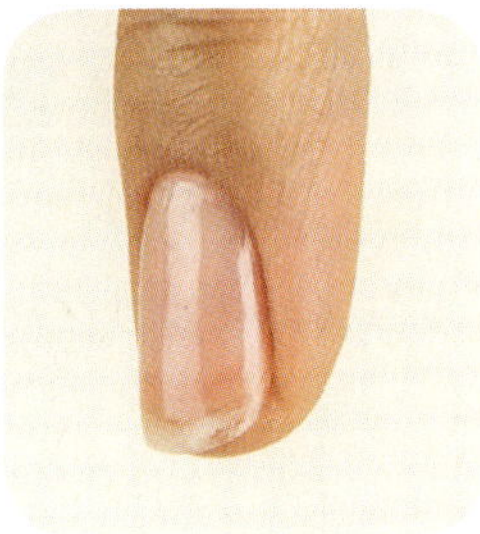
오른쪽 옆면

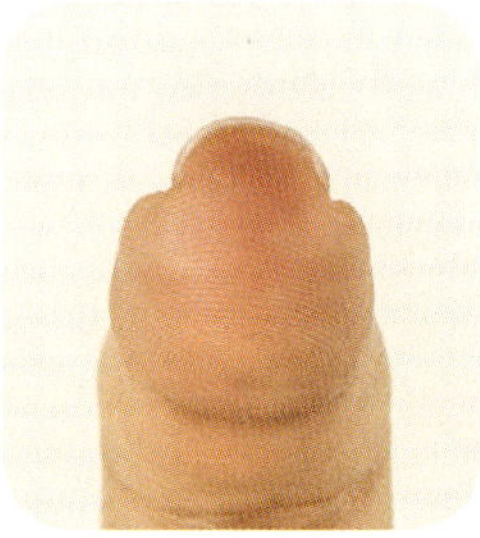
프리에지 단면

8. 랩 오버레이 확인(찢어진 네일 보강)

순번	확인 사항	확인
①	찢어진 부분이 올바르게 접착 되었는지 확인	
②	네일 랩이 올바르게 접착되었는지 확인	
③	랩 네일의 표면이 투명하고 깨끗하게 작업 되었는지 확인	
④	랩 네일의 표면이 굴곡 없이 매끄럽고 광택이 나는지 확인	
⑤	랩 네일의 길이와 두께, 곡선이 다른 손가락과 동일한지 확인	
⑥	사연 네일과 인조 네일이 자연스럽게 연결 되었는지 확인	
⑦	네일 파일로 인하여 출혈이 발생하지 않았는지 확인	

05 랩 익스텐션

1. 랩 익스텐션 작업순서(깨진 부분 연장)

① 손 소독제를 탈지면에 분사하여 작업자의 손을 소독한다.
② 손 소독제를 탈지면에 분사하여 고객의 손을 소독한다.
③ 네일 화장물이 도포되어 있는 경우 고객의 양쪽 손에 네일 화장물을 제거한다.
④ 자연 네일용 파일을 사용하여 프리에지의 형태를 조형한다.
⑤ 큐티클 푸셔를 45°의 각도로 사용하여 큐티클을 부드럽게 밀어준다.
⑥ 선택사항 : 큐티클 니퍼를 사용하여 큐티클을 조금 정리할 수 있다.
⑦ 네일 파일을 사용하여 큐티클 주변에 불필요한 각질을 제거한다.
⑧ 샌딩 파일을 사용하여 네일 표면의 광택을 제거하고 프리에지 밑 거스러미를 제거한다.
⑨ 네일 더스트 브러시를 사용하여 분진을 제거한다.

[자연 네일의 전처리 작업]

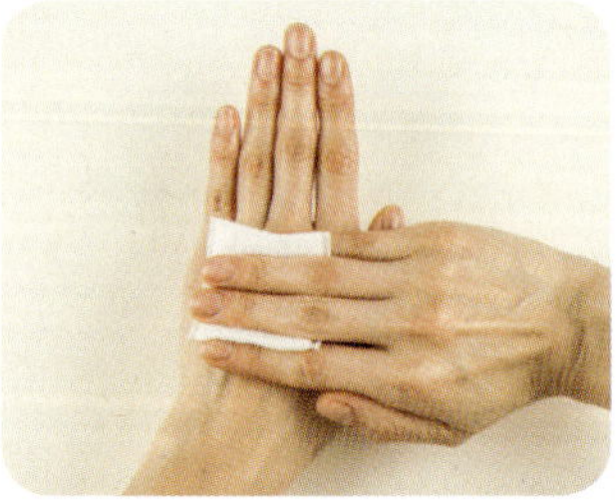
① 작업자 손 소독하기

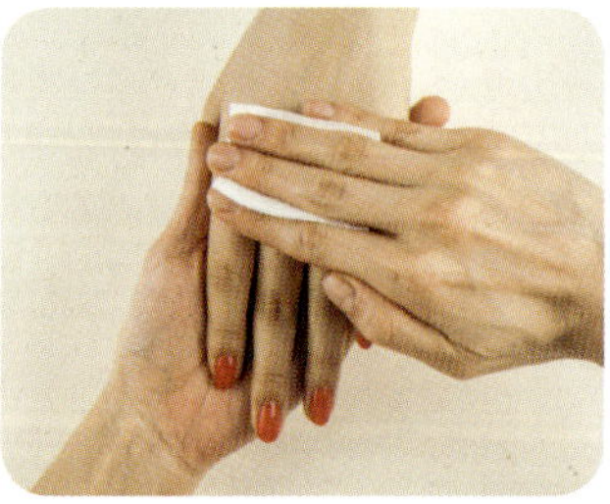
② 고객 손 소독하기

③ 네일 화장물 제거하기

④ 프리에지 형태 조형하기

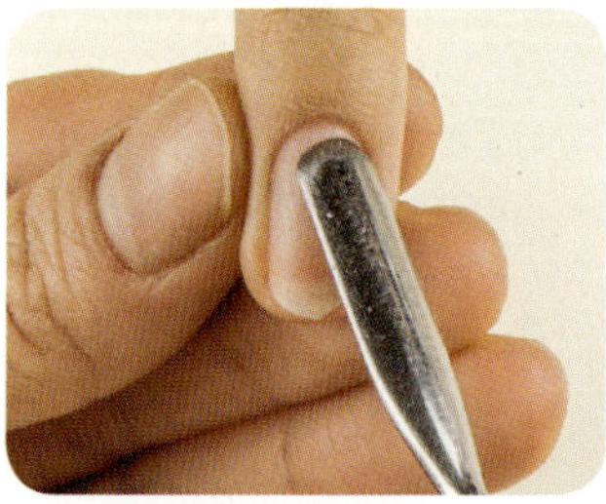
⑤ 큐티클 밀어올리기

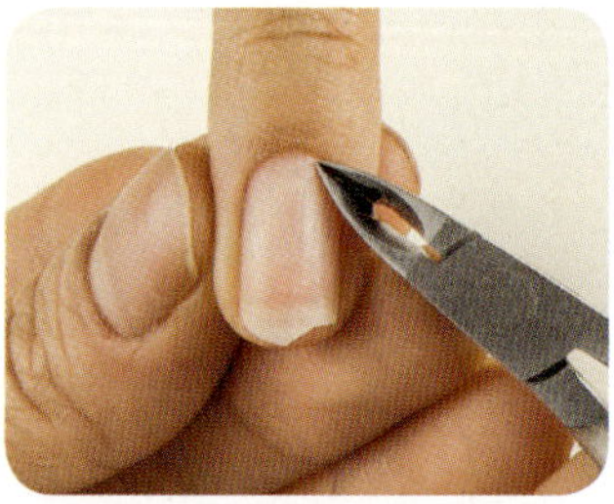
⑥ 큐티클 정리하기(선택사항)

⑦ 불필요한 각질 제거하기

⑧ 광택 제거하기

⑨ 분진 제거하기

⑩ 네일 랩의 길이를 고객의 네일 크기보다 조금 넉넉하게 재단하고 고객의 큐티클 라인 왼쪽 부분의 곡선을 확인한다.

⑪ 네일 랩을 큐티클 라인 왼쪽 부분의 곡선과 동일하게 사다리꼴로 재단한다.

⑫ 네일 랩을 큐티클라인에서 약 0.2cm정도 남기도 가볍게 접착한다.

⑬ 큐티클 라인의 오른쪽 부분의 곡선을 확인하고 동일하게 네일 랩을 사다리꼴로 재단한다.

⑭ 네일 랩을 완전히 눌러 접착하고 옆면에 부족한 부분이 없는지 확인한다.

⑮ 네일 접착제를 도포하여 네일 랩을 고정한다.

[네일 랩 재단과 접착방법]

⑩ 네일 크기 확인하기

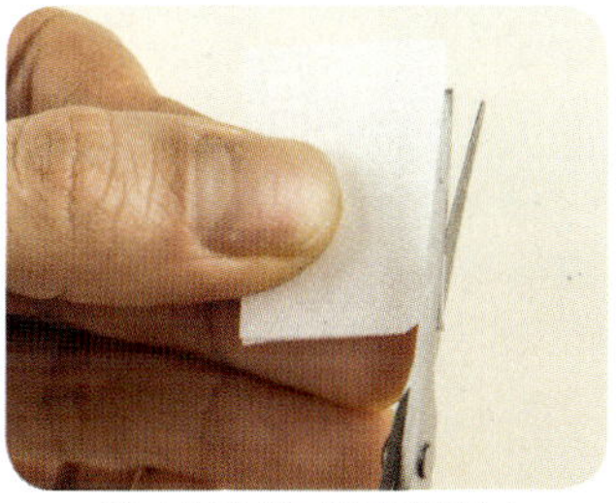

⑪ 네일 랩 재단하기 1

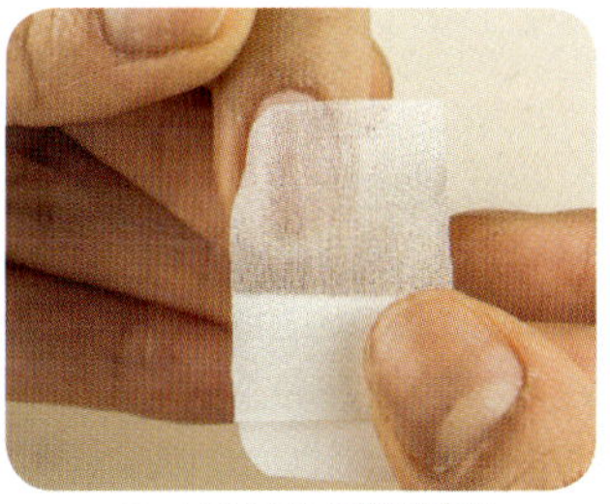

⑫ 네일 랩 접착하기

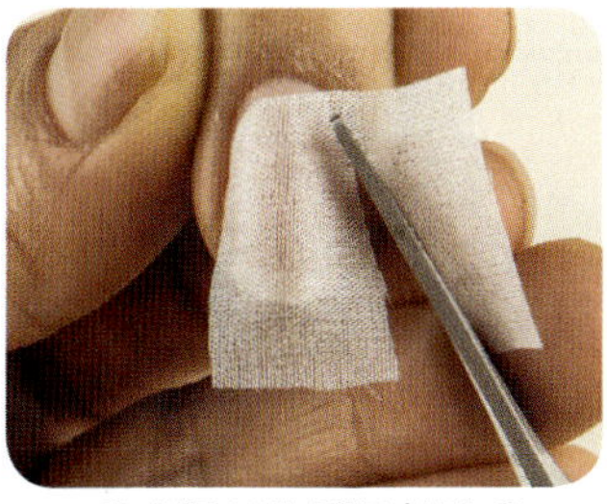

⑬ 네일 랩 재단하기 2

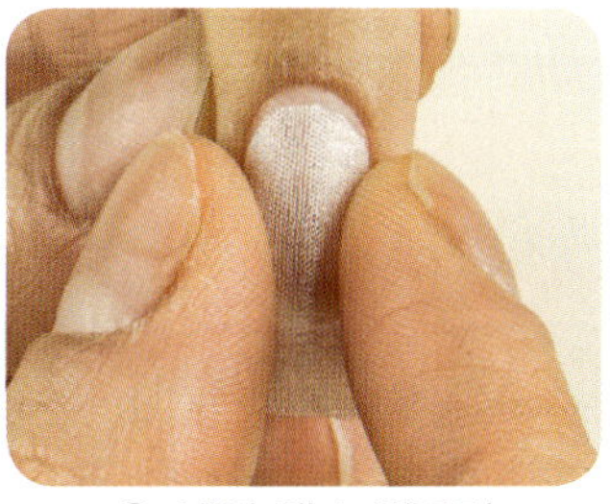

⑭ 네일 랩 눌러주기

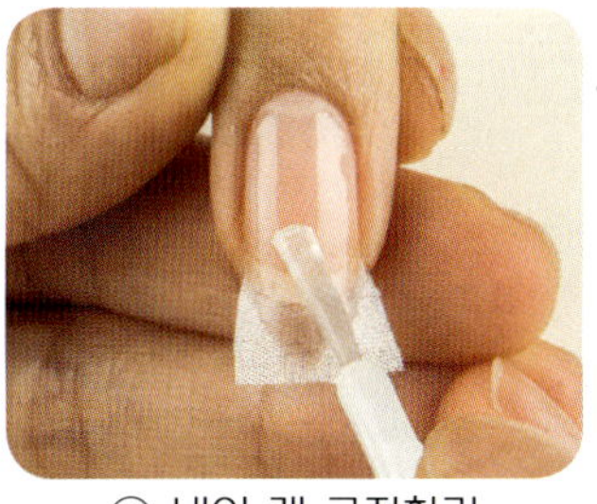

⑮ 네일 랩 고정하기

> 랩 오버레이의 경우에는 필러 파우더이 사용은 선택이지만 랩 익스텐션의 경우 네일 랩만으로는 두께를 형성할 수 없어 필러 파우더를 함께 사용하는 것이 적절하다.

⑯ 자연 네일 윗부분과 깨진 부분보다 약간 넉넉하게 네일 접착제를 도포한다.
⑰ 깨진 부분을 위주로 필러파우더를 뿌려준다.
⑱ 오렌지 우드스틱을 사용하여 주변에 묻은 필러 파우더를 정리한다.
⑲ 필러파우더가 충분히 흡수하도록 네일 접착제를 도포한다.
⑳ 깨진 부분의 두께가 충분히 형성되도록 필러파우더를 뿌려준다.
㉑ 오렌지 우드스틱을 사용하여 주변에 묻은 필러 파우더를 정리한다.
㉒ 필러파우더가 충분히 흡수하도록 네일 접착제를 도포한다.
㉓ 10cm 이상의 거리에서 건조 활성제를 약하게 분사할 수 있다.
㉔ 네일 접착제가 완전히 건조되기 전에 자연 네일의 곡선과 동일하게 곡선을 만들어준다.

[네일 랩 연장방법]

⑯ 네일 접착제 닦기

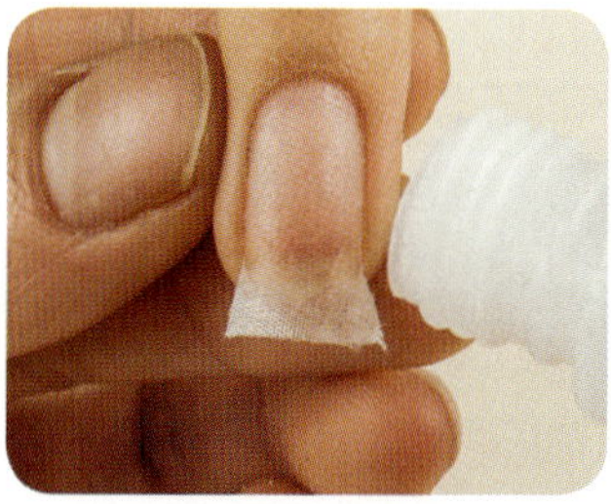
⑰ 필러 파우더 뿌리기 1

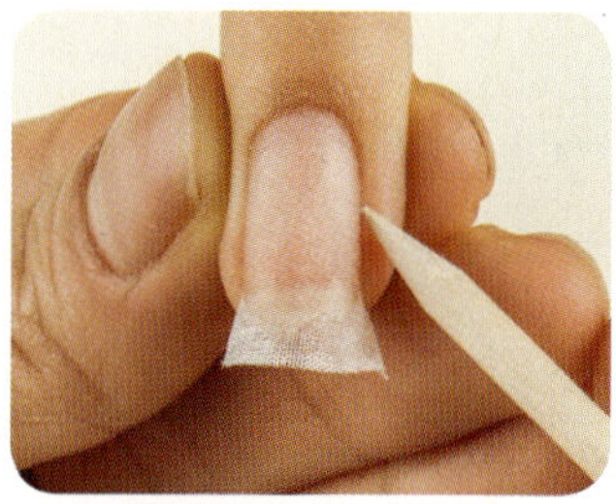
⑱ 필러 파우더 정리하기

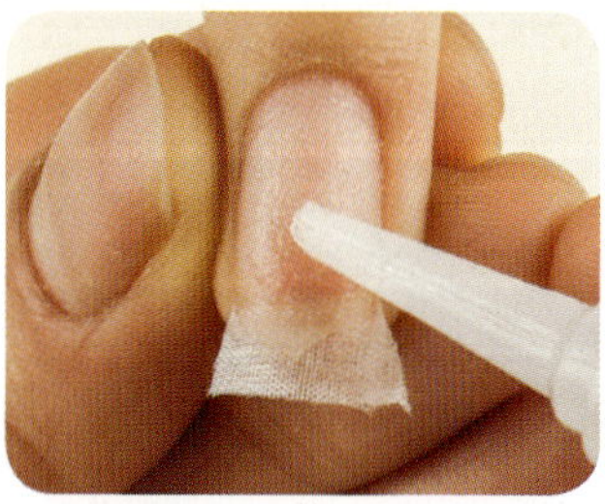
⑲ 네일 접착제 도포하기

⑳ 네일 접착제 닦기

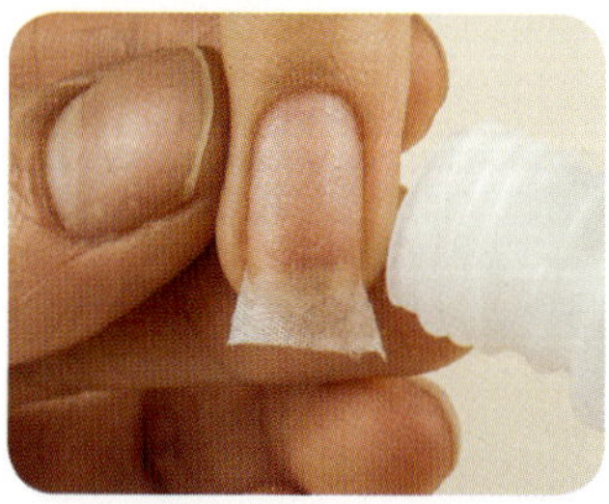
㉑ 필러 파우더 뿌리기 2

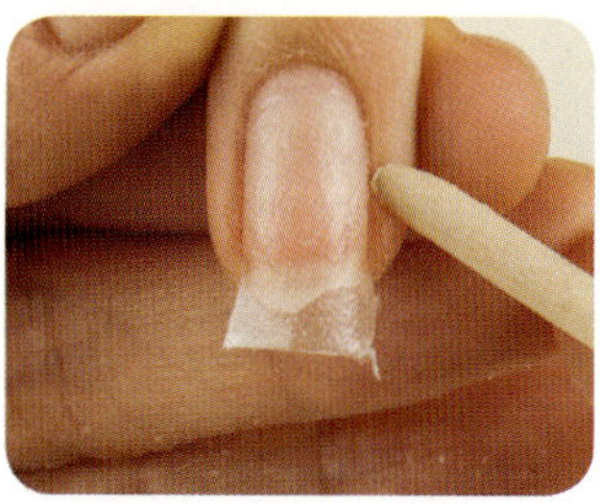
㉒ 필러 파우더 정리하기

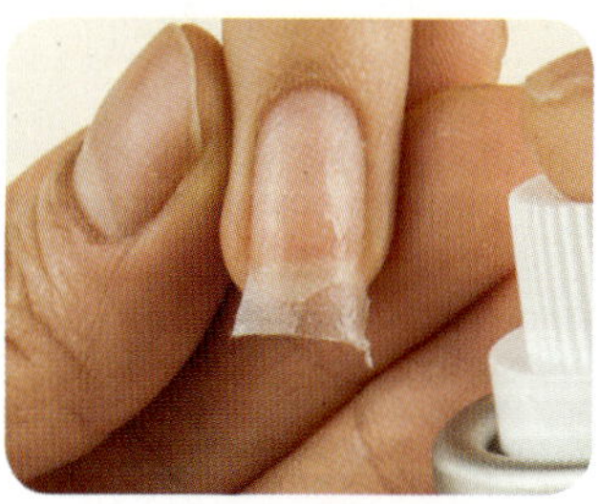
㉓ 건조 활성제 분사하기

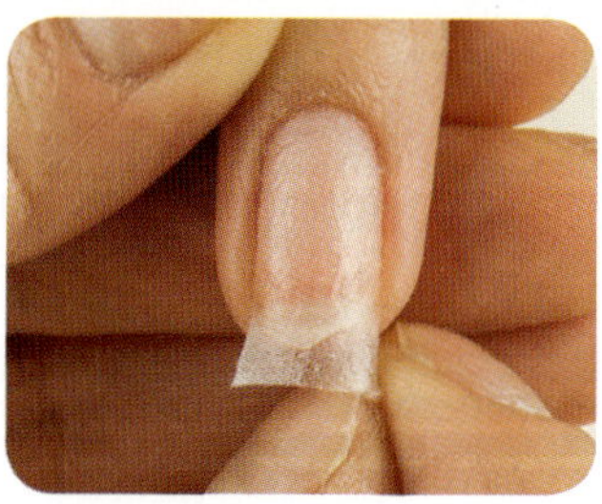
㉔ 곡선 만들기

㉕ 네일 클리퍼를 사용하여 인조 네일의 길이를 조절한다.
㉖ 인조 네일용 파일을 사용하여 프리에지의 형태를 다른 손가락과 동일하게 조형한다.
㉗ 인조 네일용 파일을 사용하여 네일 랩 턱을 제거하고 인조 네일의 구조를 조형한다.
㉘ 더스트 브러시를 사용하여 분진을 제거한 후 광택에 효과를 높이기 위해 브러시 글루를 인조 네일 전체에 도포할 수 있다.
㉙ 인조 네일을 강화와 투명도를 높이기 위해 뒷부분에 브러시 글루를 도포할 수 있다.
㉚ 10cm 이상의 거리에서 건조 활성제를 약하게 분사할 수 있다.

[구조 조형]

㉕ 길이 조절하기

㉖ 프리에지 조형하기

㉗ 구조 조형하기

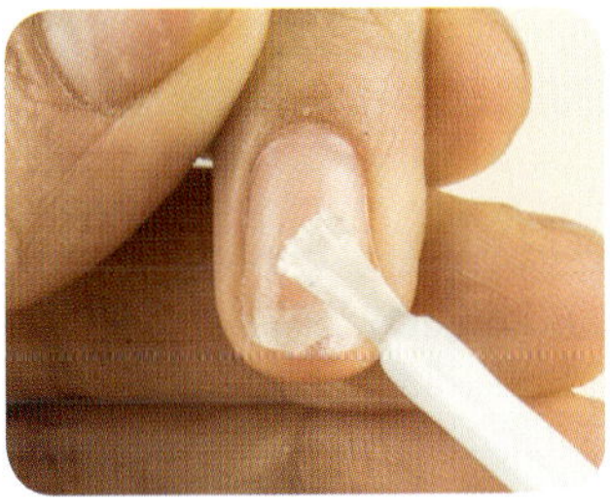
㉘ 브러시 글루 도포하기

㉙ 네일 접착제 도포하기

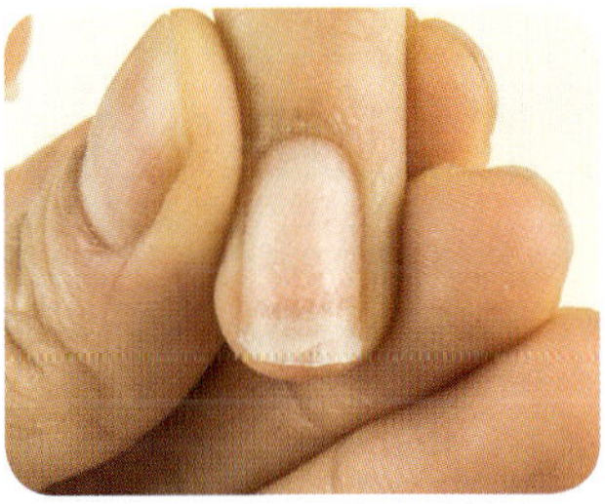
㉚ 건조 활성제 분사하기

㉛ 샌딩 파일을 사용하여 인조 네일의 표면을 다듬고 프리에지 밑 거스러미를 제거한다.
㉜ 광택용 파일을 사용하여 인조 네일의 표면에 광택을 낸다.
㉝ 큐티클 오일을 도포하고 핑거볼에 손을 담가 손을 세정하고 손 전체를 닦아준다.

사용한 제품의 뚜껑을 닫고 쓰레기를 위생 봉지에 넣어 주변을 깨끗하게 정리정돈 한다.

[마무리]

⑲ 표면 다듬기

⑳ 광택내기

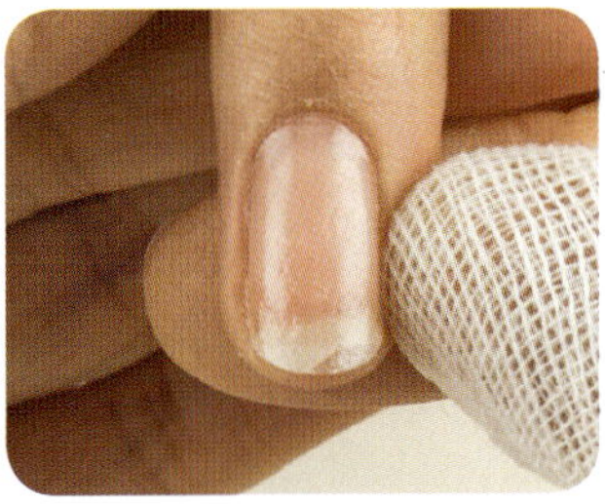
㉑ 손 닦아내기

2. 랩 익스텐션 순서정리(깨진 부분 연장)

전 처리 → 네일 랩 재단 → 네일 랩 접착 → 두께 형성(네일 접착제 도포 → 필러 파우더 → 네일 접착제 도포 → 건조 활성제 분사) → 네일 랩 형태 잡기 → 길이재단 → 구조 조형 → 브러시 글루 도포(양면) → 표면 다듬기 → 광택내기 → 손 닦기

3. 랩 익스텐션 완성(깨진 부분 연장)

정면

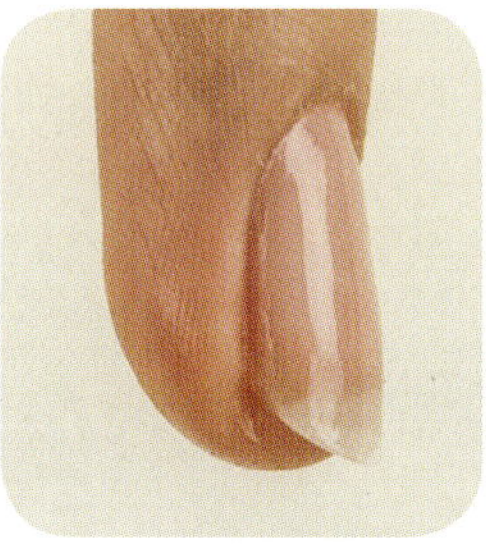
왼쪽 옆면

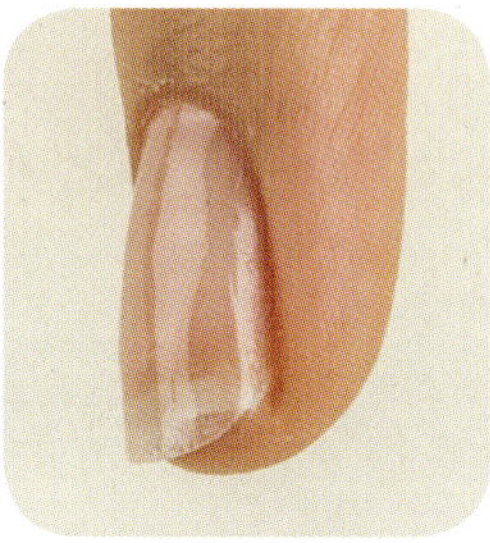
오른쪽 옆면

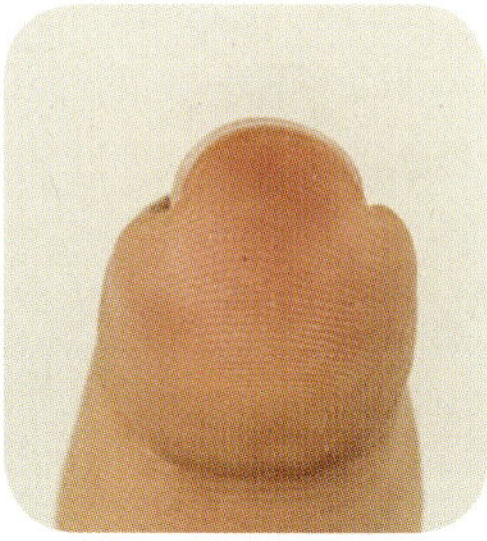
프리에지 단면

4. 랩 익스텐션 확인(깨진 부분 연장)

순번	확인 사항	확인
①	네일 랩이 올바르게 접착되었는지 확인	
②	랩 네일의 표면이 투명하고 깨끗하게 작업 되었는지 확인	
③	랩 네일의 표면이 굴곡 없이 매끄럽고 광택이 나는지 확인	
④	랩 네일의 길이와 두께, 곡선이 다른 손가락과 동일한지 확인	
⑤	자연 네일과 인조 네일이 자연스럽게 연결 되었는지 확인	
⑥	네일 파일로 인하여 출혈이 발생하지 않았는지 확인	

5. 랩 익스텐션 작업순서(전체 길이 연장)

① 손 소독제를 탈지면에 분사하여 작업자의 손을 소독한다.
② 손 소독제를 탈지면에 분사하여 고객의 손을 소독한다.
③ 네일 화장물이 도포되어 있는 경우 고객의 양쪽 손에 네일 화장물을 제거한다.
④ 자연 네일용 파일을 사용하여 프리에지 길이는 약 0.1cm 정도로 조절하고 프리에지의 형태를 라운드 또는 오발로 조형한다.
⑤ 큐티클 푸셔를 45°의 각도로 사용하여 큐티클을 부드럽게 밀어준다.
⑥ 선택사항 : 큐티클 니퍼를 사용하여 큐티클을 조금 정리할 수 있다.
⑦ 네일 파일을 사용하여 큐티클 주변에 불필요한 각질을 제거한다.
⑧ 샌딩 파일을 사용하여 네일 표면의 광택을 제거하고 프리에지 밑 거스러미를 제거한다.
⑨ 네일 더스트 브러시를 사용하여 분진을 제거한다.

[자연 네일의 전처리 작업]

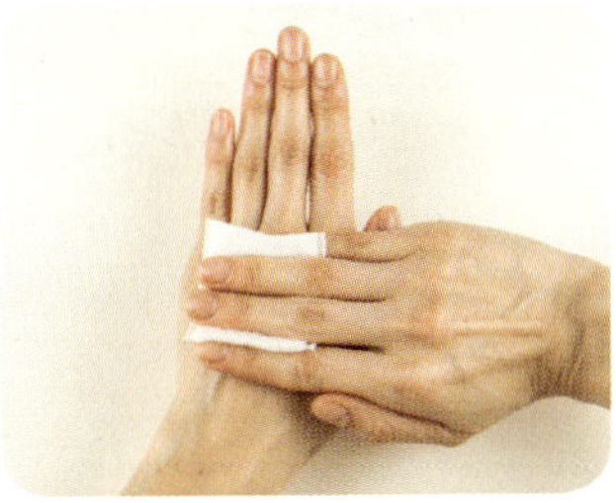
① 작업자 손 소독하기

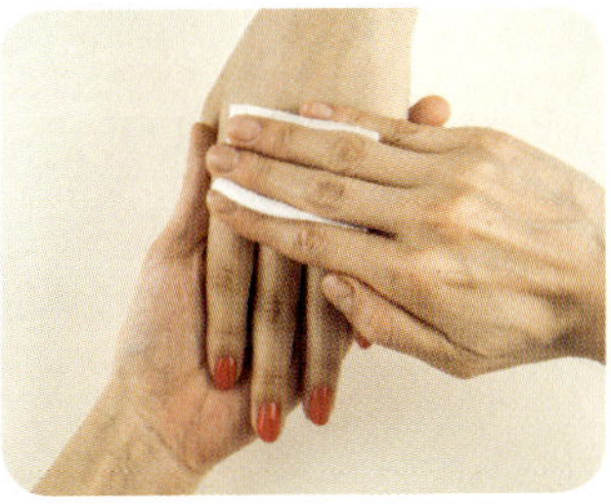
② 고객 손 소독하기

③ 네일 화장물 제거하기

④ 프리에지 형태 조형하기

⑤ 큐티클 밀어올리기

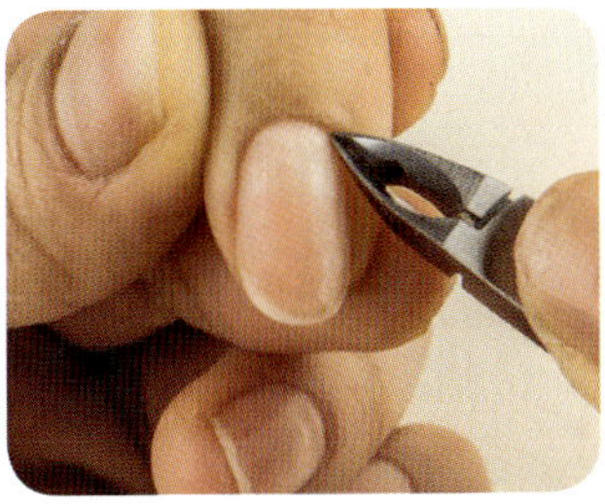
⑥ 큐티클 정리하기(선택사항)

⑦ 불필요한 각질 제거하기

⑧ 광택 제거하기

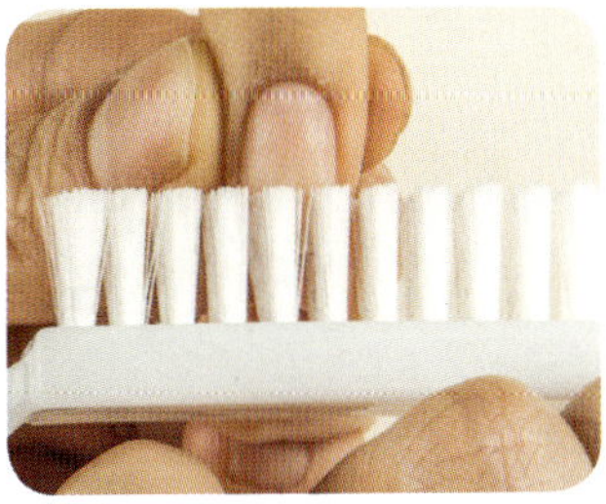
⑨ 분진 제거하기

⑩ 네일 랩의 길이를 연장하고자 하는 길이보다 넉넉하게 재단하고 고객의 큐티클 라인 왼쪽 부분의 곡선을 확인한다.
⑪ 네일 랩을 큐티클 라인 왼쪽 부분의 곡선과 동일하게 사다리꼴로 재단한다.
⑫ 네일 랩을 큐티클라인에서 약 0.2cm정도 남기도 가볍게 접착한다.
⑬ 큐티클 라인의 오른쪽 부분의 곡선을 확인하고 동일하게 네일 랩을 사다리꼴로 재단한다.
⑭ 네일 랩이 사다리꼴로 재단되었는지 옆면에 부족한 부분이 없는지 확인한다.
⑮ 네일 랩을 완전히 눌러 접착시킨다.

[네일 랩 재단방법]

⑩ 곡선 확인하기

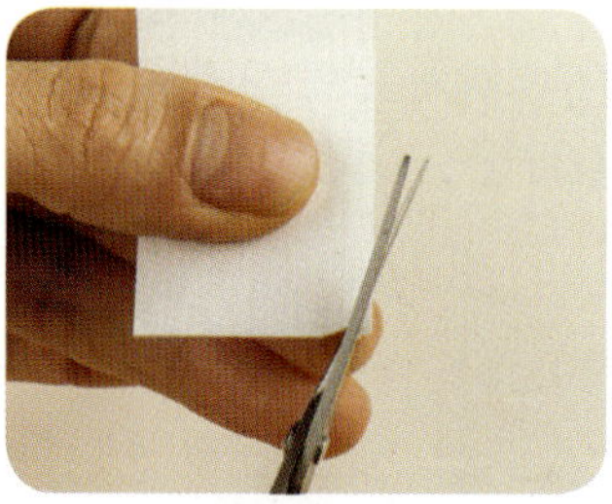

⑪ 네일 랩 재단하기

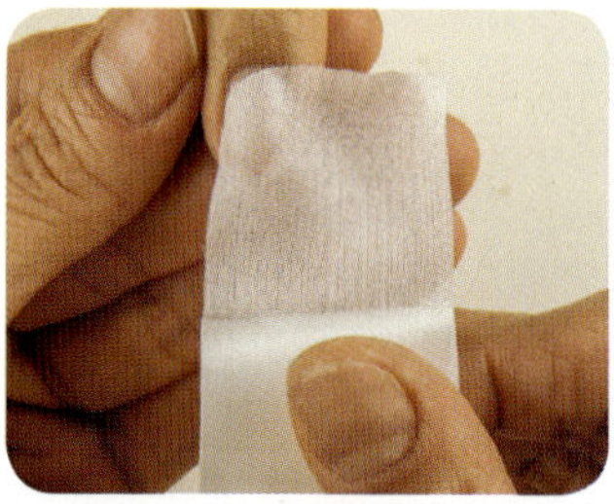

⑫ 네일 랩 접착하기

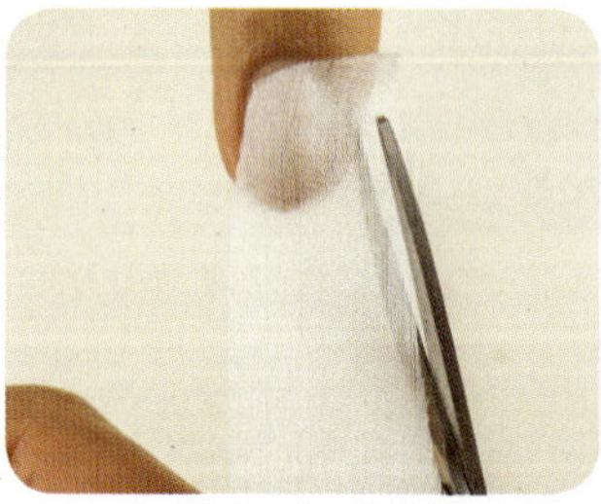

⑬ 네일 랩 재단하기

⑭ 접착 확인하기

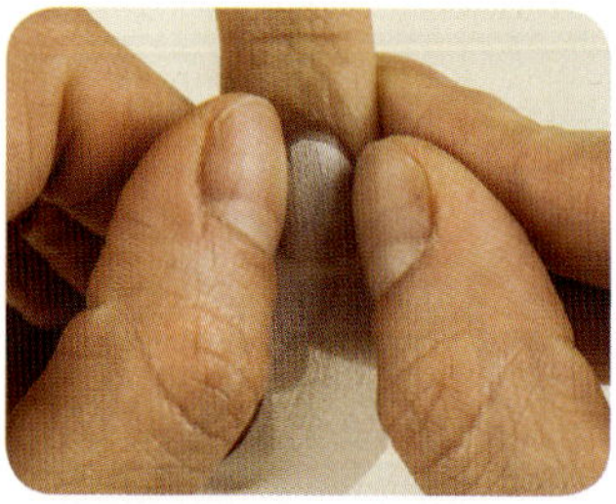

⑮ 네일 랩 눌러주기

네일 랩의 길이는 작업자의 편리성에 맞추어 작업할 수 있으며 초보자의 경우 네일 접착제의 사용이 용이하지 않고 네일 접착제가 흘러서 손에 붙을 수 있기 때문에 처음에는 네일 랩의 길이를 넉넉히 재단하고 숙달되면 네일 랩의 길이를 줄이는 것이 효과적이다.

⑯ 네일 바디 부분에 네일 접착제를 살짝 도포하고 올바르게 네일 랩을 잡고 손을 고정한다. 랩 익스텐션의 C-커브는 네일 랩을 잡고 있는 왼손에 의해 만들어지므로 네일 접착제를 도포하고 완전히 고정될 때까지 왼손을 움직여서는 안 된다.

⑰ 프리에지 부분에 연장하고자 하는 길이보다 약간 넉넉하게 네일 접착제를 도포한다. (프리에지의 길이 : 0.5~1cm, 프리에지의 두께 : 0.5~1mm, C-형태의 곡선 : 20~40%)

⑱ 키친타월을 사용하여 주변에 묻은 네일 접착제를 닦아준다.

⑲ 프리에지 부분을 위주로 필러파우더를 뿌려준 후 오렌지 우드스틱을 사용하여 주변에 묻은 필러 파우더를 정리한다.

⑳ 필러파우더가 충분히 흡수하도록 네일 접착제를 도포한다.

㉑ 키친타월을 사용하여 주변에 묻은 네일 접착제를 닦아준다.

㉒ 프리에지의 두께가 충분히 형성되도록 필러파우더를 뿌려준 후 오렌지 우드스틱을 사용하여 주변에 묻은 필러 파우더를 정리한다.

㉓ 필러파우더가 충분히 흡수하도록 네일 접착제를 도포한다.

㉔ 키친타월을 사용하여 주변에 묻은 네일 접착제를 닦아준 후 10cm 이상의 거리에서 건조 활성제를 약하게 분사할 수 있다.

[네일 랩 연장방법]

⑯ 네일 접착제 닦기

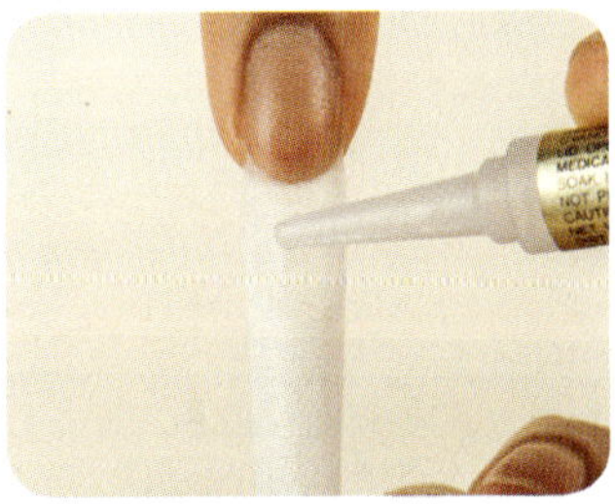

⑰ 필러 파우더 뿌리기 1

⑱ 필러 파우더 정리하기

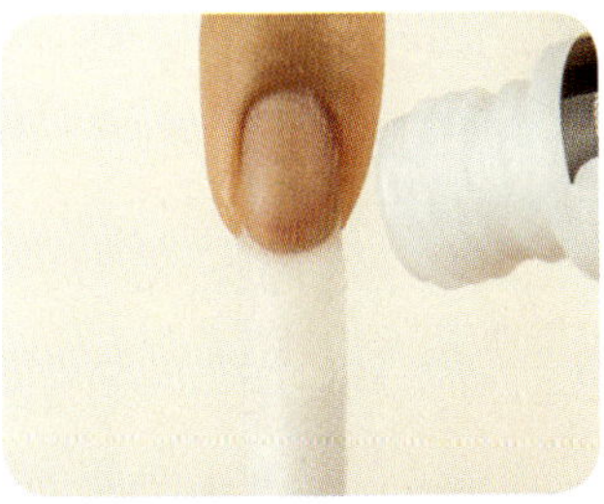

⑲ 네일 접착제 도포하기

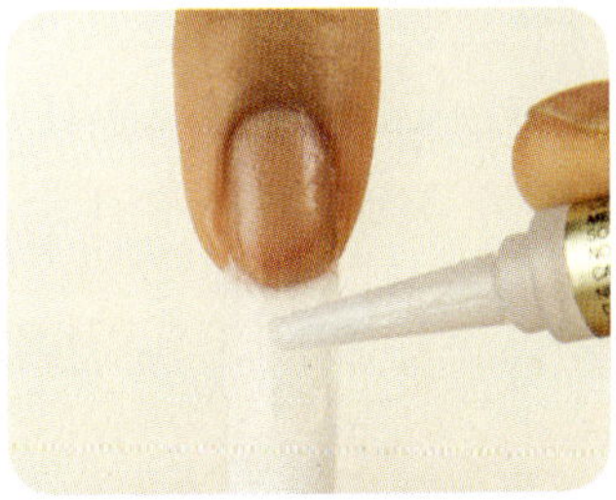

⑳ 네일 접착제 닦기

㉑ 필러 파우더 뿌리기 2

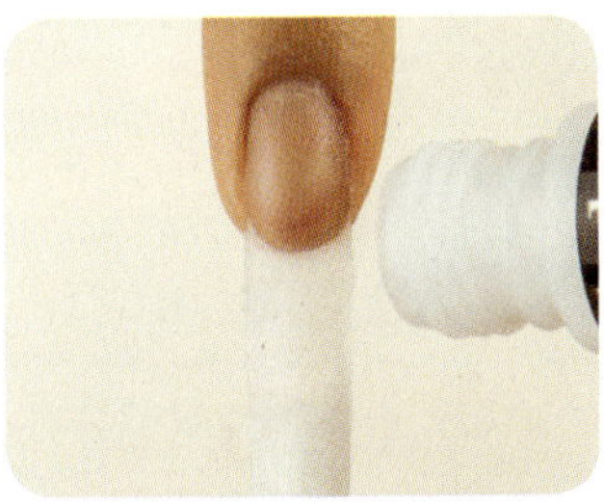

㉒ 필러 파우더 정리하기

㉓ 건조 활성제 분사하기

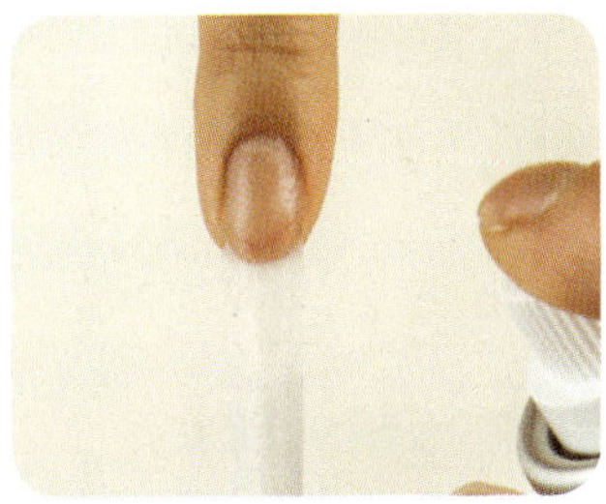

㉔ 곡선 만들기

㉕ 네일 클리퍼를 사용하여 인조 네일의 길이를 조절한다.
㉖ 인조 네일용 파일을 사용하여 프리에지를 스퀘어 형태로 조형한다.
㉗ 인조 네일용 파일을 사용하여 네일 랩 턱을 제거하고 인조 네일의 구조를 조형한다.
㉘ 더스트 브러시를 사용하여 분진을 제거한 후 광택에 효과를 높이기 위해 브러시 글루를 인조 네일 전체에 도포할 수 있다.
㉙ 인조 네일을 강화와 투명도를 높이기 위해 뒷부분에 네일 접착제를 도포할 수 있다.
㉚ 10cm 이상의 거리에서 건조 활성제를 약하게 분사할 수 있다.

[구조 조형]

㉕ 길이 조절하기

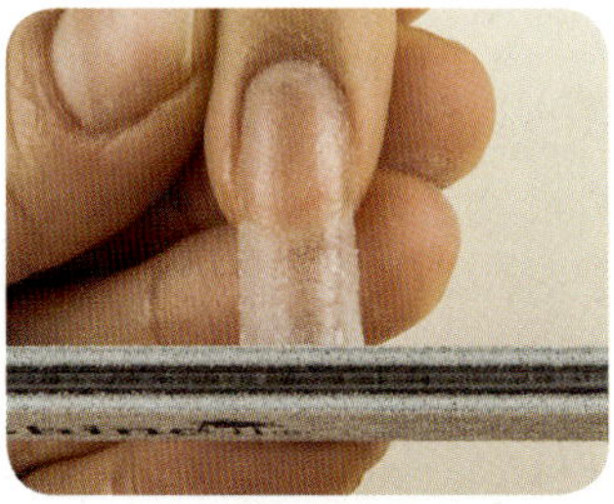
㉖ 프리에지 조형하기

㉗ 구조 조형하기

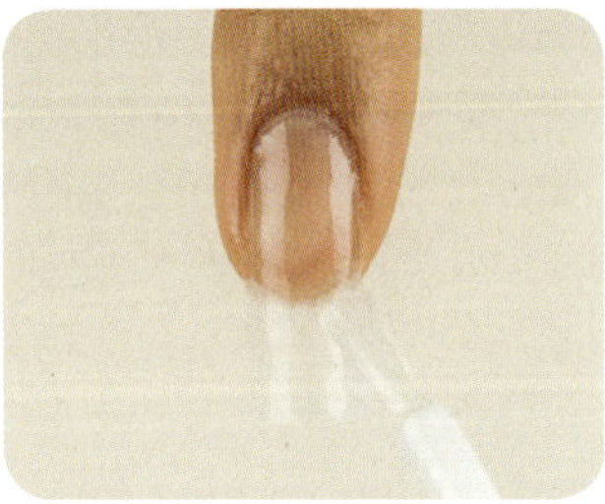
㉘ 브러시 글루 도포하기

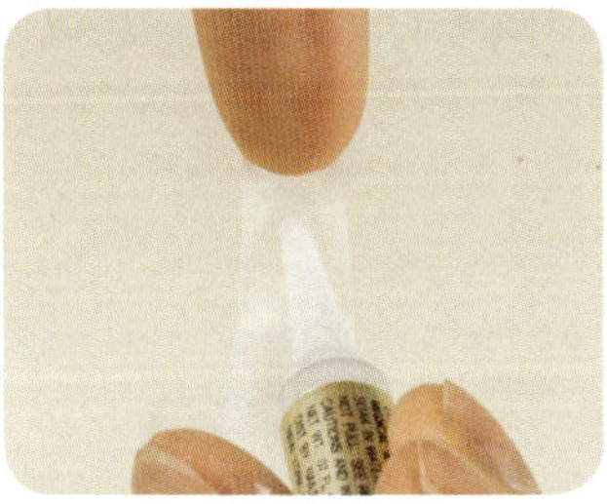
㉙ 네일 접착제 도포하기

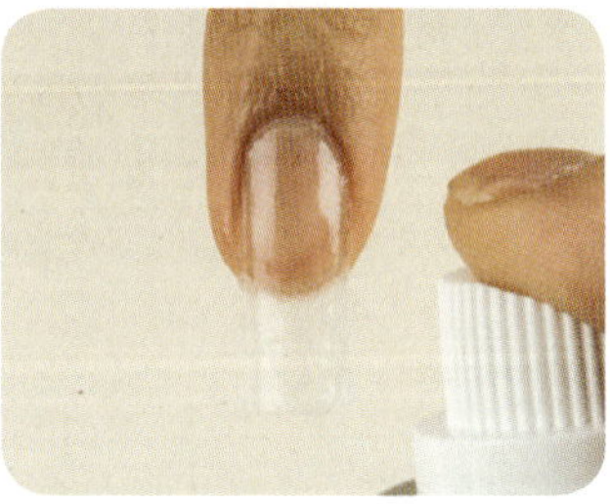
㉚ 건조 활성제 분사하기

㉛ 샌딩 파일을 사용하여 인조 네일의 표면을 다듬고 프리에지 밑 거스러미를 제거한다.
㉜ 광택용 파일을 사용하여 인조 네일의 표면에 광택을 낸다.
㉝ 큐티클 오일을 도포하고 핑거볼에 손을 담가 손을 세정하고 손 전체를 닦아준다.

사용한 제품의 뚜껑을 닫고 쓰레기를 위생 봉지에 넣어 주변을 깨끗하게 정리정돈 한다.

[마무리]

⑲ 표면 다듬기

⑳ 광택내기

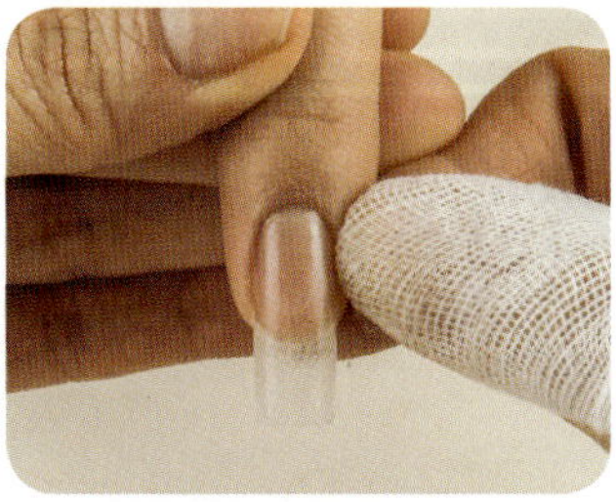
㉑ 손 닦아내기

6. 랩 익스텐션 순서정리(전체 길이 연장)

전 처리 → 네일 랩 재단 → 네일 랩 접착 → 네일 랩 형태 잡기 → 두께 형성(네일 접착제 도포 → 필러 파우더 → 네일 접착제 도포 → 건조 활성제 분사) → 길이재단 → 구조 조형 → 브러시 글루 도포(양면) → 표면 다듬기 → 광택내기 → 손 닦기

7. 랩 익스텐션 완성(전체 길이 연장)

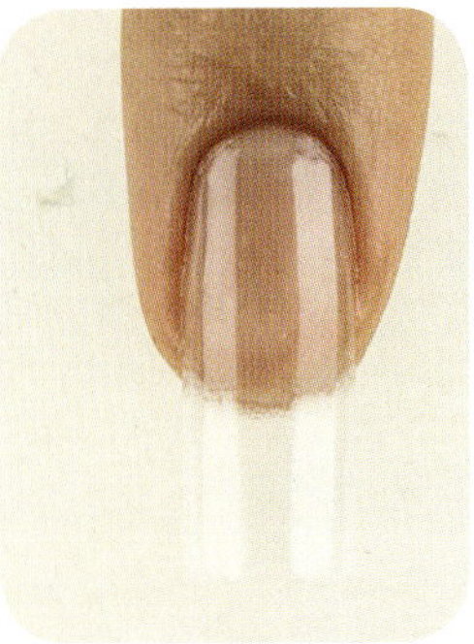
정면

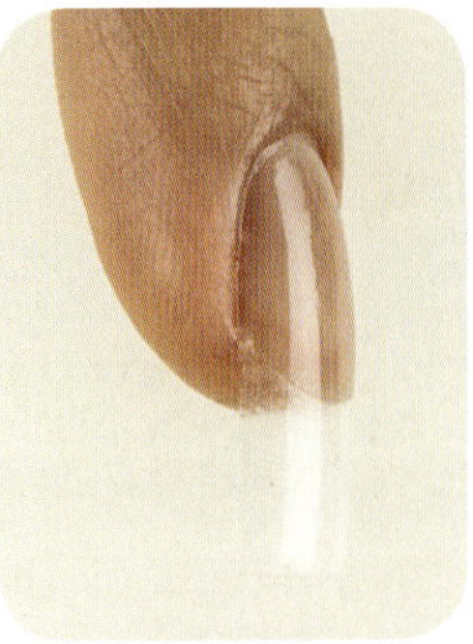
왼쪽 옆면

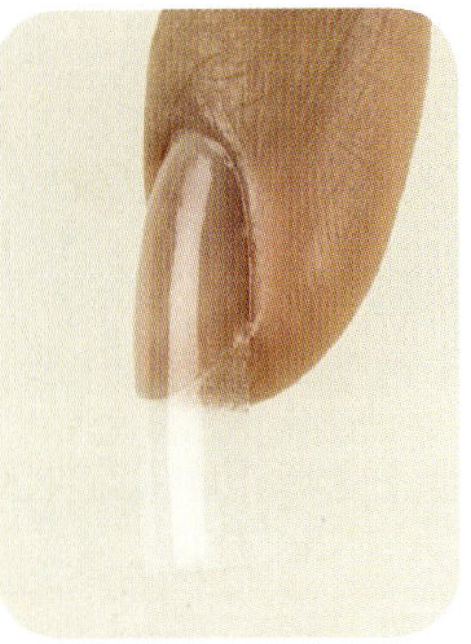
오른쪽 옆면

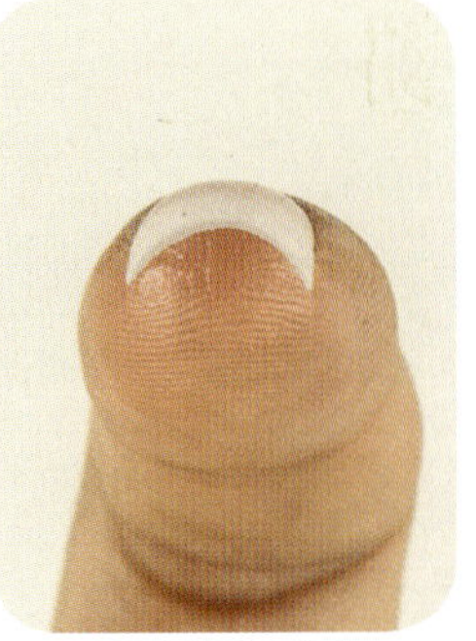
프리에지 단면

8. 랩 익스텐션 확인(전체 길이 연장)

순번	확인 사항	확인
①	네일 랩이 올바르게 접착되었는지 확인	
②	프리에지의 길이가 0.5~1cm 이하인지 확인	
③	프리에지의 두께가 0.5~1mm 이하인지 확인	
④	C-형태의 곡선이 20~40% 유지하는지 확인	
⑤	정확한 스퀘어 형태를 유지하는지 확인	
⑥	랩 네일의 표면이 투명하고 깨끗하게 작업 되었는지 확인	
⑦	랩 네일의 표면이 굴곡 없이 매끄럽고 광택이 나는지 확인	
⑧	랩 네일의 길이와 두께, 곡선이 다른 손가락과 전부 동일한지 확인	
⑨	자연 네일과 인조 네일이 자연스럽게 연결 되었는지 확인	
⑩	네일 파일로 인하여 출혈이 발생하지 않았는지 확인	

참고문헌

- 『국가직무능력표준』. 네일미용, 고용노동부 · 한국산업인력공단
- 『학습모듈』. 네일미용, 교육부 · 한국직업능력개발원
- 김미영(2010). 『네일아트 시술별 유기화합물의 노출증상과 자각증상』. 박사학위논문, 인제대학교 보건대학원.
- 민방경(2015). 『미용사(네일) 실기끝장』. 에듀윌.
- 민방경(2015). 『적중미용사(네일) 필기+이론 핵심문제』. 예문사.
- 이미선(2011). 『트랜드를 만드는 Nail Art&Technic』. 교학사.
- 이창현 외(2013). 『체계적인 인체해부학』. JMK.
- 한국네일협회 출제위원회(2014). 『네일&』. 한국네일협회.
- 日本ネイルリスト検定試験センター(2014). 『ネイルリスト検定試験 筆記試験 過去問題集 1級・2級・3級』. Japan Nailist Examination Center
- インターナショナルネイルアソシエーション(2010). 『ネイル・プロファッションナル』. インターメディカル.
- NPO法人日本ネイルリスト協会 教育委員会(2014). 『JNA TECHNICAL SYSTEM BASIC』. NPO法人日本ネイルリスト協会 (JNA).
- NPO法人日本ネイルリスト協会 教育委員会(2014). 『JNA TECHNICAL SYSTEM GEL NAIL』. NPO法人日本ネイルリスト協会 (JNA).
- Jacqui Jefford & Anne Swain(2006). 『The Encyclopedia of nails 2nd Edition』. Cengage Learning EMEA.
- Jane Foulston, Fae Major, Marguerite Wynne(2011). 『The Art and Science of Beauty Therapy』. EMS.
- Louse Tucker(2011). 『Anatomy&Physiology 4th Edition』. EMS.

저자소개

민 방 경
現) 한국네일산업연구소 소장
신자격설계 '네일미용' 인증기준 및 평가기준, 문제원형 개발위원
국가직무능력표준(NCS) 기반 '네일미용' 학습모듈 개발위원

반 재 희
現) 한국네일디자인협회 회장
국가직무능력표준(NCS) '네일미용' 개발위원

방 효 진
現) 가톨릭관동대학교 뷰티미용학과 학과장
국가직무능력표준(NCS) '네일미용' 검토위원

이 주 미
現) 인천재능대학교 뷰티케어과 학과장
한국미용건강학회 미용건강 분과위원장

설 현 진
現) 정화예술대학교 미용예술계열 뷰티 · 네일전공 교수
국가직무능력표준 (NCS) '네일미용' 개발위원

최 인 희
現) 대전과학기술대학교 뷰티디자인계열 메이크업 · 네일디자인 전공 겸임교수
국가직무능력표준(NCS) '네일미용' 학습모듈 대표 집필위원

김 수 민
現) 전남과학대학교 뷰티미용과 겸임교수
現) 남부대학교 향장미용학과 외래교수

최 미 나
現) 수원여자대학교 미용예술학과 겸임교수
강동대학교 뷰티코디네이션학과 외래교수역임

최 은 미
現) 서경대학교 미용예술학과 외래교수
現) 을지대학교 미용화장품과학과 외래교수

김 옥 인
現) 삼육보건대학교 뷰티헤어과 외래교수
평생학습계좌제 '네일미용' 학습과정 수준분류 전문위원

전공자를 위한 **네일 미용 I**

인쇄 2016년 2월 29일 1판 1쇄
발행 2016년 3월 3일 1판 1쇄

지은이 민방경 · 반재희 · 방효진 · 이주미 · 설현진
최인희 · 김수민 · 최미나 · 최은미 · 김옥인

펴낸이 고범석

발행처 Gadam PLUS 가담플러스
주소 서울시 마포구 동교로 144-7 영일빌딩
전화 02.322.7303 / 팩스 070.4324.1775
홈페이지 www.gadamplus.com
메일 gadambooks@naver.com
출판등록 2014년 3월 18일 제2014-000094호
ISBN 979-11-86447-10-9 (93590)
정가 30,000원